AF410954

F. ROULIN

HISTOIRE NATURELLE

ET

SOUVENIRS DE VOYAGE

PARIS

BIBLIOTHÈQUE D'ÉDUCATION ET DE RÉCRÉATION

J. HETZEL, LIBRAIRE-ÉDITEUR

18, RUE JACOB

HISTOIRE NATURELLE

ET

SOUVENIRS DE VOYAGE

Claye, Imprimeur
St Benoît 7 à Paris

F. ROULIN

HISTOIRE NATURELLE

ET

SOUVENIRS DE VOYAGE

BIBLIOTHEQUE

D'ÉDUCATION ET DE RÉCRÉATION

J. HETZEL, LIBRAIRE-ÉDITEUR

PARIS, 18, RUE JACOB

1865

PRÉFACE.

La première fois que j'ai entendu citer le proverbe que je viens de transcrire, il servait comme de texte à un petit sermon qui m'était adressé et qui produisit l'effet voulu en m'encourageant à réunir les premiers matériaux du Recueil que je publie aujourd'hui. On ne s'étonnera donc point de me voir prendre ce proverbe pour épigraphe; reste à savoir, cependant, si j'ai eu raison de prêter l'oreille aux exhortations de mon vieil ami; le lecteur en pourra bientôt juger; pour le présent, qu'il me permette de lui dire en quelles circonstances et dans quels termes le conseil me fut donné.

Nous cheminions de compagnie au milieu d'admirables campagnes qui ne devaient rien de leur beauté à la main de l'homme, mais où mon ami se représentait déjà de nombreux établissements agricoles, tandis que j'y voyais plutôt un champ immense ouvert à l'exploration du naturaliste.

Songeant aux riches récoltes promises à qui entreprendrait cette tâche, je sentais plus vivement mon insuffisance, et je commençai bientôt à la déplorer tout haut, rappelant tant de belles occasions que j'avais eues pour m'instruire et regrettant d'en avoir si peu profité. Mon compagnon, qu'ennuyait sans doute ce soliloque, l'interrompit brusquement.

« Que sert, dit-il, de regretter l'emploi du temps passé si l'on ne doit pas mieux employer le temps à venir : de ce que vous ne pouvez faire tout ce que ferait un homme mieux préparé, est-ce une raison pour vous croiser les bras et pour fermer les yeux ? *Qui ne peut moissonner glane,* dit le proverbe catalan, et ce proverbe semble avoir été fait pour vous. »

« *Glaner,* ajouta-t-il, est un métier fort humble, mais qui a son côté estimable, puisqu'il prévient la perte de mainte chose qui trouvera plus tard son emploi. — C'est un métier qui donne beaucoup de peine pour peu de profit, je l'accorde ; s'il vous convient cependant de travailler dans ces conditions plutôt que de rester oisif, je ne vois pas qui pourrait vous en blâmer. — Que le grain de ces épis relevés brin à brin soit d'aussi bonne nature que celui qui vient des gerbes, c'est tout ce qu'on a droit d'exiger de vous. »

Il ne faut pas un grand effort pour pousser un homme dans la direction vers laquelle il incline ; je ne fis donc point de résistance. J'avais déjà relevé, sans songer à en tirer parti, quelques glanures [1] ; mais, de ce moment, je mis

---

1. *Glanures d'Histoire naturelle* est le titre que j'avais songé d'abord à donner à ce petit livre. Si j'y ai renoncé, c'est qu'il a déjà été pris par un naturaliste anglais du siècle dernier pour un recueil rarement consulté de nos jours, mais encore assez souvent cité. J'ai dû respecter les droits d'un premier occupant.

plus d'empressement à les chercher, plus de soin à les choisir : car je voulais, comme me le recommandait dans son langage figuré mon vieux Provençal, ne faire récolte que de bon grain. Il ne m'avait point parlé du respect dû aux gerbes du prochain : un tel avertissement lui semblait inutile et eût pu être pris comme une offense. Cependant je m'aperçus bientôt que s'il était facile de ne point convoiter le bien d'autrui, il ne l'était pas toujours autant d'éviter l'apparence d'un larcin; qu'on était, à tout le moins, très-exposé à se rendre ridicule en présentant comme neuf ce qui était vieux et rebattu. Bref, je vis que pour des recherches comme celles auxquelles je me livrais avec tant de plaisir, il était nécessaire de consulter alternativement la nature et les livres, de sorte que s'il n'était pas indispensable d'être un savant à proprement parler, il fallait du moins ne pas rester étranger à la science.

Voilà ce que je crus alors et ce que je persiste à croire ; mais peut-être est-ce là une de ces idées qui ont vieilli et qu'il faudrait abandonner; je serais tenté de le supposer, lorsque j'entends répéter autour de moi que les plus belles découvertes en histoire naturelle sont dues à des ignorants, que les méthodes sont des échafaudages complétement inutiles, et la nomenclature un jargon barbare bon tout au plus à masquer la nullité de certains pédants.

Tout étranges qu'elles sont, de semblables assertions peuvent se soutenir, même dans un cercle de gens d'esprit et dont aucun n'est voué au culte de l'ignorance. Il n'en peut résulter aucun mal; ce qui a été dit le soir pour ranimer par un peu d'imprévu une conversation languissante sera oublié le lendemain. Mais qu'on le lise *imprimé* dans un de ces ouvrages qui se sont fait accepter de tous aussitôt qu'ils ont paru, et dont les savants ne parlent pas autrement que le commun des lecteurs, voilà ce qui semble

plus grave. Si l'on songe cependant que des écrivains qu
n'auraient pu, sans une instruction très-solide, faire un
aussi heureux emploi de leur talent, ne sauraient méconn-
naître tout ce qu'ils doivent à la science, et sont trop honnêtes pour vouloir le dissimuler, on est tenté de croire
que leurs paroles ne doivent pas être prises au pied de la
lettre; qu'en définitive ces hérésies peuvent bien se ré-
duire à n'être que l'expression paradoxale d'opinions sur
lesquelles on est généralement d'accord.

Dans la bouche même de ceux à qui je reproche de les
avoir écrites, ces paroles eussent à peine été remarquées :
à qui n'est-il pas arrivé, en effet, d'user à un certain moment d'un langage qui allait fort au delà de sa pensée ?
Moi-même, si je dois faire ici ma confession, j'ai été un
jour poussé jusqu'à dire que j'avais, dans mes voyages,
plus appris des muletiers que des docteurs. Tout ce que je
voulais faire comprendre cependant, c'est qu'on doit se
garder de négliger même les plus humbles sources de renseignements.

Les circonstances m'avaient mis en fréquents et longs
rapports avec des hommes complétement incultes, et j'avais
trouvé chez quelques-uns d'entre eux le talent d'observation, parfois joint à une remarquable sagacité. Ces dons de
la nature, pour le dire en passant, n'eussent pas été gâtés
par un peu d'instruction, à moins que, pour la leur donner,
on ne les eût de bonne heure transplantés à la ville, et
dans ce cas ce n'est pas près d'eux que j'eusse été m'en-
quérir de ce qui se passait aux champs.

J'ai obtenu de ces hommes des renseignements précieux;
mais ces renseignements, d'ordinaire, ne m'étaient pas
offerts spontanément; j'avais dû les aller chercher, les provoquer par des questions, et mes questions eussent été
plus nombreuses, mieux dirigées si j'avais été suffisam-

ment préparé. Je n'étais pas assez savant pour apprendre tout ce que ces ignorants auraient eu à m'enseigner.

Lorsqu'Aristote commença à s'occuper d'histoire naturelle, le terrain était déjà préparé, il put profiter de tout ce qui s'était fait avant lui. Il eut à sa disposition une masse d'observations dues à coup sûr, dans le principe, à des hommes qui n'étaient pas plus savants que mes guides et mes muletiers; mais ces observations eussent été perdues sans le soin constant qu'avaient eu de les recueillir les premiers philosophes qui se vouèrent à l'étude de la nature. Aristote trouva dans leurs écrits beaucoup de faits qu'il n'eut plus qu'à coordonner et au milieu desquels se placèrent aisément ceux qu'il avait à y ajouter. Il y trouva de plus, remarquons-le bien, ce que n'avaient pu fournir les pêcheurs ni les pâtres : quelques-uns de nos philosophes, en effet, avaient déjà compris que l'histoire des êtres vivants n'est pas tout entière dans la connaissance de leurs mœurs; ils avaient voulu les étudier aussi dans leur structure et entrepris à cet effet des recherches qui les rendirent souvent ridicules, sinon odieux aux yeux de leurs contemporains. Aristote, que la crainte de pareille injustice n'aurait pu arrêter, reprit ces travaux, les étendit considérablement et en fit la base d'une science nouvelle. Groupant les faits acquis dans l'ordre le plus propre à en faire ressortir les rapports naturels, et marchant à pas toujours sûrs de généralisation en généralisation, il s'éleva par degrés jusqu'à ces grandes lois que rien depuis n'a pu ébranler. Les animaux furent répartis d'après leur organisation, et de ce jour la science de la zoologie fut créée.

Aristote dut se borner à tracer les grands traits du tableau, l'exécution du travail devait être l'œuvre de ses disciples, et c'est alors que le besoin d'une nomenclature arrêtée pour les diverses espèces se fut fait sentir comme elle se fait sentir aujourd'hui. Malheureusement l'école finit presque avec le maître.

De tout ce qui avait été amassé, une partie seulement est parvenue jusqu'à nous et suffit pour nous faire regretter le reste. Les Grecs, gens d'un esprit éminemment curieux, et qui avaient, pour étudier les productions de la mer, des facilités sans égales, nous ont laissé, sur les habitudes des animaux marins, des renseignements dont quelques-uns, réellement fort étranges, après avoir été tenus longtemps pour suspects, ont été confirmés par les naturalistes modernes. Tous ne l'ont pas été et quelques-uns mériteraient également d'être vérifiés; malheureusement nous ne savons pas au juste à quels animaux ils se rapportent. Les Grecs n'ont point eu de nomenclature fixe ! Il en résulte que toutes les fois qu'un nom nouveau n'est pas accompagné d'une description, ce qui est le cas le plus ordinaire, le renseignement qui s'y rattache est comme perdu pour nous.

Qu'on voie ce qui se passe dans notre pays pour le règne animal, on ne trouvera peut-être pas vingt espèces dont le nom soit partout le même. Dans le règne végétal, en dehors des plantes cultivées, qui, il est vrai, sont plus nombreuses, c'est même diversité' de pays à pays, et il n'en était pas autrement pour la Grèce. Eh bien, grâce à cette nomenclature, dont on fait des gorges chaudes, au moyen de deux mots empruntés à une langue qui ne peut plus varier et qui s'entend dans tout le monde civilisé, on sait tout d'abord de quel être il est question.

Je n'en dirai pas davantage de la synonymie, et je serai tout aussi bref sur les classifications. Il suffirait presque de faire remarquer qu'on n'a jamais pu s'en passer, et que les plus anciennes remontent à l'origine même du langage; mais si l'on veut examiner historiquement la question, on verra qu'à aucune époque on n'a méconnu l'importance des classifications, et qu'on n'a cessé de faire des efforts pour les perfectionner et pour en rendre l'application plus facile. On en a eu de très-grossières qui se présentaient naturellement; on en a eu de très-ingénieuses, mais purement arti-ficielles. Toutes ont rendu des services; aucune ne s'est trouvée complétement satisfaisante, jusqu'au moment où les naturalistes modernes, renouant le fil qui s'était rompu aux mains des disciples immédiats d'Aristote, ont constitué et fait accepter la méthode naturelle.

Que la nécessité d'une classification ne devienne manifeste qu'à celui qui a déjà une certaine masse de faits à coordonner, cela me paraît incontestable. Le besoin d'un casier ne se fait sentir qu'à celui qui a déjà quelques livres à y ranger. J'avouerai donc, sans difficulté, que dans l'enseignement on n'a peut-être pas toujours suivi l'ordre le plus convenable. Au lieu de commencer par une sèche exposition de méthodes propre à rebuter celui qui n'en peut faire une application immédiate, il serait préférable d'inspirer d'abord le goût de l'histoire naturelle. Au moyen d'exemples bien choisis, on donnerait une idée de l'intérêt qui peut s'attacher à l'étude des êtres vivants, à la connaissance de leurs formes extérieures si variées et de leur organisation si bien appropriée à leurs besoins. Dans des mélanges d'histoire naturelle, même en ne les supposant pas très-bien faits, il serait difficile qu'il ne se rencontrât pas plus d'une chose bonne à retenir. L'essentiel serait qu'on n'y trouvât rien d'inexact et qu'il fallût promptemeut oublier. A côté, ou plutôt au-dessus de ces recueils assemblés un peu au hasard, on conçoit une autre classe de livres qui formerait une préparation plus directe et plus efficace à l'étude des sciences naturelles. Ici chacune des parties serait disposée d'après un plan bien médité, toutes s'enchaînant les unes aux autres, de manière à faire sur un sujet limité quelque chose de complet. Le sujet serait exposé d'une manière élémentaire, jamais superficielle, exposé en termes familiers en évitant les grands mots, sans toutefois reculer devant le mot technique quand il est nécessaire, car ce serait une autre manière de pédantisme. Sans aller chercher au loin les ornements, on accepterait ceux qui se présenteraient d'eux-mêmes, et on aurait un livre d'une lecture attachante, propre non-seulement à meubler la mémoire, mais encore à former l'esprit des jeunes gens.

De pareils ouvrages sont non-seulement possibles, mais ils existent, et j'en connais un, — c'est même à son auteur que je cherchais tantôt querelle. — Malgré la bonne opinion que j'ai conçue de lui, sans le connaître autrement que par ses œuvres, je n'en persiste pas moins dans le blâme qu'il m'a fourni l'occasion de prononcer, et je répète que quand on se fait écouter par tant de personnes, on est tenu de peser ses moindres paroles.

HISTOIRE NATURELLE

ET

SOUVENIRS DE VOYAGE

OISEAUX PARASITES.

LE COUCOU D'EUROPE ET LA PASSERINE DES ÉTATS-UNIS.

Les mœurs singulières du coucou ont, depuis un temps immémorial, attiré l'attention des savants comme celle du vulgaire; elles ont été, dans les temps modernes, l'objet d'observations nombreuses faites par des hommes doués d'une très-grande sagacité et d'une persévérance à toute épreuve. On pouvait croire que l'histoire de l'oiseau était complétement tracée, lorsqu'une lettre adressée à l'Académie des sciences par M. Prévost, chef des travaux de zoologie au Muséum d'histoire naturelle, vint prouver, il y a quelques années, que la matière n'était rien moins qu'épuisée.

Avant de parler des observations de M. Prévost, je crois devoir rappeler les recherches de quelques-uns de ses prédécesseurs, et même les notions qu'on trouve à ce sujet dans les naturalistes anciens. On verra que plusieurs des contes qui avaient cours au temps d'Aristote se sont perpétués jusqu'au nôtre. Une histoire vraie, au bout de vingt jours, est quelquefois devenue complétement méconnaissable; un conte, un souvenir traverse sans altération un espace de vingt siècles.

Au temps d'Aristote, le peuple croyait, comme il le croit encore aujourd'hui dans quelques parties de l'Europe, que le coucou, chaque année, se métamorphose en une espèce d'épervier; cette opinion bizarre se fondait sur une ressemblance de port et de plumage entre les deux oiseaux, et sur ce que l'un d'eux disparaissait à l'époque où l'autre commençait à se faire voir. Ces raisons ne semblaient rien moins que concluantes au grand naturaliste. « Le port du coucou, disait-il, diffère beaucoup de celui de l'épervier, et serait plutôt comparable à celui de la tourterelle. Il y a bien quelque ressemblance dans la couleur du plumage; mais la disposition des taches est différente; d'ailleurs le coucou n'a ni la tête, ni le bec, ni les ongles de l'oiseau de proie. S'ils paraissent se remplacer mutuellement, c'est que tous les deux sont des oiseaux de passage, qui choisissent une époque différente pour visiter notre pays; d'ailleurs ils s'y rencontrent quelquefois en même temps, et, dans ce cas, on a vu des coucous dévorés par les éperviers.

Quand il n'y aurait pas d'autres raisons, celle-là seule suffirait pour montrer qu'il n'existe entre eux aucune parenté, puisque aucun oiseau ne fait sa proie d'un autre oiseau de la même espèce.

« Personne, poursuit Aristote, n'a vu de nichée de coucou, car cet oiseau ne prépare point de berceau pour sa progéniture, mais il va chercher le nid de quelque oiseau plus petit, mange une partie des œufs qui s'y trouvent et dépose le sien en place ; quelquefois, mais très-rarement, il en met deux. Cependant les propriétaires du nid couvent l'œuf substitué, et quand le jeune coucou est éclos, ils prennent soin de le nourrir ; on dit même qu'à mesure que cet étranger grandit ils rejettent, pour lui faire place, leurs propres petits qui périssent ainsi misérablement. Certaines gens vont plus loin et assurent que la mère devient si fière de ce gros nourrisson, qu'elle prend de l'aversion pour tous les autres et les tue pour lui en faire un repas. D'autres soutiennent que c'est la femelle du coucou qui vient faire elle-même cette exécution, et qui dévore les jeunes oiseaux. Au reste, il y a des versions très-différentes sur ce sujet, car l'on prétend aussi que le jeune coucou est lui-même le meurtrier de ses frères adoptifs, soit qu'il les étrangle quand il est assez fort, ce qui est l'opinion de plusieurs personnes, soit qu'il les fasse seulement mourir de faim, en accaparant toute la nourriture qui arrive au nid. Quoi qu'il en soit, on ne peut s'empêcher de reconnaître dans le coucou beaucoup de prévoyance, puisque, se sentant incapable de protéger convenablement ses petits, il trouve moyen de les faire garder à d'autres. Il n'a pas en effet assez de courage pour les défendre lui-même, et il fuit devant des oiseaux d'une taille bien inférieure à la sienne.

« Ce n'est pas à une seule espèce d'oiseau que le coucou confie le soin de sa progéniture ; on le voit choisir tantôt le verdier, qui fait son nid sur les plus grands arbres, et tantôt l'alouette, qui le construit à terre ; quelquefois c'est à la fauvette qu'il s'adresse, mais le nid du ramier est celui qu'il paraît préférer pour y déposer son œuf.

« Quand approche l'époque où il doit disparaître, c'est-à-dire vers le lever de la canicule, le coucou change de couleur et fait entendre plus rarement sa voix. »

Voilà en somme ce que dit Aristote des habitudes du coucou, et ce que Pline a copié à sa manière, c'est-à-dire en répétant à peu près les mêmes phrases et les ajustant de manière qu'elles fassent un sens tout différent ; établissant par exemple, dès le début, que le coucou est un épervier métamorphosé, puis reproduisant sur-le-champ les faits qui ont servi au naturaliste grec à prouver que ce sont deux oiseaux différents. Afin qu'on voie jusqu'à quel point l'écrivain romain sait défigurer un texte, je donnerai ici le passage principal dans lequel il parle du coucou ; mais je ferai remarquer auparavant qu'il n'a pas su de quel oiseau Aristote a voulu parler ; il s'est contenté d'écrire en lettres latines le nom grec κόκκυξ, et sans se douter qu'il y eût rien de commun entre le *cuculus* d'Italie et le *coccyx* de Grèce.

« Le *coccyx*, dit-il, paraît n'être autre chose qu'un épervier qui aurait changé de figure ; en effet, quand on a vu les premiers, les autres disparaissent au bout de peu de jours. Le coccyx lui-même ne se montre que pendant une petite partie de l'été, après quoi on ne le voit plus. Il est le seul des éperviers qui n'ait pas les ongles crochus et qui n'ait pas la forme de la tête propre à cette famille ; il n'en a guère que la couleur, et pour le reste, il est plutôt comparable à la colombe. Il devient aussi quelquefois la proie de l'épervier, quand il leur arrive de se rencontrer, et c'est de tous les oiseaux le seul qui serve de pâture à sa propre espèce. Le coccyx se montre au printemps et disparaît au lever de la canicule. Il pond toujours dans un nid étranger, principalement dans le nid des ramiers. Il n'a le plus souvent qu'un œuf, rarement deux, et c'est encore une particularité qui le distingue entre tous. Le motif qu'il a pour placer ainsi ses petits en maison étrangère, c'est qu'il connaît la haine que lui portent tous les autres oiseaux, qui tous et jusqu'aux plus petits lui font la guerre. Voyant donc que sa race courrait grand risque de s'éteindre, s'il n'avait recours à la ruse, à défaut du courage dont il est dépourvu, il ne construit point de nid. La femelle, dans le nid de laquelle il va déposer son œuf, nourrit le petit lorsqu'il est éclos. Ce petit, naturellement avide, enlève la nourriture à ses compagnons ; il engraisse et charme ainsi les yeux ds sa nourrice. Celle-ci se complaît et s'admire dans son ouvrage; ses enfants bientôt ne lui paraissent que de chétifs avortons; elle les méconnaît et les laisse égorger par l'étranger, qui finit par la tuer elle-même quand il se sent en état de voler. A cette époque, il a la chair plus délicate qu'aucun autre oiseau. »

On ne trouve dans Pline aucun autre passage relatif au *coccyx*; quand au *cuculus,* il en est question dans plusieurs endroits : d'abord à l'occasion de la vendange, et parce que, en ces temps-là, les vignerons poursuivaient du triste chant de cet oiseau ceux qui tardaient trop à tailler leur vigne, comme pour leur prédire que le printemps qui est l'époque de l'apparition du coucou les surprendrait encore la serpe à la main. La seconde fois, c'est à propos de remèdes. Un coucou enveloppé dans une peau de lièvre et attaché sur le front est, suivant notre auteur, un moyen merveilleux pour provoquer le sommeil.

J'allais oublier un troisième passage qui vaut cependant bien la peine d'être cité : « Lorsqu'un homme, dit Pline, entend pour la première fois le chant du coucou, s'il marque sur le sol, au moyen d'une raie, l'espace recouvert par son pied droit, la terre prise dans l'intérieur de ce contour aura la vertu singulière d'écarter les puces de tous les lieux où on la parsèmera. »

Il est juste cependant de faire remarquer que Pline, tout ami qu'il est du merveilleux, ne semble pas croire à l'efficacité de ces deux moyens, et qu'il ne les rapporte qu'à l'occasion des pratiques superstitieuses répandues de son temps parmi les personnes qui avaient foi aux sciences occultes. Au reste, même en écartant ces deux passages, il reste encore bien assez de fables dans son histoire du coucou. On ne trouve au contraire presque rien qui ne soit vrai dans celle que nous a laissée Élien, et il faut croire que cette fois l'auteur a été bien servi par le hasard, car d'ordinaire ce n'est pas par l'esprit de critique qu'il se distingue.

Élien est certainement de tous les naturalistes anciens celui qui a le mieux parlé des mœurs du coucou. Ainsi Aristote s'était trompé en disant que la femelle cherche de préférence le nid des ramiers pour y déposer son œuf, car la nourriture qui convient aux pigeonneaux ne convient nullement au jeune coucou. Élien, au contraire, en désignant les oiseaux dont le nid reçoit l'œuf étranger, ne cite que des espèces qui, du moins dans le premier âge, ont un régime insectivore. Il remarque aussi, et très-justement, que ce n'est point aux nids vides que le coucou s'adresse, mais à ceux qui ont déjà plusieurs œufs ; seulement, ajoute notre auteur, s'il les trouve en trop grand nombre, il en emporte un ou deux à la place de celui qu'il laisse, et pour faire cette substitution il guette le moment où les maîtres du logis sont absents l'un et l'autre.

« Le jeune coucou, poursuit Élien, sentant bien qu'il n'est qu'un intrus, s'empresse d'aller rejoindre ses vrais parents dès l'instant qu'il peut se confier à ses ailes ; d'ailleurs, ajoute-t-il, à cette époque son plumage le faisant reconnaître pour étranger dans la maison, il y est battu de tous, et n'a rien de mieux à faire que d'en déloger au plus vite. » Ceci n'est pas exact ; le jeune coucou continue d'être soigné par sa mère adoptive longtemps après qu'il est en état de voler, et le premier usage qu'il fait de ses ailes est pour aller à sa rencontre lorsqu'elle lui apporte la becquée.

Sur ce point, au reste, l'opinion d'Élien se rapproche de celle qu'on trouve exprimée dans le premier livre des Halieutiques. « Le coucou, dit Oppien, est le premier oiseau qui nous annonce le printemps. Il ne construit point lui-même son nid, mais il va chercher celui de quelque autre oiseau, et, après avoir dévoré les œufs qui s'y trouvaient, il laisse les siens à leur place. Les œufs substitués sont couvés par l'étrangère, qui ne reconnaît son erreur qu'après que les petits sont éclos. Indignée de la fraude, elle abandonne son nid et va en construire un autre. La vraie mère alors revient et pourvoit aux besoins de sa jeune famille. »

Oppien ne dit point quels motifs portent la femelle du coucou à confier à une autre mère le soin de couver ses œufs ; Élien pense que c'est parce que, étant d'un tempérament très-froid, elle sent qu'elle ne pourrait leur communiquer la chaleur dont ils ont besoin pour éclore. De notre temps, on a émis une opinion diamétralement opposée, et qui pour cela n'en est pas plus juste. Les coucous, à en croire Levaillant, sont des oiseaux très-ardents, et qui, pendant toute la saison de la ponte, sont dans une sorte de fièvre continuelle.

S'ils voulaient couver eux-mêmes leurs œufs, ils les cuiraient pour ainsi dire, et c'est pour parer à ce danger que la nature leur a donné l'instinct d'aller pondre dans un nid étranger.

Toutes les fois qu'un animal présente, soit dans ses mœurs, soit dans ses formes, quelque chose d'un peu étrange, il devient bientôt l'objet d'une foule de fables ridicules. Le coucou nous en offre un exemple, puisque son histoire s'est successivement enrichie de plusieurs circonstances merveilleuses, dont quelques-unes même n'ont aucun rapport avec celle qui avait d'abord appelé l'attention.

On avait remarqué, par exemple, que cet oiseau, dont le vol est ordinairement très-élevé, et qui ne se perche guère que sur les plus grands arbres, a de tout autres allures pendant les premiers jours qui suivent son apparition. Alors, en effet, il se tient dans les broussailles, où on le voit sautillant de branche en branche, et quelquefois même descendant jusqu'à terre. On supposa assez naturellement qu'il se ressentait encore des fatigues du voyage; aujourd'hui on croit que s'il se tient ainsi près du sol, c'est qu'à cette époque de l'année il ne pourrait trouver ailleurs les insectes dont il se nourrit. La première explication, au reste, si elle n'était pas vraie, était du moins très-plausible. On admit assez volontiers que ce qui empêchait l'oiseau de s'élever, c'était le manque de forces; mais quelques personnes soupçonnèrent que cet épuisement était le résultat d'une mue qu'il avait subie avant de partir pour nos climats. Cette hypothèse, cependant, offrait une grande difficulté, car l'on ne concevait pas comment un oiseau déjà épuisé pouvait entreprendre un long voyage. Quelqu'un la résolut d'une manière tout à fait inattendue, en disant que le coucou faisait le trajet sur les épaules du milan, qui avait la complaisance de lui servir de monture. Je ne sais qui a imaginé le premier ce beau conte, mais le plus ancien auteur qui en parle est Isidore de Séville. C'est aussi à ce bon évêque que nous devons l'histoire des cigales qui naissent des crachats du coucou.

C'est une chose assez rare que de voir cracher un oiseau, et plus rare encore de voir sortir des insectes de sa salive ; mais cela arrive par une permission toute spéciale de la Providence, qui veut que l'ingratitude du coucou ne reste pas impunie. Il a étranglé sa mère nourricière, il sera poignardé à son tour par les êtres qui lui doivent l'existence : *a filiis exspecta ea quæ patri feceris.* En effet, les cigales dont nous venons de parler ne sont pas plutôt en état de se mouvoir, qu'elles s'attachent sous l'aile de l'oiseau, le percent de leur aiguillon, et le font mourir par leurs piqûres répétées.

Quelque ridicules que paraissent ces contes, il ne faut pas croire qu'on les ait inventés à plaisir ; chacun d'eux, au contraire, repose probablement sur quelque fait mal observé. Ainsi le coucou ressemble à l'épervier par le vol, par la longue queue, par la couleur générale du plumage, par celle des yeux et des pieds, par l'espèce de manchette qui retombe de la jambe sur le tarse. On aura vu un épervier accroché sur le dos d'un milan, animal qui, comme on le sait, est fort lâche et se laisse battre par des oiseaux d'une taille bien inférieure à la sienne, on aura cru que c'était un coucou qui courait la poste.

Quant au conte des cigales, il paraît reposer sur une double erreur.

On aura pu voir quelquefois, sur des buissons autour desquels un coucou avait voltigé, une substance blanche mousseuse qu'on connaît sous les noms de *crachat de grenouille, écume printanière,* etc. On aura cru que c'était l'oiseau qui l'avait laissée. Au centre de cette écume, si on l'examine de près, on trouve une larve d'abord très-petite, mais qui, grossissant peu à peu, se transforme en un insecte de la famille des cigales, la *cercopte écumeuse.* Voilà donc les cigales engendrées de la salive de l'oiseau ; maintenant il n'y a nulle difficulté à comprendre comment on aura pris pour des cigales certains insectes ailés, autrefois connus sous le nom de mouches-araignées, insectes qui s'attachent en effet à l'aisselle des oiseaux et les piquent cruellement.

Isidore de Séville admet, comme on l'a vu, que le coucou émigre chaque année à l'approche de l'automne, et revient au printemps dans nos pays porté sur le dos du milan ; un autre auteur dont on ne connaît ni le nom, ni l'époque précise, explique différemment la disparition de l'oiseau pendant l'hiver, et suppose qu'il se cache dans des trous creusés en terre ou dans l'intérieur des vieux troncs d'arbres. « On l'y trouve quelquefois, dit-il, tout souffreteux, dépouillé de ses plumes et ressemblant plus alors à un crapaud qu'à un oiseau. » Cette opinion se fondait encore sur des observations vraies ; seulement on avait généralisé mal à propos un fait purement exceptionnel.

En admettant l'hibernation du coucou, il fallait supposer, ou bien que l'oiseau passait l'hiver engourdi dans sa retraite, comme les marmottes et les loirs, ou qu'il y vivait, comme les castors, des provisions amassées durant l'été. L'auteur du livre *de la Nature des choses* se décida pour la dernière opinion. Albert le Grand, au contraire, se fondant sur le témoignage de plusieurs personnes qui avaient déterré de ces coucous sans plumes et n'avaient rencontré dans leur gîte nulle apparence de provision, inclina plutôt pour la première. Albert, dans un chapitre très-curieux où il traite en général des soins que prennent les oiseaux de leur progéniture, suppose que la femelle du coucou conserve pour son petit, même pendant qu'il est sous la tutelle étrangère, une active sollicitude ; suivant lui, elle visite souvent le nid, voit si la nourriture qu'on lui apporte est suffisante, et, à mesure qu'il a besoin d'une plus grande quantité d'aliments, elle trouve moyen de les lui assurer en faisant disparaître successivement les compagnons qui partageaient avec lui la pitance. Nifo, médecin italien qui écrivait vers la fin du xve et au commencement du xvie siècle, croit que c'est le jeune coucou qui fait périr ses compagnons, non par malice et en les étranglant, comme l'avaient dit les anciens, mais en les étouffant de son poids, ou en les faisant tomber du nid dont il occupe bientôt à lui seul toute la capacité.

Albert savait bien que le jeune coucou a besoin, pour sa nourriture, de vermisseaux et non de graines, et par conséquent qu'il serait très-mal hébergé dans le nid des ramiers. Il n'ose cependant dire que Pline et Aristote se sont trompés, et il aime mieux supposer qu'il existe une autre espèce de coucou, plus grande que l'espèce commune, et dont le genre de vie se rapproche davantage de celui des pigeons.

Plusieurs des écrivains encyclopédistes qui appartiennent à cette époque remarquable, Glanvill, Arnauld de Villeneuve et autres, parlèrent aussi du coucou, car dans leurs livres rien ne devait être omis ; mais, sur ce sujet comme sur presque tout ce qui concerne l'histoire naturelle, ils ne donnèrent que le résultat de leurs lectures, et, j'ai eu beau chercher, je n'ai pas trouvé, dans tout ce qu'ils disent de l'oiseau, un seul fait, un seul conte même, qui ne fût déjà consigné ailleurs.

Dans tous les ouvrages des naturalistes anciens, et dans ceux de leurs premiers imitateurs, on ne trouve, à proprement parler, aucune description ; aussi est-on quelquefois fort embarrassé pour savoir à quelle espèce doivent s'appliquer les renseignements qu'ils nous ont laissés. Aristote avait désigné le coucou d'une manière assez reconnaissable, mais cependant il avait.négligé d'indiquer une particularité de structure qui distingue cet oiseau de la plupart de ceux avec lesquels on pourrait le confondre, je veux parler de la disposition des doigts dont deux seulement sont dirigés en avant, et les deux autres en arrière. Il faut croire qu'il ignorait le fait, puisque, d'une part, lorsqu'il énumère les oiseaux chez lesquels s'observe cette conformation, il ne nomme point le coucou, et que, de l'autre, il compare ses pieds à ceux de la colombe. Belon, au contraire, quoique séparant dans son livre le coucou des grimpeurs, a eu soin de faire remarquer la direction des doigts qui se trouve aussi convenablement exprimée dans sa figure. « Le *coucou*, dit-il, a les jambes pattues, c'est à savoir qu'il y a des plumes attachées par le dehors, qui lui couvrent les jambes jusque dessus les pieds qui sont de telle nature qu'il a deux doigts derrière et deux devant et desquels ceux de la partie du dehors sont les plus grands, comme ès pics-verds. » Belon parle des mœurs de l'oiseau d'une manière assez incomplète sans doute, mais telle cependant que si les observations postérieures permettent d'ajouter beaucoup à ce qu'il a écrit, elles n'obligent pas à en retrancher une seule ligne.

« Nature, dit-il, a montré à l'endroit de cet oyseau qu'elle est soigneuse de son ouvrage : car comme le *coucou* ne pond qu'un œuf, et lequel il pouvait bien mettre au nid d'un serin, tarin, pinson, ou autre animal qui abesche ses petits de grain, toutefois elle a voulu lui chercher le nid d'un oyseau décent à sa nourriture, luy enseignant qu'il faylloit qu'il le mist en celui d'un oyseau qui nourrist ses petits de verms, et principalement d'une fauvette, qui était anciennement nommée *curruca*. Il a esté aussi veu pondre au nid d'une alouëtte contre terre, et au nid d'un coulomb ramier, et au nid d'un verdier. Si nature eust permis que le *coucou* eust mis son œuf dedens le nid d'un plus petit oyseau que lui, elle eust esté injuste si elle eust fait qu'il eust pondu plusieurs œufs : car luy qui est de grosse corpulence, estant repu par un si petit oyseau comme est la fauvette, fust mort de faim si le père et la mère n'eussent fourni à la mangeaille ; mais comme le père et la mère pouvoient bien fournir à une quantité de petits, ainsi pourront-ils bien satisfaire à la nourriture d'un seul ou deux *coucous,* encore qu'ils mangent par jour autant de viande qu'eussent peu faire leurs six petits oysillons. »

Belon parle de la transformation de l'épervier en coucou, fable déjà réfutée du temps d'Aristote, et à laquelle il était lui-même bien loin d'ajouter foi ; il ne la rappelle probablement que pour avoir l'occasion de citer un vieux dicton à double entente. Aldrovande n'a pas aperçu l'équivoque, et, s'en tenant au sens naturel, il a été conduit à supposer qu'en France on croyait généralement à la métamorphose du coucou.

Aldrovande et Gesner ont parlé beaucoup plus longuement que Belon des habitudes du coucou, et ont entassé à ce sujet une foule de citations qui n'apprennent rien autre chose, si ce n'est que cet oiseau était quelquefois confondu avec l'engoulevent ; nous verrons que la même erreur a été commise plus d'une fois et jusque dans ce siècle.

Aristote et Élien, ainsi que je l'ai dit, expliquaient différemment l'habitude qu'a la femelle du coucou d'aller pondre dans un nid étranger, supposant. l'un, qu'elle ne se sentait pas le courage nécessaire pour défendre sa famille, l'autre, qu'elle savait son tempérament trop froid pour couver et faire éclore un œuf. Ces deux opinions partagèrent les naturalistes jusque dans le xviiie siècle ; Hérissant alors en proposa une troisième qui était fondée sur l'organisation de l'animal. Cet anatomiste remarqua que chez le coucou l'estomac est placé autrement que chez la plupart des autres oiseaux, et qu'au lieu d'être protégé par un sternum il est recouvert seulement par les muscles du bas-ventre. Suivant lui, une pareille disposition ne permettait pas à la femelle de couver, puisque dans cet acte l'estomac eût été comprimé de manière à troubler la digestion. On pouvait objecter à cela que le jeune coucou, tant qu'il reste dans le nid, a l'estomac comprimé justement de la même manière que l'aurait sa mère dans l'incubation, et que cela ne paraît diminuer en rien son appétit, qui est au contraire des plus voraces. On pouvait enfin faire remarquer que la même disposition organique se trouve chez certains oiseaux, qui cependant couvent leurs œufs et élèvent leurs petits.

Au reste, quelle que fût l'opinion qu'on adoptât relativement aux causes qui portent la femelle du coucou à aller pondre dans un nid étranger ; qu'on regardât cette anomalie comme dépendante de l'organisation, du tempérament ou du caractère, une même question se présentait toujours à résoudre : la mère, après avoir placé sa progéniture sous une tutelle étrangère, continue-t-elle à y prendre intérêt? Ce fut pour résoudre cette question que Lothinger fit des observations et des expériences nombreuses, mais dont le résultat ne paraît pas bien concluant. Lothinger crut aussi remarquer que les oiseaux qui ne font nulle difficulté d'adopter l'œuf du coucou, quoiqu'il soit souvent très-différent des leurs, abandonnent au contraire leur nid lorsqu'on y dépose des œufs provenant de toute autre espèce. Il paraît que les expériences qui l'avaient conduit à cette conclusion n'étaient pas faites avec les précautions convenables, puisque celles que rapporte Montbeillard donnent un résultat différent.

Lothinger soutenait encore que le coucou femelle enlève les œufs qui se trouvent dans le nid où elle dépose le sien. D'autres observations, faites en Angleterre par le célèbre Jenner, semblèrent prouver que c'était le jeune coucou lui-même qui se chargeait du soin de vider le nid. Il reconnut cependant que dans certains cas c'est la couveuse qui, lorsque son nid est trop plein, fait tomber quelques-uns des œufs en cherchant à les arranger ; l'accident porte presque toujours sur les siens, mais cela tient seulement à ce que l'œuf étranger, étant le plus gros et le plus lourd, occupe naturellement le fond et se trouve ainsi moins exposé à tomber.

Jenner a décrit avec beaucoup de soin et de précision les manœuvres qu'emploie le jeune coucou pour rester seul en possession du nid. « Peu d'heures après sa naissance, on le voit, dit l'observateur, s'agiter et chercher à se glisser sous le petit oiseau dont il partage le berceau. Il parvient enfin à le placer sur son dos où il le retient en élevant ses ailes; alors, se traînant à reculons jusqu'au bord du nid, il se repose un instant, puis, faisant un effort, il jette sa charge dehors; il reste, après cette opération, fort peu de temps sans tâter avec l'extrémité des ailes, comme s'il voulait se convaincre du succès de son entreprise.

« En grimpant sur les bords élevés du nid, le coucou laisse quelquefois tomber sa charge, mais il recommence bientôt son travail et ne le discontinue que lorsqu'il est venu à bout de son entreprise. On est surpris de voir les efforts réitérés que fait le coucou de deux ou trois jours, lorsqu'on voit à côté de lui un petit oiseau déjà trop lourd pour qu'il puisse le soulever; il est alors dans une agitation continuelle et ne cesse de travailler. Mais, quand il est âgé de douze jours environ, il perd le désir de jeter dehors ses compagnons, et, s'il lui en reste, il ne les inquiète plus; il paraît bien moins gêné de la présence des œufs que de celle des petits, et on a vu souvent un coucou de neuf à dix jours ne pas toucher à un œuf qu'on plaçait près de lui, et chasser un petit oiseau qu'on y mettait en même temps.

« La configuration particulière du jeune coucou, différente de celle des autres oiseaux, est très-propre à lui faire exécuter cette opération. La partie supérieure de son corps, depuis la nuque jusqu'au croupion, est très-large, et on aperçoit dans son milieu une dépression considérable qui semble faite pour recevoir les œufs ou les petits oiseaux que le coucou veut rejeter ; vers le douzième jour, la cavité s'efface, et l'animal perd en même temps le désir de jeter les objets dont il est entouré. »

Ce que dit Jenner de la conformation particulière que présente le coucou dans les jours qui suivent sa naissance n'offre rien de plus extraordinaire qu'une foule de dispositions qu'on observe chez d'autres animaux à une époque déterminée de leur développement, et qui disparaissent quand les besoins auxquels elles sont destinées à satisfaire viennent à cesser ; toutefois de pareils faits ne peuvent être admis qu'après une vérification qui doit être plus scrupuleuse à mesure qu'ils s'écartent plus du cas général, et celui-là demanderait peut-être un nouvel examen.

Une fois, Jenner trouva dans le même nid deux coucous et une fauvette qui étaient éclos dans la matinée ; en quelques heures, les deux coucous commencèrent à se disputer la possession du nid, et leur dispute dura jusqu'au lendemain après midi. Ce fut alors seulement que le plus gros parvint à jeter l'autre hors du nid, ainsi que la fauvette et un œuf qui n'était point éclos. Jusque-là les combattants semblaient avoir alternativement l'avantage, et chacun portait successivement son antagoniste jusqu'au bord du nid, d'où il retombait au fond, accablé sous le poids de sa charge. Enfin, après beaucoup d'efforts, le plus robuste l'emporta, et il fut le seul qui fut nourri par les fauvettes.

Le colonel Montagu rapporte, dans l'introduction du *Dictionnaire ornithologique,* des faits dont il a été témoin, et qui confirment pour tous les points essentiels ce qu'avait avancé Jenner. « Un paysan, dit-il, me fit voir dans son jardin un nid de friquets qui contenait un jeune coucou, et m'apprit qu'il s'y trouvait déjà quatre œufs quand l'étrangère y vint mettre le sien. Un matin, en allant à sa journée, il vit que le petit coucou et deux de ses friquets étaient éclos pendant la nuit; le soir, quand il revint, il n'y avait plus dans le nid que le petit coucou, tout le reste avait disparu. Désirant depuis longtemps observer les manœuvres qu'emploie le jeune oiseau pour se débarrasser de ses compagnons, j'emportai celui-là chez moi, et je mis près de lui une jeune hirondelle; il ne tarda pas à la faire déloger. Je la replaçai à ses côtés, il la fit sauter de nouveau, et je lui fis recommencer ce manége autant de fois que je le voulus. Il avait, lorsque je l'emportai, cinq à six jours au plus, et pendant cinq jours encore il continua à manifester cette disposition insociable. Pour arriver à son but, il se remuait, se retournait, jusqu'à ce qu'il fût parvenu à se glisser sous l'hirondelle; alors, par un mouvement brusque du croupion, une espèce de ruade, il la faisait sauter du haut en bas; quelquefois il ne réussissait pas du premier coup, car l'hirondelle était plus âgée que lui et déjà assez active, mais il ne se rebutait pas pour un premier échec, et après s'être reposé quelque temps comme pour reprendre des forces, il renouvelait ses tentatives et n'avait pas de repos qu'il n'en fût venu à ses fins. Au bout de cinq jours, ainsi que je l'ai déjà dit, cette disposition cessa, et il permit à la jeune hirondelle de rester près de lui dans le nid. »

M. Blackwall a fait sur le même sujet des observations qu'on peut lire dans les Mémoires de la Société des sciences de Manchester; comme elles ne diffèrent en rien d'important des précédentes, nous pouvons nous dispenser de les reproduire ici.

Jenner, Montagu, Blackwall, tout en constatant les dispositions insociables du jeune coucou, n'ont rien vu qui indiquât en lui ce naturel sanguinaire que lui prêtaient les anciens naturalistes. Montbeillard, au reste, avait déjà fait à ce sujet une épreuve assez concluante.

A priori il lui semblait très-invraisemblable qu'un oiseau qui, à l'état adulte, se nourrit d'insectes, montrât, dans le jeune âge, des habitudes carnassières; cependant, comme on bâtit peu solidement lorsqu'on fonde seulement sur des probabilités, il voulut constater le fait par la voie de l'expérience.

« Le 27 juin, dit-il, je mis un jeune coucou de l'année, qui avait déjà neuf pouces de longueur totale, dans une cage ouverte, avec trois jeunes fauvettes qui n'avaient pas le quart de leurs plumes et ne mangeaient pas encore seules; le coucou, loin de les dévorer ou de les menacer, semblait vouloir reconnaître les obligations qu'il avait à l'espèce; il souffrait avec complaisance que ces petits oiseaux, qui ne paraissaient point du tout avoir peur de lui, cherchassent un asile sous ses ailes et s'y réchauffassent, comme ils eussent fait sous les ailes de leur mère : tandis que dans le même temps une jeune chouette de l'année, qui n'avait encore vécu que de la becquée qu'on lui donnait, apprit à manger seule en dévorant toute vivante une quatrième fauvette qui avait été attachée auprès d'elle. »

Ce qu'on peut conclure de tout ceci, c'est que le jeune coucou, comme beaucoup d'autres êtres à deux pieds et sans plumes, est d'un naturel assez doux tant qu'on ne le gêne point, mais veut avoir ses aises à tout prix. Qu'il n'y ait point de nid à occuper, et les jeunes fauvettes pourront rester près de lui sans être inquiétées ; qu'il y ait une place à prendre au contraire, et il ne se donnera point de repos qu'il n'ait écarté tous ceux qui y auraient des droits. Du reste, point de cris, point d'emportements, point de sang répandu ; un coup d'épaule donné à propos, et tout est fini. On ne peut reprocher au coucou d'avoir tué ses compagnons, il n'a pas donné un coup de bec ; à la vérité ils sont morts, morts de faim et de froid ; mais encore une fois ce n'est pas lui qui les a tués : c'est un personnage irréprochable.

Le coucou ne dévore pas ses petits compagnons, quoiqu'il ne les aime guère, à plus forte raison ne tuera-t-il pas la nourrice qui lui prodigue ses soins presque jusqu'au moment où il quitte notre pays. Cependant Linné et plusieurs autres naturalistes ont cru à cette fable, qui avait déjà fourni à Mélanchthon le texte d'un très-beau discours sur l'ingratitude. Ils se fondent peut-être sur quelques observations analogues à celle qu'a faite Klein, qui cependant n'en tire pas les mêmes conclusions. Klein, étant encore fort jeune, découvrit, dans le jardin de son père, un coucou élevé par deux fauvettes. Lorsque le jeune oiseau fut à demi emplumé, il l'enferma dans une cage qu'il laissa dans un lieu voisin du nid. Quelques jours après, il trouva la mère fauvette prise entre les bâtons de la cage, ayant la tête engagée dans le gosier du coucou, qui l'avait probablement avalée par mégarde, croyant avaler seulement la chenille qu'elle lui présentait de trop près. Il avait, au reste, porté la peine de sa maladresse, et en étouffant sa nourrice, il s'était lui-même étouffé.

Si les expériences que nous avons rapportées prouvent que le jeune coucou travaille presque dès l'instant de sa naissance à jeter hors du nid tout ce qui s'y trouve, il ne s'ensuit pas nécessairement que ce soin repose uniquement sur lui, et il se pourrait que sa mère vînt l'aider quand il a affaire à trop forte partie. On pensera peut-être qu'une femelle qui ne couve pas son œuf ne peut s'intéresser au petit une fois qu'il est éclos; cette conclusion serait un peu hasardée; dans les parties tropicales de l'Afrique, l'autruche ne couve point ses œufs, et ce n'en est pas moins, *quoi qu'on die*, une mère tendre et dévouée. Il n'y aurait pas non plus d'invraisemblance à supposer que la fauvette, se sentant, au bout de quelques jours, incapable de fournir à tous ses nourrissons une quantité suffisante d'aliments, rejette les plus faibles dans l'espoir de sauver le reste de sa couvée. Pour savoir à quoi s'en tenir sur ce sujet, Jenner fit l'expérience suivante. Ayant découvert un nid de friquets où se trouvait un œuf de coucou, il épia le moment où le jeune oiseau

sortit de sa coquille, et quatre heures après il le fixa
au fond du nid par des liens qui le serraient de manière qu'il ne pût se soulever. Cela ne parut nuire
en rien au développement de l'oiseau, mais cela fut
très-favorable à celui des petits friquets, qui ne furent
point jetés hors du nid. Pendant cinq jours, ils partagèrent avec l'étranger les soins de leurs parents, qui ne
semblaient faire aucune différence entre eux et lui. Aucun coucou, pendant ce temps, ne s'approcha du jeune
captif. On ne put continuer jusqu'au bout l'observation, la couvée ayant été dénichée par quelque enfant.

Tout incomplète qu'est cette observation, elle confirme ce qu'on ne faisait jusque-là que soupçonner, à
savoir qu'une fois que la femelle a pourvu à la conservation de sa progéniture en la plaçant sous une tutelle convenable, elle ne s'en occupe plus. Lothinger,
à la vérité, croyait avoir dans un cas remarqué le
contraire. Ayant enlevé du nid un de ces oiseaux, il
le plaça à terre à quelque distance du lieu où il l'avait
trouvé, et bientôt il entendit un coucou adulte qui
semblait répondre par son chant aux cris de détresse
du petit. Je n'élève aucun doute sur l'exactitude du
fait en lui-même, mais il ne m'est pas prouvé même
que les deux oiseaux se répondissent l'un à l'autre.
Je ferai remarquer que, puisque l'adulte chantait, ce
ne pouvait être qu'un mâle, car le cri de la femelle
n'est qu'une sorte de gloussement et non un chant;
or, on sait que parmi les oiseaux les seules espèces
où le mâle s'occupe des petits sont celles qui vivent
par paires, et l'espèce du coucou n'est pas de ce

nombre, ainsi que le soupçonnait déjà Montbeillard.

Il remarque que dans cette espèce les mâles beaucoup plus nombreux que les femelles se battent souvent pour elles, mais ne paraissent guère s'y attacher; ils n'ont évidemment aucun goût pour la vie de ménage. Comment prendraient-ils quelque souci pour leur future famille; ils ne la connaîtront point. Les femelles, de leur côté, se montrent très-peu sensibles à un tel délaissement : épouses indifférentes, on ne peut s'attendre à trouver en elles de bonnes mères, car, comme le remarque très-justement Montbeillard, c'est la tendresse mutuelle des parents qui est le fondement de leur affection commune pour les enfants. L'espèce du coucou serait donc fort exposée à s'éteindre, si les malheureux petits ne trouvaient dans le nid des fauvettes une sorte d'*hospice des enfants trouvés*.

Quelle que soit, au reste, la cause qui détermine la femelle à aller déposer son œuf dans un nid étranger, il reste à savoir comment elle s'y prend pour l'y introduire; beaucoup de ces nids sont tellement exigus, qu'on ne voit pas comment elle pourrait s'y placer pour pondre; d'autres, tels que ceux du rouge-gorge ou du pouillot, ont une entrée fort étroite, et par laquelle évidemment elle ne saurait passer. C'est une difficulté à laquelle on ne paraît avoir songé qu'au moment où on en a trouvé la solution.

C'est à Levaillant que sont dues les observations relatives à ce sujet, et elles ont été faites sur une espèce africaine (le coucou doré ou didric), dont le voyageur a étudié avec un très-grand soin les habitudes..

« J'avais, dit-il, cherché pendant bien longtemps à surprendre l'oiseau dans le moment même où il dépose son œuf, mais je commençais à perdre l'espoir d'y réussir, lorsqu'un jour ayant tué une femelle de cette espèce, et voulant, suivant mon usage, lui introduire dans le gosier un tampon de filasse, afin d'empêcher le sang de couler sur les plumes, je fus très-surpris, lorsque je lui ouvris le bec, de trouver dans sa gorge un œuf bien entier, et que je reconnus aisément pour un œuf de didric. J'appelai aussitôt mon fidèle Klaas pour lui montrer ce que je venais de trouver. Le bon Hottentot n'en fut pas moins surpris que moi, mais il se rappela alors que dans plusieurs circonstances, ayant tué des didrics femelles, il avait trouvé près d'elles, à terre, au moment où il allait les relever, un œuf récemment brisé. Je me souviens, en effet, qu'il m'avait dit plusieurs fois, en m'apportant des femelles de cette espèce : Celle-ci pondait au moment où je l'ai abattue. Comme j'avais un grand désir de confirmer cette première observation par d'autres semblables, je ne négligeai aucune occasion de tuer des femelles de didric, et cela explique le grand nombre que j'en ai rapportées en Europe; cependant je n'ai eu depuis qu'une seule fois l'occasion de voir une femelle avec son œuf dans le gosier. »

Les observations de Levaillant servent à faire comprendre un fait rapporté longtemps auparavant dans un ouvrage sur l'instinct des animaux, et qui n'avait pas d'abord été bien compris; c'est l'histoire d'un coucou que deux rouges-gorges mâle et femelle cher-

chaient à éloigner de leur nid. « Tandis que l'un des
rouges-gorges donnait au coucou des coups de bec
dans le bas-ventre, celui-ci avait dans les ailes un tré-
moussement presque insensible, ouvrait le bec fort
large, et si large, que l'autre rouge-gorge qui l'atta-
quait en front s'y jeta plusieurs fois, et y cacha sa
tête tout entière, mais toujours impunément, car le
coucou n'éprouvait aucun mouvement de colère. Bientôt cependant il chancela, perdit l'équilibre, et tourna
sur sa branche, à laquelle il demeura suspendu les
pieds en haut, les yeux à demi fermés, le bec ouvert
et les ailes étendues. Étant resté environ deux minutes dans cette attitude, et toujours pressé par les deux
rouges-gorges, il quitta sa branche, alla se percher
plus loin et ne reparut plus. »

L'auteur pense que ce coucou était une femelle
pressée par le besoin de pondre; mais il est bien plus
probable que c'est une femelle qui avait pondu, et
qui, venant apporter son œuf dans le nid des rouges-
gorges, en fut empêchée par le retour imprévu de ces
oiseaux. Elle avait son œuf dans la gorge, et voilà
pourquoi elle restait constamment le bec ouvert. Dans
un des mouvements qu'elle faisait pour éviter les
coups, l'œuf se sera engagé trop avant et aura bouché
l'entrée du canal aérien; de là suffocation, jusqu'à ce
qu'un mouvement convulsif de la gorge, indépendant
de la volonté de l'oiseau, aura fait avaler l'œuf et permis à la respiration de recommencer. L'œuf avalé, le
coucou n'avait plus rien à faire avec le nid des rouges-gorges, et il était naturel qu'il s'éloignât.

Nous arrivons enfin aux faits observés par M. Prévost, qui a eu la bonne fortune de voir ce qu'avait cherché vainement Levaillant, la femelle déposant son œuf dans le nid où il doit être couvé.

« On sait, dit ce naturaliste, que les coucous qui arrivent dans notre climat dans le premier mois du printemps, successivement et d'une manière isolée, continuent à vivre solitaires, occupant chacun une sorte de canton, un espace assez circonscrit dans lequel ils restent tout l'été. Cependant j'ai reconnu que cette sorte de cantonnement n'a lieu que pour les mâles, et que la femelle, au contraire, parcourt un espace beaucoup plus considérable, comprenant plusieurs de ces cantons; que cette femelle fait choix d'un mari, et qu'aussitôt qu'elle a pondu ses œufs et s'est assurée que les oiseaux dans le nid desquels elle l'a déposé en prennent soin, elle va chercher un nouveau mari qu'elle abandonne ensuite, comme elle avait abandonné le premier. »

M. Prévost rapporte en détail une des observations qui l'ont conduit à ces conclusions, et nous la reproduirons ici dans ses propres termes.

« Après bien des tentatives inutiles, je réussis, dit-il, il y a quelques années, à prendre au filet, vers la fin du mois d'avril, un coucou femelle que je venais de voir retirer d'un nid et déposer sur l'herbe un œuf de bergeronnette. Pour la rendre reconnaissable, je lui colorai les ailes avec de la teinture écarlate, je fixai sur sa tête un morceau de drap rouge, et je la remis aussitôt en liberté.

« Placé le lendemain de manière à pouvoir l'observer, je la vis, au point du jour, s'abattre auprès du même nid de bergeronnette, et y enfoncer la tête. Dès qu'elle en fut éloignée, je m'approchai du nid, et je vis qu'elle venait de déposer son œuf. Dans l'espace de quatre heures environ, elle revint plus de cinquante fois dans le même bois, tantôt s'y arrêtant, tantôt passant avec rapidité. Trois jours après, je la vis dans un autre canton du même lieu, et pendant plus de six semaines je la retrouvai successivement dans les cantons de six ou sept mâles, qu'il m'était presque toujours possible de distinguer par leur chant qui varie suivant l'âge, et je la vis deux fois de suite changer de compagnie. Plusieurs œufs, provenant certainement de cette femelle, furent trouvés en différents endroits du bois par les gardes qui m'aidèrent dans cette recherche.

« Les coucous, comme cela a été observé par plusieurs auteurs, ont les passions vives, et chaque femelle est une Pénélope qui n'attend aucun Ulysse, mais autour de laquelle s'agitent une multitude de prétendants, entre lesquels les combats sont fréquents et acharnés.

« J'ai disséqué plusieurs femelles de coucous, et je ne leur ai jamais trouvé que deux œufs : l'un dans l'oviducte, l'autre encore attaché à l'ovaire; ou un seul œuf à l'entrée de l'oviducte, et à l'ovaire l'enveloppe déchirée d'un œuf récemment sorti. Dans l'un et l'autre cas, les ovules étaient toujours à peu près égaux en grosseur.

2.

« Ces observations, et plusieurs autres que nous ne rapporterons pas, ont conduit à conclure :

« 1° Que la femelle du coucou est essentiellement polygame ;

« 2° Que chacun de ses mariages est suivi d'une ponte. »

Nous avons dit que plusieurs naturalistes anciens et modernes supposaient que le coucou ne quitte point notre pays, mais qu'à l'approche de la mauvaise saison il s'enfonce dans des trous où il reste jusqu'au printemps ; les migrations de ces oiseaux avaient dû en effet être moins remarquées que celles de la plupart des espèces voyageuses, car, ainsi que le fait observer M. Prévost, les coucous partent et arrivent isolément, tandis que les autres oiseaux de passage, plusieurs jours même avant de se mettre en route, se réunissent en bandes nombreuses ; c'est ce que chacun, par exemple, a pu observer pour les hirondelles. Quoiqu'on ait rarement occasion d'observer le départ des coucous, on sait, à n'en pouvoir douter, qu'au commencement de l'automne ils se rendent en Afrique ; à Malte, on les voit passer deux fois l'an en même temps que les cailles et que certaines espèces de passereaux.

Il arrive souvent qu'à l'époque du départ les derniers éclos n'ont pas encore la force nécessaire pour suivre leurs compagnons ; ne pouvant supporter le froid, ils vont chercher refuge dans des trous où ils vivent misérablement, mangeant des araignées ou des larves qu'ils trouvent dans le bois pourri.

Avant que cette ressource leur ait manqué, et elle cesse nécessairement vers le mois d'octobre, ils perdent leurs plumes, se recouvrent d'une espèce de gale et deviennent si laids, que quand on les a trouvés à cette époque, leur peau rugueuse, leurs gros yeux et leur large bec qui s'ouvre pour demander la pâture les ont fait généralement comparer à des crapauds. Montbeillard, qui refuse, on ne sait pourquoi, de croire à ce fait qu'attestent des témoins nombreux et irréprochables, suppose que ce sont de vrais crapauds qu'on a pris pour des coucous; une pareille assertion n'a pas besoin d'être réfutée; elle est d'autant plus étrange de la part de cet écrivain, qu'il savait que les jeunes coucous conservés en cage perdent leurs plumes et deviennent galeux tout comme ceux qui restent abandonnés à leurs propres ressources.

S'il n'est pas permis de croire qu'on ait pris des crapauds pour des coucous, il n'y a pas la même difficulté à supposer qu'on ait confondu ces derniers avec d'autres oiseaux qui ont la même taille et à peu près le même port, avec les engoulevents. Ainsi un poëte italien du xve siècle, Tite-Vespasien Strozzi, a évidemment fait cette confusion dans les deux vers suivants, que je ne cite peut-être pas exactement, parce que je n'ai pu recourir à l'original :

> Accipitrem cauta Cuccus sic decipit astu,
> Dum vagus incertas itque reditque vias.

Ces deux vers peignent très-bien le vol irrégulier et capricieux de l'engoulevent, et ne peuvent convenir, au contraire, en aucune façon à celui du coucou.

Par suite de la même confusion, plusieurs observateurs ont été induits à croire que le coucou, au moins dans certaines circonstances, couve ses œufs et élève ses petits. En lisant les différents passages qui ont été cités à l'appui de cette opinion, on voit que le prétendu nid de coucou est toujours à terre; le plus souvent même il n'y a point de nid, et l'œuf ou le petit repose soit sur la terre nue, soit sur un tas de feuilles sèches. Or, on sait que l'engoulevent ne fait pas d'autres frais pour loger sa jeune famille; cette négligence apparente se remarque non-seulement dans l'espèce commune, mais encore dans toutes les espèces étrangères dont on a jusqu'à présent observé les habitudes.

La méprise s'est faite aussi quelquefois en sens inverse, et le pauvre engoulevent, qui était déjà bien assez calomnié, a été accusé encore de ne montrer que de l'indifférence pour sa progéniture. Cette dernière accusation est moins ridicule, mais elle n'est pas moins fausse que celle qui lui a valu le nom de *tette-chèvre,* sous lequel il est connu en certaines provinces de France.

On ne connaît, dans l'ancien monde, aucun oiseau dont les mœurs ressemblent à celles du coucou, mais il en existe un dans le nouveau continent.

Cet oiseau, qui habite toute l'année les États-Unis, est nommé communément *cow-bird* (oiseau aux vaches), parce que souvent on le voit dans les champs occupé à chercher sa nourriture sur le dos de ces ani-

maux qu'il débarrasse des tiques et des autres insectes parasites de la vache ; Vieillot le désigne sous
le nom de *passerine des prés*; Cuvier le range parmi
les moineaux. Wilson est le premier naturaliste qui
ait décrit les mœurs de cet oiseau, et pour les faire
connaître nous emprunterons ses propres expressions.

« J'avais, dit-il, maintes fois trouvé, dans les nids
de trois ou quatre espèces de petits oiseaux, un œuf
qui différait par la taille et la couleur de ceux auprès
desquels il était placé. J'avais remarqué qu'en quelque nid que cet œuf se rencontrât, c'était toujours
même grosseur, même disposition de taches ; je me
rappelais bien avoir entendu dire autrefois que la passerine des prés pond dans un nid étranger, mais on
n'en parlait que d'une manière très-vague ; enfin un
beau jour j'aperçus une femelle de cette espèce dans
le nid d'un gobe-mouches aux yeux rouges, nid qui est
très-petit, et construit si singulièrement, qu'on ne
peut le confondre avec aucun autre. Soupçonnant
alors son dessein, je me retirai doucement, de peur
de l'effaroucher, et, revenant peu de temps après, je
trouvai l'œuf qu'elle venait d'y déposer, et qui ressemblait de tout point à ceux que j'avais déjà remarqués dans d'autres nids. Depuis ce temps, j'ai plus
d'une fois trouvé le petit de la passerine dans les nids
de différents oiseaux. Je l'ai vu, lorsqu'il était plus
âgé, suivre ses pères adoptifs en voletant de branche
en branche, et criant pour la becquée. Au moment où
j'écris, j'ai sous les yeux une passerine qui a été nour-

rie par des fauvettes à jaune gorge, dans le nid desquelles je l'ai prise il y a six mois. »

Habituellement la passerine des prés fréquente les pâturages et les lieux découverts, mais pendant la saison des amours on la trouve souvent dans des lieux écartés, rôdant autour des buissons et cherchant évidemment les nourrices auxquelles elle doit confier le soin de couver ses œufs et d'élever ses petits. Les nids dans lesquels Wilson a trouvé des œufs de passerine diffèrent beaucoup les uns des autres, tant pour la construction que pour l'emplacement; ainsi le *cordon bleu* niche dans le creux des arbres, et le *moineau babillard* dans les buissons de cèdre; la *fauvette à calotte dorée* place sur la terre son nid en forme de four, la *fauvette à jaune gorge* cache le sien sous des touffes de bruyère. La *fauvette olivâtre,* le *gobe-mouches aux yeux blancs* et le *gobe-mouches chanteur* suspendent leur nid, le premier entre deux petites branches, le second à quelque liane, et le troisième enfin tout à l'extrémité d'un rameau flexible, quelquefois à plus de soixante pieds au-dessus du sol.

« Tous ceux qui se sont occupés des mœurs des oiseaux, poursuit Wilson, ont pu remarquer qu'après que le nid est terminé il se passe communément un jour ou deux avant que la femelle commence à pondre. Il paraît que ce temps est nécessaire pour que la maison soit bien sèche, et suffisamment solide. Pendant cet intervalle, il arrive quelquefois que la passerine, trop pressée, vient déposer un œuf dans le nid, mais c'est pour elle peine perdue, car les propriétaires l'abandonnent constamment. Quand au contraire ils ont déjà des œufs, ils ne les quittent pas, quoiqu'ils en trouvent un nouveau ; quand le petit de la passerine éclôt, ils en prennent le plus grand soin et le nourrissent jusqu'au moment où il est en état de pourvoir lui-même à ses besoins. Au mois de juillet dernier, continue l'observateur, je trouvai le nid d'une fauvette à jaune gorge qui était construit au milieu de feuilles sèches sous une touffe de bruyère, et j'y vis un jeune mâle de passerine qui le remplissait entièrement ; je me tins plusieurs heures aux aguets, observant les allures des deux fauvettes, afin de voir si elles n'avaient pas aux environs quelques-uns de leurs petits déjà capables de voltiger, et dont elles continuaient à prendre soin ; je n'en vis point, et je suis persuadé que tout le reste de la nichée avait péri de la même manière que périssent les commensaux du coucou.

« J'emportai le jeune oiseau et je le plaçai dans une cage où se trouvait déjà un cardinal. Pendant plusieurs minutes, le cardinal observa d'un œil défiant le nouveau venu, ne sachant trop encore s'il lui ferait bon ou mauvais accueil ; mais son indécision cessa dès l'instant où celui-ci commença à crier pour avoir la becquée : il l'adopta sur-le-champ et se mit en devoir de satisfaire à ses besoins. Depuis lors il n'a cessé d'avoir pour l'orphelin les soins les plus assidus et les plus recherchés ; s'il trouvait, par exemple, que la sauterelle qu'il avait apportée à son nourrisson fût trop grosse pour que celui-ci pût l'avaler entière, il la reprenait et la divisait en morceaux, qu'il présentait successivement après les avoir à demi brisés dans son bec. Quelquefois il le considérait de tous les côtés pour voir si rien ne manquait à sa toilette, et quand il découvrait sur les plumes la moindre saleté, il l'enlevait avec un soin et une délicatesse remarquables. »

Vieillot semble douter de l'exactitude des faits rapportés par Wilson, mais on ne voit pas sur quoi ce doute repose. Si le naturaliste français n'a pas observé lui-même les habitudes de la passerine, beaucoup d'autres personnes ont eu occasion de le faire, et leur témoignage a confirmé pleinement ce qui avait été d'abord annoncé. Au nombre de ces observateurs je citerai le docteur Potter, dont le récit fournit quelques renseignements qu'on ne trouve pas dans celui de Wilson.

Potter a reconnu que les passerines ne s'apparient point. Dans le temps de la ponte, on les voit par troupes de quatre, cinq et même jusqu'à dix-neuf et vingt individus ; de temps en temps une femelle se détache de la bande, mais les autres ne semblent pas prendre garde à son départ.

« La femelle qui s'est séparée des autres va communément se percher sur quelque lieu élevé, d'où elle peut suivre de l'œil les allures des oiseaux du voisinage, et voir ceux qui s'occupent de leur nid. Si le canton ne lui offre pas un observatoire commode, au lieu de rester ainsi en place elle vole perpétuellement, jusqu'à ce qu'elle ait trouvé ce qu'elle cherche.

Voyant un jour une femelle fureter dans des taillis, je résolus de ne pas la quitter qu'elle n'eût fini sa besogne; mais sachant qu'elle pouvait me mener loin, je montai à cheval et je me tins prêt à la suivre. Elle se dirigea le long d'un ruisseau, entrant dans tous les buissons où les petits oiseaux ont coutume de construire leurs nids. J'avais déjà fait à sa suite plus de deux milles, sans la perdre de vue, si ce n'est dans les moments où elle fouillait l'intérieur d'un buisson, lorsque je la vis s'élancer dans une touffe très-épaisse d'aunes, d'où elle ressortit au bout de cinq à six minutes; s'élevant alors en l'air, elle retourna triomphante vers ses compagnons qu'elle avait laissés dans une pâture. En pénétrant dans le fourré, je trouvai un nid de fauvette à jaune gorge, contenant un œuf de la fauvette et un autre que l'étrangère venait très-certainement d'y déposer.

« J'oubliais de dire qu'un quart d'heure auparavant elle était entrée dans un buisson de cèdres, et y était revenue à plusieurs reprises, paraissant ne quitter ce lieu qu'à regret. C'est qu'il s'y trouvait, comme je m'en assurai un instant après, un nid de moineaux; mais le propriétaire était sur sa porte, de sorte qu'il n'y avait pas eu moyen d'entrer. »

Il paraîtrait, d'après ce que disent Potter et Wilson, que la passerine ne porte pas son œuf dans le nid étranger, comme fait la femelle du coucou, mais qu'elle l'y pond directement; au reste, il serait bien possible que, chez une espèce comme chez l'autre, les deux moyens fussent également pratiqués, mais dans des circonstances différentes, et suivant que la construction du nid permet à l'étrangère d'y pénétrer, ou lui en interdit l'entrée [1].

1. Les renseignements donnés par d'Azara sur un oiseau du Paraguay qui, s'il n'est pas de même espèce que notre passerine des États-Unis, s'en rapproche du moins beaucoup, nous laissent indécis sur le mode d'introduction des œufs dans le nid étranger.

Cet oiseau, que Commerson avait rapporté de Buenos-Ayres et qu'il désignait sous le nom de *bruant noir*, nom qui ne convient qu'au mâle adulte, est appelé aussi l'oiseau noir, *guira-hu*, par les Guaranis, qui n'ignorent pas que la femelle a le plumage brunâtre. Ses habitudes, telles que d'Azara nous les fait connaître, sont, à part même de la question du parasitisme, très-conformes à celles de la passerine des prés.

« Le *guira-hu*, dit notre auteur, fréquente les champs et les bosquets...; il recherche la compagnie des chevaux et des bœufs, se tient autour d'eux quand ils paissent et les suit à mesure qu'ils se déplacent, piquant chemin faisant les insectes qui sont à terre et saisissant ceux que font lever les pas du bétail; parfois, comme s'il s'ennuyait de marcher, il se pose sur le dos d'un de ces animaux; mais c'est apparemment pour le seul plaisir de se faire promener, car il ne recherche point, comme le font certains oiseaux, les tiques et autres vermines, qui s'attachent à leur peau ou se cachent entre leurs poils... Les *guira-hus* sont de disposition sociable : on les entend souvent s'appeler entre eux et se réunir en bandes, qui se mêlent même parfois à des bandes d'espèces différentes.

« Je n'ai jamais trouvé un nid de *guira-hus* ni rencontré personne qui me dit en avoir vu. Pour leurs petits, beaucoup de gens très-dignes de foi m'ont dit en avoir rencontré dans le nid de divers autres oiseaux, à côté des petits qu'on devait s'attendre à y trouver; d'où l'on est, ce semble, en droit de conclure, et c'est en effet l'opinion commune, que le *guira-hu* sait introduire ses œufs dans les nids d'autres oiseaux, pour qu'ils y soient couvés et les petits élevés par les maîtres du logis. » (D'Azara, *Apuntamientos para la historia natural de los Paxaros*, t. I, p. 275.)

Tous les observateurs s'accordent à dire que la jeune passerine finit, comme le jeune coucou, par occuper seule le nid qui l'a reçue; mais ce dernier, comme nous l'avons dit, se débarrasse, par ses propres efforts, des œufs et des petits qui se trouvaient dans son berceau; on ne sait pas encore s'il en est de même de la passerine, et il paraît au contraire que, dans certains cas, si ce n'est dans tous, une des deux mères doit prendre ce soin. Ainsi Potter a vu un œuf de passerine déposé, avec cinq œufs de cordon-bleu, dans un trou d'arbre, profond de plus d'un pied, et tout à fait vertical. Cinq jours après, le petit de la passerine était éclos, et il ne restait plus dans le nid que trois autres œufs. Un quatrième fut trouvé au pied de l'arbre. Certainement ce n'était pas le jeune oiseau qui l'avait jeté, et si c'était la femelle du cordon-bleu, on ne peut pas supposer qu'elle l'eût fait par maladresse.

J'aurais dû, lorsque j'ai parlé des observations de Blackwall sur les mœurs du jeune coucou, dire quelque chose des calculs qu'il a faits pour connaître le nombre des oiseaux qui sont détruits chaque année dans le nid : je vais réparer cette omission.

Blackwall croit pouvoir établir, d'après diverses observations, qu'il se trouve, terme moyen, une femelle de coucou pour un espace de terrain de 1,100,605 yards carrés. L'Angleterre ayant de superficie 153,176,320,000 yards carrés, on trouve que le nombre total des coucous femelles qui y arrivent chaque printemps est de 139,173 : or, chaque femelle pond dans cinq nids au moins, ce qui fait 695,865 œufs ; mais, comme chacun des oiseaux dans le nid desquels la femelle du coucou va déposer un seul œuf élèverait, terme moyen, cinq petits, il en résulte que le nombre des oisillons dont les coucous causent chaque année la mort en Angleterre (l'Écosse non comprise) est tout au moins de 3,479,325.

ANIMAUX DOMESTIQUES.

CHANGEMENTS OBSERVÉS DANS LES ANIMAUX DOMESTIQUES
TRANSPORTÉS DE L'ANCIEN DANS LE NOUVEAU
CONTINENT.

Le porc, le cheval, l'âne, la brebis, la chèvre, la vache, le chien
et le chat en Colombie.

Des grands mammifères que l'on trouve maintenant en Amérique, les plus nombreux sont ceux qui ont été transportés de l'ancien continent. Comme ce sont en même temps les plus utiles, on s'est beaucoup occupé de leur existence dans ces contrées sous le point de vue économique; mais sous le point de vue scientifique, on semble les avoir complétement oubliés. Peut-être suppose-t-on les avoir étudiés·assez en Europe, pour n'avoir plus besoin de s'en occuper en Amérique.

Cependant l'introduction dans un nouveau monde d'animaux qui se substituent en quelque sorte aux espèces indigènes forme une époque dont l'histoire mérite certainement d'être étudiée. Leur établissement n'a-t-il été accompagné d'aucune circonstance, d'aucun phénomène remarquable? Une fois naturalisés dans le pays, sont-ils restés ce qu'ils étaient en Europe; ou s'ils ont subi quelque changement durable, cette transformation peut-elle jeter du jour sur celle qu'ils ont éprouvée autrefois en passant de l'état sauvage à l'état domestique? Voilà plusieurs points qui méritent d'être éclaircis, mais qui ne pourront l'être d'une manière complète que lorsqu'on aura réuni des observations faites en différents points de ce vaste pays. Je présente aujourd'hui celles que j'ai été à portée de recueillir dans la Nouvelle-Grenade et dans une partie du Vénézuéla, du 3e au 10e degré de lat. nord, et du 70e au 80e degré de longitude occidentale.

Cette portion de pays, sans être très-étendue, offre un champ des plus favorables pour de semblables observations. La grande Cordilière des Andes, qui la traverse d'un bout à l'autre en s'y divisant en trois chaînes principales, porte sur ses flancs, dans ses vallées et sur ses larges plateaux, des habitations qui, selon la hauteur à laquelle elles sont placées, jouissent de climats fort différents. Le voyageur peut ainsi, quelquefois dans l'espace d'une journée, comparer entre eux des animaux appartenant à une même espèce, et dont les uns vivent dans une température moyenne de 10 degrés centigrades, les autres dans une de 25 degrés ou même plus.

Les mammifères qui ont été transportés de l'ancien continent dans le nouveau sont : le porc, le cheval, l'âne, la brebis, la chèvre, la vache, le chien et le chat.

Le porc. — Les porcs furent amenés en Amérique par Colomb, et établis dans l'île de Saint-Domingue, l'année même qui suivit la découverte de cette île, au mois de novembre 1493. Dans les années suivantes, ils furent portés successivement en tous les lieux où les Espagnols songèrent à se fixer. Les premiers qui parurent sur la plaine de Bogota y étaient venus par un chemin bien indirect. Ils n'avaient pas, comme il serait bien naturel de le croire, remonté la Madeleine à la suite de Quesada, le premier conquérant du pays; ils venaient du Pérou avec les soldats de Benalcazar, un des lieutenants de Pizarre. Ces soldats, qui depuis un an marchaient à la recherche de l'el Dorado et ne pouvaient prévoir où ils s'arrêteraient, conservaient toujours cependant l'idée de former un établissement fixe, et ils conduisaient depuis Quito des porcs mâles et femelles pour faire race dans leur future colonie[1]. Au reste, cette persévérance n'était rien, comparée à celle dont avait fait preuve une troisième expédition arrivée presque au même instant dans le même pays.

1. Il est nécessaire de rappeler ici que la conquête du Pérou était alors toute récente, et que rien d'important ne s'était fait avant la prise d'Atahualpa, qui eut lieu le 3 mai 1533. Benalcazar, qui était arrivé de Panama juste à temps pour assister à ce grand événement, fut aussitôt après envoyé vers la province de Quito, où un des principaux généraux de l'Inca se maintenait à la tête d'une armée considérable. La soumission de la province n'était pas complète à la fin de 1534; cependant, en 1535, Benalcazar fonda la ville de Guayaquil, et en 1536, celle de Carthage dans la

Les compagnons de Federman, après avoir, pendant cinq ans, souffert les plus cruelles misères dans les plaines situées à l'orient de la Cordilière, venaient d'apparaître sur le plateau de Bogota, presque nus, exténués de faim et de fatigue, et apportant néanmoins des poules et des coqs dont ils s'étaient chargés à leur départ de Vénézuéla.

Les porcs, étant moins difficiles à transporter que les autres mammifères domestiques, les devancèrent presque en tous lieux, et, dans l'espace d'un demi-siècle, ils se répandirent du 25ᵉ degré de latitude nord au 40ᵉ de latitude sud. Nulle part ils ne semblèrent souffrir du changement de climat, et dès le commencement ils se reproduisirent avec la même facilité qu'en Europe. Ils s'étaient tellement multipliés à Saint-Domingue, qu'il fallut travailler à en diminuer le nombre, du moment où l'on eut commencé à introduire dans cette île la culture de la canne à sucre; car, quelque bien gardées que pussent être les pièces de cannes, ils finissaient toujours par s'y introduire et ils y faisaient les plus grands ravages.

Avant cette destruction, et pendant que les trou-

vallée du Cauca. Obligé de retourner à Quito pour apaiser un soulèvement, il reprit, en 1538, sa marche vers le sud, fonda en passant la ville de Popayan; et, après avoir traversé la Cordilière moyenne, il marchait vers Guatavita, la demeure du prince doré (*el Dorado*), lorsqu'il fut rencontré par les gens de la troupe de Quesada. Cette activité, cet esprit organisateur, n'étaient pas des qualités particulières à Benalcazar, et on les trouve à un très-haut degré chez presque tous les chefs espagnols qui figurent dans la conquête de l'Amérique.

peaux de porcs erraient en liberté autour des habitations, il s'en écartait toujours quelques individus qui s'enfonçaient dans les bois où ils devenaient bientôt sauvages. La même chose arriva dans les autres îles où les Espagnols s'établirent, et nous savons par Oviédo que, moins de trente ans après la découverte de l'Amérique, il existait des cochons marrons à Cuba, à Porto-Rico, à la Jamaïque, etc. « On n'en trouve point sur le continent, poursuit notre auteur, parce que là ils rencontrent des bêtes féroces qui les détruisent dès qu'ils ne sont plus sous la protection de l'homme. » La remarque peut être vraie pour les parties de la côte ferme qu'Oviédo a connues, mais elle ne l'est plus pour les provinces de l'intérieur. J'ai rencontré en effet de ces porcs marrons dans les grandes plaines ou *llanos* qui s'étendent à l'est de la Cordilière des Andes, notamment sur la rive gauche du Méta, entre le village de Guanapalo et la ville de Pore. Cependant les animaux carnassiers ne manquaient pas dans ce pays, puisque le majordome d'une ferme de bétail (*hato*) qui avait été formée dans les environs quelque temps auparavant avait tué la première année soixante-deux couguars et onze jaguars, dont un dans l'intérieur même de sa maison. Il est vrai que les animaux dont ces grands *feles* font leur proie sont encore beaucoup plus nombreux ; de sorte que même parmi les espèces les moins favorisées il échappe toujours quelques individus.

Pour donner une idée de la quantité d'animaux sauvages qui se trouvent dans les parages où j'ai trouvé les cochons marrons, il suffira de dire que, m'étant arrêté pendant la grande chaleur du jour à l'ombre d'un tamarin qui occupait le centre d'une immense plaine, j'ai eu en vue dans un même instant treize cerfs et cinq cabiais. Dans l'espace de trois heures j'en comptai près de quarante.

Les cochons marrons que j'aperçus dans cette journée étaient trop éloignés pour que je pusse bien distinguer leur forme. L'œil exercé de mon guide pouvait la reconnaître à cette distance; mais moi je les avais pris pour des cabiais. Le soir même j'eus occasion de goûter de leur chair, que je trouvai maigre et décidément inférieure à celle des cochons domestiques. Les pâtres chez qui je la mangeai en faisaient pourtant un régal, parce que, du moins, cela variait l'uniformité fatigante de leur régime, qui, pendant six mois de l'année, se compose presque exclusivement de viande de vache, sans pain et sans légumes. Ils poursuivent les cochons marrons à cheval et les atteignent aisément; car, bien que ces animaux fournissent d'abord une course rapide, ils sont promptement hors d'haleine; et si même, après les avoir joints, on continue à les pousser, pour peu que le temps soit très-chaud, ils tombent asphyxiés. Les cochons domestiques, plus chargés de graisse, sont encore plus sensibles à l'action de la chaleur; et quand on les fait marcher par un temps chaud, même sans les presser, il en meurt toujours par suffocation. Aussi les troupeaux qu'on amène à Bogota, où il se mange beaucoup de chair de porc, n'arrivent-ils d'ordinaire que par les temps de pluie.

La plupart des porcs qui se consomment dans la Nouvelle-Grenade viennent des vallées chaudes où on les élève en grande quantité, parce que leur nourriture y coûte peu. Dans certaines saisons même, elle se compose presque entièrement de fruits sauvages, et surtout de ceux de différentes espèces de palmiers.

Errant tout le jour dans les bois, ces animaux ont perdu presque toutes les marques de la servitude : les oreilles se sont redressées, la tête s'est élargie, relevée à la partie supérieure; la couleur est redevenue constante; elle est entièrement noire. Les jeunes individus, sur une robe un peu moins obscure, portent en lignes fauves la livrée comme les marcassins.[1]

Tels sont, en général, les porcs qu'on amène à Bogota des vallées de Tocayma, Cunday, Melgar, etc. Leur poil est rare; à cela près, ils présentent tout à fait l'aspect d'un sanglier de même âge (1 an à 18 mois).

Le sanglier, au reste, peut subir par l'effet de l'esclavage une altération qui le rapproche en ce point des porcs de la Nouvelle-Grenade; c'est ce que j'ai eu tout récemment l'occasion d'observer en France, dans

---

1. Le marcassin, dit Buffon, t. V, p. 128, a des couleurs qu'il perd dans la suite, c'est ce qu'on appelle la livrée... Cette livrée forme des bandes qui s'étendent tout le long du corps, depuis la tête jusqu'à la queue; ces bandes sont alternativement de couleur fauve clair et de couleur mêlée de fauve et de brun...

Les jeunes cerfs ou faons portent aussi la livrée jusqu'à l'âge de neuf mois, mais les marques sont blanches et forment des taches au lieu de raies. Les jeunes chevreuils également.

une ferme des environs de Fougères, où l'on élevait sept à huit de ces animaux. Un de ces sangliers, âgé d'environ deux ans, était depuis le commencement du printemps nourri à l'étable, parce qu'on voulait l'engraisser avant de le tuer. Quoiqu'il ne fût pas prisonnier en ce lieu, la nourriture qu'il y trouvait constamment suffisait depuis deux mois pour l'y retenir. Plongé dans cette atmosphère humide et chaude, il avait perdu une grande partie de son poil, et dans cet état il ressemblait, à s'y méprendre, aux cochons que j'ai décrits, sauf que deux rides longitudinales sur les côtés du museau, en se prononçant plus fortement, donnaient à son aspect plus de férocité. D'un autre côté, le porc qui habite les *paramos,* c'est-à-dire les montagnes qui sont à plus de 2,500 mètres d'élévation, éprouve une modification en sens inverse, et prend beaucoup de l'aspect du sanglier de nos forêts. Son poil devient très-épais, souvent un peu crépu, et présente même en dessous, chez quelques individus, une espèce de laine. Au reste, le cochon que l'on trouve en ces lieux est petit, rabougri, par suite du défaut d'une nourriture suffisante, et par l'action continue d'un froid qui cependant n'est pas excessif.

Dans quelques parties chaudes, le cochon n'est pas noir comme celui que je viens de décrire, mais roux comme le pécari dans son jeune âge. A Melgar même, et dans les autres lieux que j'ai cités, le porc n'est pas toujours entièrement noir; il s'en trouve qu'on nomme *sanglés* (cinchados), parce qu'ils ont sous le ventre une large bande blanche qui va communément se réunir sur le dos, tantôt en se rétrécissant, et tantôt en conservant la même largeur.

Les jeunes individus, dans cette variété, portent la livrée tout comme dans la variété noire.

Les seuls porcs qu'on voie en Colombie, semblables à ceux de France, ont été importés depuis une vingtaine d'années seulement ; ils ne viennent pourtant pas d'Europe, mais des États-Unis d'Amérique. Il est bon, au reste, de faire remarquer que dans les environs de New-York, où cette race existait depuis longtemps, elle avait un climat très-semblable au nôtre, et était, comme chez nous, l'objet de soins constants d la part de l'homme.

On remarquait la même différence parmi les cochons sauvages qui, vers la fin du xviie siècle, se trouvaient encore en assez grande abondance dans les îles françaises, d'où ils ne tardèrent pas au reste à disparaître, grâce à l'esprit destructif de nos colons. « Les cochons marrons qu'on trouve dans nos îles, dit le père Labat, sont de deux sortes, et il est facile de les distinguer. Ceux qui viennent de race espagnole, c'est-à-dire de ces premiers que les Espagnols y mirent dans le commencement de leurs découvertes, sont courts et ramassés ; ils ont la tête grosse et le groin court. Leurs défenses sont fort longues... Ils se défendent vigoureusement et avec fureur contre les chasseurs et les chiens, et ils sont excessivement dangereux quand ils sont blessés. Leur poil est long, rude et tout noir... Avant que j'eusse été en Espagne, je ne savais d'où était venue la race de ces cochons ;

mais j'ai reconnu, étant à Cadix et aux environs, que les premiers qu'on avait apportés en Amérique avaient été pris en ce pays, parce que ceux qu'on y voit encore aujourd'hui leur ressemblent parfaitement. La seconde espèce, ajoute notre auteur, vient des cochons domestiques qui se sont échappés des parcs où on les nourrissait. Ils ne diffèrent en rien de ceux de France, d'où leurs ancêtres ont été apportés; et il ne paraît pas que ces deux races se soient mêlées. On les désigne tous indifféremment sous le même nom. »

A l'époque où le père Dutertre visita les Antilles, les Français y étaient établis depuis trop peu de temps pour que les porcs qu'ils avaient amenés eussent eu le temps de devenir sauvages; mais ceux qui provenaient des Espagnols se trouvaient en grand nombre à Saint-Christophe, à la Martinique, à la Guadeloupe, et ils étaient précisément comme les décrit le père Labat. Un passage de Buffon sur le même sujet, quoique n'étant guère que la répétition de ce qu'avaient dit nos deux religieux, a été durement critiqué par d'Azara, dont le travers en cette occasion comme en bien d'autres est de vouloir étendre à toute l'Amérique ce qu'il a observé au Paraguay. Dans ce pays tous les cochons domestiques sont blancs, de même que ceux que l'auteur avait vus en Europe, dans sa province d'Aragon; il en conclut que si les cochons marrons des Antilles sont noirs, c'est qu'ils ne proviennent point de ceux qu'apportèrent les Espagnols; qu'enfin ce ne sont point des porcs véritables, mais de grands pécaris. S'il avait pu remonter aux sources, il aurait vu que le père Dutertre n'avait pu commettre pareille erreur : 1° parce que le pécari ne se trouve point aux Antilles; 2° parce que le bon moine connaissait fort bien ces derniers animaux qui, de son temps, étaient quelquefois apportés de la côte de Cumana à Saint-Christophe par les barques venant de l'île de Tabago.

La vache. — L'établissement du gros bétail en Amérique date, comme celui des porcs, du second voyage de Colomb. A Saint-Domingue les bêtes à cornes se multiplièrent rapidement, et cette île put bientôt en fournir aux diverses parties du continent à mesure qu'on en fit la conquête. Malgré ces exportations, vingt-sept ans après la découverte de l'île, les troupeaux de quatre mille têtes, à ce que nous apprend Oviédo, y étaient assez communs, et il y en avait même qui allaient jusqu'à huit mille. Vers 1530, le prix de ces animaux était tellement tombé, qu'on en tuait un grand nombre seulement pour en avoir la peau. En 1587, l'exportation des cuirs de cette île seule fut, au rapport d'Acosta, de trente-cinq mille quatre cent quarante-quatre, et dans la même année, on en exporta soixante-quatre mille trois cent cinquante des ports de la Nouvelle-Espagne. C'était la soixante-cinquième année après la prise de Mexico, événement avant lequel les Espagnols qui vinrent en ce pays n'avaient pu s'occuper d'autre chose que de guerre.

Tant que le bétail fut en petit nombre, et groupé autour des habitations, il réussit également bien partout; mais aussitôt qu'il se fut multiplié, on s'aperçut qu'en certains lieux il ne pouvait se passer du secours de l'homme. On reconnut qu'une certaine quantité de sel dans ses aliments lui était absolument nécessaire, et que s'il ne le trouvait pas dans les plantes, les eaux ou dans certaines terres d'un goût saumâtre communes en plusieurs parties de l'Amérique, il fallait le lui fournir directement ; faute de quoi il devenait chétif, beaucoup de femelles cessaient d'être fécondes et le troupeau dépérissait rapidement.

Dans les lieux mêmes où le bétail peut exister sans ce secours, on trouve pour les grands troupeaux de l'avantage à en distribuer, à temps fixes, aux animaux ; c'est un moyen de les attirer vers le lieu où l'on a coutume de les visiter ; leur avidité pour cette substance est telle, que lorsqu'on leur en a donné deux ou trois fois dans la même place, on les y voit accourir aussitôt qu'ils entendent le cornet que sonnent les pâtres en faisant la battue.

Si l'on néglige de réunir de temps en temps le troupeau, et que le pays d'ailleurs lui fournisse la quantité de sel nécessaire à son existence, il ne lui faut qu'un petit nombre d'années pour devenir entièrement sauvage. Cela est arrivé ainsi, à ma connaissance, en deux endroits : l'un, en la province de San Martin, dans une propriété des jésuites, à l'époque de l'expulsion de ces religieux ; l'autre, dans la province de Mariquita, au *paramo* de Santa Isabel, lors de l'abandon de certaines mines d'or de lavage. Dans ce dernier lieu, les animaux ne sont pas restés dans les parages où l'homme les avait placés ; ils sont remontés dans la Cordilière jusqu'à la région des graminées,

et vivent dans une température presque constante de
9 à 10° centigrades. Les paysans des villages de Men-
dez, Piedras, etc., situés dans la plaine, vont quelquefois les y chasser. Ils cherchent à s'en emparer en
tendant des nœuds coulants et poussant les petits
troupeaux vers les lieux où les piéges sont préparés.

Quand ils sont une fois parvenus à se rendre maîtres d'un de ces animaux, il leur est souvent impossible de le faire sortir vivant de la montagne, non à
cause de sa résistance qui, après un certain temps,
finit par diminuer, mais parce que souvent l'animal,
après avoir reconnu l'inutilité de ses efforts, est saisi
d'un tremblement général, tombe bientôt sans qu'il
soit possible de le faire relever et meurt dans un petit
nombre d'heures. Dans ce cas, on ne le laisse guère
finir naturellement, on le tue; mais le manque de
sel, l'éloignement des lieux habités et l'âpreté des
chemins sont cause qu'à l'exception de la viande que
l'on consomme sur les lieux on n'en tire presque aucun parti. Ces inconvénients contribuent à rendre la
chasse assez rare; outre que les chasseurs ont toujours la crainte d'être surpris par la neige qui tombe
quelquefois en ces lieux, et qui, quand elle dure plusieurs jours, fait périr ces hommes habitués à des
climats constamment chauds.

Quand on réussit à tirer un de ces animaux de la
montagne, il n'est pas très-difficile de l'apprivoiser,
en le tenant près de la ferme, lui donnant fréquemment du sel, et l'habituant à voir constamment des
hommes. Je n'ai jamais eu l'occasion d'en voir de

vivants; j'ai goûté de la chair d'une vache qui avait été tuée la veille de mon arrivée, elle me sembla ne différer en rien de la chair de vache domestique. La peau était remarquablement épaisse, du reste de grandeur ordinaire; le poil était long, serré et mal couché.

Dans la province de San Martin, j'ai vu les taureaux marrons paître dans les *llanos*, au milieu du bétail domestique; ces animaux passent la matinée dans les bois qui couvrent le pied de la Cordilière et ne sortent que vers deux heures de l'après-midi pour paître dans la savane. Aussitôt qu'ils aperçoivent un homme, ils s'empressent de regagner la forêt en galopant. En courant, ils portent la tête élevée au lieu de l'enfoncer entre les jambes, comme le font ceux qui vivent dans les parages où les herbes sont moins hautes.

Avant la guerre de la révolution, quand le bétail domestique était plus nombreux, les habitants des *llanos* ne poursuivaient pas ces individus sauvages qu'on a beaucoup de peine à joindre. On ne réussit guère, en effet, à les approcher pour leur jeter le *lazo*, si on ne trouve moyen de les pousser dans quelque cul-de-sac, comme celui que font deux bras de rivière qui se réunissent sous un angle très-aigu. Quand on en a pris un, on le tue promptement; car il serait difficile, au milieu de ces immenses plaines, de l'empêcher de retourner à ses habitudes d'indépendance.

La peau du bétail marron des *llanos* ne m'a paru différer en rien de celle du bétail domestique que l'on trouve dans les mêmes parages. Elle est toujours beaucoup moins pesante que celle du bétail élevé sur le plateau de Bogota, et celui-ci le cède, sous ce rapport, comme sous celui de l'épaisseur du poil, aux individus sauvages du *paramo* de Santa-Isabel.

J'ai vu, dans les parties les plus chaudes de la province de Mariquita et de Neyba, certaines bêtes à cornes dont le poil est extrêmement rare et fin. On leur donne par antiphrase le nom de *pelones*. Cette variété se reproduit chez leurs descendants; mais on ne cherche pas à favoriser la multiplication, car, comme une partie du bétail qu'on élève en ces lieux est destinée à la consommation des villes de la Cordilière, et qu'avant de les tuer on les tient quelques mois à engraisser dans des pâturages situés en climat tempéré, ces pelones, trop sensibles au froid, ne sont pas propres à être exportés. Les autres même souffrent à leur arrivée dans ces lieux; et, quoiqu'ils y trouvent une nourriture beaucoup plus riche que celle à laquelle ils étaient accoutumés, ils maigrissent d'abord; ce n'est qu'après avoir éprouvé une abondante salivation qu'ils commencent à engraisser de nouveau. Les pâturages où l'on a mis ces bêtes à *débaver* ne peuvent de plusieurs mois servir à un autre usage; et tous les agriculteurs s'accordent à dire que, si l'on y place trop tôt des bœufs nés dans le canton, ils contractent une maladie de même nature que celle qui accompagne l'acclimatation des autres, mais seulement beaucoup plus grave.

Il naît aussi parfois, dans les régions chaudes, des individus dont la peau est entièrement nue. On les connaît sous le nom de *calongos,* nom qui appartient plus particulièrement à une race de chiens sans poil, originaires de Calongo ou Cacongo, sur la côte de Guinée, et que nous appelons assez mal à propos *chiens turcs.* Ces animaux étant plus faibles, plus délicats que les autres, les gens du pays ne se soucient pas d'en propager la race et détruisent immédiatement après leur naissance ceux des petits qui se présentent dans cette condition.

Il ne naît jamais de ces *calongos* dans les parties froides.

En Europe, où le lait entre pour beaucoup dans le produit qu'on retire du gros bétail, on trait généralement la vache depuis le moment où elle devient féconde jusqu'à celui où elle cesse de l'être. Cette pratique, constamment répétée sur tous les individus pendant une longue série de générations, a fini par produire dans l'espèce des altérations durables. Les mamelles ont acquis une ampleur plus qu'ordinaire, et le lait continue d'y affluer, alors même que le nourrisson est enlevé. En Colombie, un nouveau système rural, l'abondance du bétail par rapport au nombre des habitants, sa dispersion dans des pâturages d'une trop vaste étendue, et une foule de circonstances enfin, qu'il n'est pas de mon sujet de rapporter, ont interrompu de semblables habitudes. Eh bien, il n'a fallu qu'un petit nombre de générations pour que l'organisation, libre de contraintes, remontât vers son type normal. Aujourd'hui donc, si l'on destine une vache à donner du lait, le premier soin est de lui conserver son veau. Il faut que tout le jour son nourrisson soit avec elle et puisse la téter; on les sépare seulement le soir, pour profiter du lait qui s'amasse dans la nuit. Le veau vient-il à mourir, le lait tarit tout aussitôt.

L'âne. — L'âne, dans les provinces où j'ai eu occasion de l'observer, paraît n'avoir subi aucune altération dans sa forme ni dans ses habitudes. Il est commun à Bogota, où on l'emploie au transport des matériaux à bâtir. On l'y soigne mal, on le laisse exposé aux intempéries de l'air, sans lui donner une nourriture suffisante; aussi est-il petit et chétif, couvert d'un poil long et mal peigné. Les difformités sont fréquentes, non-seulement chez les adultes, qu'on commence à charger de trop bonne heure, mais même chez les jeunes, au moment de la naissance; dans ce cas, elles proviennent sans doute des mauvais traitements qu'essuient les mères pendant le temps de la gestation.

Dans les parties basses et chaudes, où l'on a besoin d'ânes étalons pour obtenir des mulets, on les traite un peu moins mal, et même il est rare qu'on les fasse travailler. Une nourriture plus abondante, un climat plus favorable concourent encore à prévenir la dégradation de l'espèce; aussi l'âne dans ces lieux est-il en général plus grand, plus fort et d'un plus beau poil que dans les régions froides.

Dans aucune des provinces que j'ai visitées, l'âne n'était revenu à l'état sauvage.

Le cheval. — Il n'en est pas de même du cheval;

il en existe de marrons dans plusieurs parties de la
Colombie, et j'en ai vu de petits troupeaux dans les
plaines de San-Martin, entre les sources du Méta, le
Rio-Negro et l'Umadea. Leur nombre étant peu considérable et l'espace dans lequel ils sont confinés étant
beaucoup plus resserré et plus fréquenté par les
hommes que les plaines du Paraguay, ils n'ont pas
pris toutes les habitudes qui ont été si bien décrites
par M. d'Azara. Ainsi, je ne les ai pas vus en grandes
troupes formées de petits pelotons, j'ai vu seulement
des pelotons isolés qui se composaient d'un vieux
mâle, de cinq à six juments et de quelques petits
poulains. Loin de s'approcher des caravanes pour dé-
baucher les chevaux domestiques, ils fuient aussitôt
qu'ils aperçoivent un homme et ne s'arrêtent point
tant qu'ils sont en vue. Les mouvements de ces animaux sont beaux, surtout ceux du chef de la troupe ;
mais leurs formes, sans être pesantes, manquent
généralement d'élégance.

Dans les *hatos* des *llanos,* les chevaux sont presque
entièrement abandonnés à eux-mêmes ; on les ras-
semble seulement de temps en temps pour les empêcher de devenir tout à fait sauvages, leur ôter les
larves d'œstres et marquer les poulains avec un fer
chaud. Par suite de cette vie indépendante, un caractère appartenant à l'espèce non réduite, la constance
de couleur commence à se remontrer : le bai châtain
est non-seulement la couleur dominante, mais presque
l'unique couleur. Au reste, je soupçonne que quelque
chose de semblable pourrait bien être arrivé en Es-

pagne, pour ceux de ces animaux qu'on laisse errer dans les montagnes (*cavallos cerreros*) ; car, dans les proverbes, le cheval est souvent désigné sous le nom de *bai* (el bayo), comme l'âne est appelé *grison* (rucio).

Dans les petits *hatos* qu'on trouve sur les plateaux de la Cordilière, les effets de la domesticité se font davantage sentir. Les couleurs des chevaux y sont plus variées, il y a plus de différence dans leur taille, c'est-à-dire qu'on en trouve beaucoup de plus petits, et quelques-uns un peu plus grands; du reste, on n'en voit guère qui dépassent la taille moyenne. Leur poil, tant qu'ils vivent constamment dans les champs, est assez touffu et assez long; mais il leur suffit de quelques mois d'écurie pour reprendre un poil brillant et court. Au reste, la race des chevaux est successivement renouvelée par des étalons que l'on tire des climats chauds, surtout de la vallée du Cauca. Il m'a semblé que dans certaines possessions où l'on avait négligé ce soin, les chevaux étaient devenus sensiblement plus petits, quoique d'ailleurs les pâturages fussent renommés pour leur bonté ; le poil de ces animaux s'était accru au point de les rendre difformes ; mais sous le rapport des qualités utiles ils avaient peu perdu, ceux même d'un certain canton étaient cités pour leur vitesse.

Quand on amène un cheval des *llanos* de San Martin, ou de Casanare, sur le plateau de Bogota, on est obligé de le tenir à l'écurie jusqu'à ce qu'il soit acclimaté. Si on le lâche d'abord dans les champs, il maigrit, se couvre de gale et souvent meurt en peu de mois.

Le pas que l'on préfère dans les chevaux de selle est l'amble et le pas relevé. On les y dresse de bonne heure, et tant qu'on les monte on a le plus grand soin de ne jamais leur permettre de prendre un autre pas. Il arrive fréquemment qu'après un certain temps les jambes de ces chevaux s'engorgent, surtout quand l'écurie où on les tient est pavée; alors, s'ils sont d'ailleurs d'une belle forme, on les lâche dans les *hatos* comme étalons. Il résulte de là une race chez laquelle l'amble est pour les adultes l'allure naturelle. On donne à ces chevaux le nom d'*aguilillas*.

On voit souvent, dans la Nouvelle-Grenade, un cheval hongre servant de chef de file à un troupeau de mules; c'est un moyen qu'emploient les conducteurs pour empêcher leurs bêtes de se disperser, car toutes prennent bientôt pour ce cheval un tel attachement, qu'elles ne peuvent souffrir d'en être longtemps séparées. Si on les oblige à rester en arrière, elles témoignent la plus vive impatience, et du moment qu'elles sont libres, elles hâtent le pas, quelque fatiguées qu'elles puissent être. Dès qu'elles ont rejoint la troupe, elles courent au *madrino* (c'est le nom par lequel on désigne ce cheval), le flairent, et témoignent de mille manières la joie qu'elles éprouvent d'être réunies à lui. Le madrino ne montre pas pour elles le même attachement.

J'ai fait, à l'occasion des mulets américains, une

remarque qui me semble s'appliquer également à
ceux de notre pays ; c'est qu'un caractère qui appartient à plus de la moitié des genres dont se compose
cette famille est chez ces métis plus marqué que
dans les deux espèces du croisement desquelles ils
proviennent ; les rayures sont chez eux beaucoup plus
apparentes et plus nombreuses que chez l'âne, surtout
aux jarrets de derrière. Cela indiquerait-il que cette livrée aurait été autrefois plus prononcée dans l'une et
l'autre espèce, et qu'elle se serait en partie effacée sous
l'influence de la domesticité? C'est ce que je ne répu-
gnerais pas à croire, sans avoir d'ailleurs aucune
preuve à donner à l'appui.

Le chien. — Le chien, comme on le sait, a été pour
les Espagnols, dans leurs expéditions militaires au
Nouveau-Monde, un vaillant auxiliaire, et cela depuis
le commencement ; car c'est Colomb lui-même qui a
donné l'exemple de s'en servir. A sa première affaire
avec les Indiens, sa troupe se composait, comme nous
l'apprennent ses propres Mémoires, de 200 fantassins,
20 cavaliers et 20 limiers. Les chiens furent ensuite
employés dans la conquête des différentes parties de
la terre ferme, surtout au Mexique, dans la Nouvelle-Grenade, et sur quelques autres points où la
résistance des Indiens fut prolongée. Leur race s'est
conservée sans altération apparente sur le plateau
de Santa-Fé, où l'on s'en sert pour la chasse du cerf.
Ils y déploient une ardeur extrême et y usent encore
du même mode d'attaque qui les rendait jadis si redoutables aux indigènes. Ce mode consiste à saisir

l'animal au bas-ventre et à le renverser par une brusque secousse, en profitant du moment où son corps porte seulement sur les jambes de devant ; le poids de l'animal renversé est souvent sextuple de celui du chien.

Sans avoir reçu aucune éducation, le chien de race pure apporte à cette chasse des dispositions qui le font préférer au meilleur chien courant amené d'Europe ; ainsi il n'attaque jamais de front un cerf au milieu de sa course, et même quand celui-ci, ne l'apercevant pas, vient à lui directement, il se met à l'écart pour l'assaillir en flanc. Un autre chien n'use point de semblables précautions et souvent est renversé mort sur la place, les vertèbres du cou étant luxées par la violence du choc.

Chez les pauvres habitants des bords de la Magdeleine, ce chien s'est abâtardi, en partie par le mélange, en partie par le défaut d'une nourriture suffisante ; toutefois, chez cette race dégénérée, un nouvel instinct s'est développé, et semble être devenu héréditaire. La chasse à laquelle on l'applique depuis longtemps presque exclusivement est celle du pécari à mâchoire blanche ; l'adresse du chien consiste à modérer son ardeur, à ne s'attacher à aucun animal en particulier, mais à tenir toute la troupe en échec. Or, parmi ces chiens, on en voit maintenant qui la première fois qu'on les mène au bois savent déjà comment attaquer ; un chien d'une autre espèce se lance tout d'abord, est environné, et, quelle que soit sa force, il est dévoré dans un instant.

Il ne faut pas croire, au reste, que tous les chiens de terre chaude soient également bons pour la chasse ; la plupart même ne sont propres à rien du tout, et cependant il n'y a pas de cabane isolée où l'on n'en trouve des demi-douzaines. Comme on les nourrit mal, ils sont maigres et paraissent toujours affamés ; aussi volent-ils tout ce qu'ils trouvent. On ne peut laisser à leur portée aucune chair, aucun cuir, pas même la courroie du fouet dont on se sert pour les corriger. A défaut de substances animales, ils dérobent des fruits ; ainsi les bananes et les poires d'avocat, qu'on met quelquefois à mûrir dans l'intérieur des maisons, doivent être placées assez haut pour qu'ils ne puissent y atteindre en sautant. Il faut user de semblables précautions pour les patates douces et pour le maïs tendre, surtout si l'épi a été dépouillé de ses enveloppes. On prétend même que quelques chiens mangent le grain lorsqu'il est encore sur pied ; mais les dégâts dont on les accuse pourraient bien être causés par les chacals qui ont indubitablement cette habitude, comme j'ai pu moi-même le reconnaître.

La taille de ces chiens est d'un tiers environ moindre que celle de nos chiens de bergers, auxquels ils ressemblent d'ailleurs par les formes générales du corps ; ils ont cependant la tête moins effilée. Quelques-uns ont les oreilles droites, mais la plupart les ont à demi tombantes. Leur couleur ordinaire est à peu près celle des doguins, mais sans noir au museau. Ces chiens sont tous très-hargneux, ce qui n'empêche pas qu'ils soient généralement assez poltrons.

Quoique forcés de pourvoir eux-mêmes en grande partie à leur nourriture, ces animaux ne deviennent guère sauvages; je ne crois pas même qu'il s'en trouve à cet état dans la Nouvelle-Grenade. J'ai vu cependant, en certains lieux où les jaguars n'étaient pas trop incommodes, des chiennes disparaître lorsqu'elles étaient sur le point de mettre bas, et se faire dans quelque buisson un peu écarté un gîte où elles nourrissaient leurs petits; mais elles les ramenaient plus tard au logis, après y avoir fait elles-mêmes dans l'intervalle quelques courtes visites.

On a dit des chiens ce qu'Oviédo disait des cochons : que quoiqu'on en eût abandonné sur le continent, aussi bien que dans les îles de l'Amérique, ls ne s'étaient propagés à l'état sauvage que dans ces dernières, où il n'y a point d'animaux féroces d'une taille supérieure à la leur. La remarque n'est pas plus juste pour cette espèce que pour l'autre, car il existe dans certaines parties de l'Amérique méridionale, notamment dans les plaines ou *pampas* de Buénos-Ayres, des troupes nombreuses de chiens à l'état sauvage.

Il y a cependant entre ces chiens marrons du continent et ceux·des îles une différence remarquable; c'est que les derniers ont perdu la voix, tandis que les autres n'ont pas cessé d'aboyer, comme je l'ai appris de plusieurs personnes qui ont eu occasion de les observer souvent. Cette différence se conçoit

aisément quand on songe que les chiens sauvages
de Buénos-Ayres reçoivent journellement dans leurs
troupes des individus élevés dans les fermes ou abandonnés par les voyageurs; tandis que ceux des îles,
complétement isolés, oublient bientôt un langage que
leur espèce a acquis dans la société de l'homme et,
pour servir à nos besoins.

On a trouvé dans plusieurs des îles de l'Amérique,
aux grandes Antilles et dans les îles voisines du Chili,
de ces chiens originaires d'Europe, qui, en recouvrant
l'indépendance, avaient perdu la voix. Suivant quelques
auteurs, ce changement se serait opéré si rapidement,
que Colomb à son second voyage à Saint-Domingue
l'aurait déjà observé chez les chiens qu'il y avait laissés
l'année précédente.

Il y a ici une erreur manifeste, et qui tient sans
doute à ce qu'on aura appliqué aux chiens amenés
d'Europe quelques passages relatifs aux chiens ou
plutôt chacals américains, qui, à l'époque de l'arrivée
des Espagnols, se trouvaient dans plusieurs des Antilles, mais seulement à l'état domestique.

Il me semble très-difficile de déterminer l'époque
à laquelle le mutisme est devenu général parmi les
chiens marrons de Saint-Domingue, et les premiers
historiens ne m'ont fourni sur ce sujet aucun renseignement. Ainsi Oviédo en 1526 et 1535, Gomara en
1543, et Acosta en 1590 parlent, en plusieurs passages, de ces animaux qui s'étaient multipliés rapidement et causaient parmi les troupeaux de tels ravages, qu'il avait fallu mettre leur tête à prix; mais

rien de ce qu'ils en disent ne porte à croire que ces chiens eussent alors perdu la faculté d'aboyer : or, comme ils avaient eu soin de signaler des changements analogues survenus chez d'autres animaux domestiques, notamment chez le chat et le coq, ainsi que nous le verrons plus tard, leur silence dans ce cas prouve ou que le changement n'avait pas eu lieu, ou qu'il n'était pas encore connu. Le même raisonnement semblerait applicable aux historiens américains du xviie siècle, tels que Herrera, Laet, etc., si l'on ne savait que ces écrivains, pour tout ce qui touche à l'histoire naturelle, n'ont fait que répéter ce qui avait été dit avant eux. D'autres raisons, d'ailleurs, portent à croire qu'à l'époque où le dernier publia son *Novus Orbis,* en 1633, les chiens marrons étaient déjà privés de voix. A la vérité, le père Dutertre, qui visita l'Amérique vers 1640, parle de manière à faire croire que parmi ces marrons quelques-uns au moins *jappaient* encore. Mais il faut remarquer que rien ne prouve qu'il ait entendu parler d'un aboiement bien caractérisé, qu'il paraît d'ailleurs faire allusion à la Guadeloupe plutôt qu'à Saint-Domingue, et que, dans ce cas, ces chiens auraient pu être amenés non par les Espagnols, mais par les chasseurs français, c'est-à-dire depuis trop peu de temps pour que les habitudes de ces animaux fussent déjà puissamment modifiées par l'état sauvage.

Il faut remarquer, toutefois, que deux voyageurs qui ont été à Saint-Domingue postérieurement au père Dutertre, Oexmelin en 1666, et Labat en 1701, ne

disent rien du mutisme des chiens de cette île, quoiqu'ils entrent dans d'assez grands détails sur leurs
formes et leur habitudes; mais le dernier, dont le
témoignage a une grande valeur toutes les fois qu'il
parle d'après ses propres observations, n'avait pas vu
les chiens des bois, et se contente de rappeler ce
qu'on lui en a dit; tandis que l'autre, qui prétend les
avoir vus chasser, mêle à son récit des circonstances
tellement improbables, qu'il y a peu de fond à faire
sur sa parole.

Nous avons des données moins incertaines sur les
chiens marrons des îles du Chili, et nous pouvons du
moins comprendre entre des limites assez resserrées
le temps qu'il leur a fallu pour perdre la voix. Lorsque
les flibustiers, dans la seconde moitié du dix-septième
siècle, commencèrent à visiter la mer du Sud, ils vinrent souvent se ravitailler à l'île de Juan-Fernandez,
où ils trouvaient abondance de chèvres sauvages provenant de celles qui y avaient été apportées par les
Espagnols vers 1760. Deux hommes qu'ils abandon-
nèrent successivement dans cette île déserte y trouvèrent à vivre aisément du produit de leur chasse;
l'un était un Indien mosquito, laissé par Sharp en
1681, et repris par Dampier en 1684; l'autre un Anglais, A. Selkirk, abandonné en 1704, et retrouvé en
1709 par Wood Rogers. Ce dernier, dans l'espace de
quatre ans et quatre mois, avait tué plus de cinq cents
chèvres. Il avait aussi trouvé des chats de race euro-
péenne et en avait apprivoisé quelques-uns; mais,
pour des chiens, il n'en vit jamais un seul dans toute

l'île. Ce furent les Espagnols qui introduisirent peu de temps après ces animaux, dans le but de détruire les chèvres, et d'enlever ainsi une ressource aux corsaires qui désolaient leurs côtes. C'était dans la même idée que plusieurs années auparavant ils avait détruit le bétail marron dans le nord-ouest de l'île Saint-Domingue; idée malheureuse, puisqu'elle fut cause qu'ils perdirent cette partie de l'île, où les boucaniers, qui ne trouvaient plus à vivre de la chasse, se firent planteurs et formèrent des établissements durables. A Juan-Fernandez le but fut un peu mieux rempli, et les pirates ne trouvèrent plus à s'y approvisionner aussi aisément. Les chèvres, à la vérité, ne furent pas entièrement détruites, mais elles devinrent beaucoup moins nombreuses, et surtout moins faciles à atteindre. En 1741, lorsque l'amiral Anson aborda à cette île, il n'en trouva pas plus de deux cents qui vivaient réfugiées au milieu des rochers presque inaccesibles, formant des troupeaux isolés de trente à quarante individus chacun. Les chiens, au contraire, s'étaient déjà prodigieusement multipliés; car, lorsque les chèvres eurent commencé à leur manquer, ils avaient trouvé dans les veaux marins une proie facile et presque inépuisable. Ces chiens appartenaient à différentes races; ce qui seul eût suffi pour indiquer que leur introduction n'était pas d'ancienne date. « Ils venaient quelquefois, dit Walter, le chapelain de lord Anson, nous rendre visite pendant la nuit et dérober nos provisions; et il arriva même une ou deux fois que, trouvant un des nôtres à l'écart, ils l'attaquèrent; mais,

comme il vint du secours à temps, on les mit en fuite
avant qu'ils eussent eu le temps de faire aucun mal. »
On les vit une fois donner la chasse à un troupeau de
chèvres sauvages; et il est assez singulier que dans
cette circonstance on n'ait pas remarqué qu'ils
n'aboyaient point, comme le constata deux ans plus
tard un officier de la marine espagnole, don Antonio
Ulloa.

Ulloa, qui avait été envoyé par le roi d'Espagne au
Pérou pour concourir avec les académiciens français
à la mesure d'un degré du méridien, aborda vers le
commencement de 1743 à l'île de Juan-Fernandez et
eut l'occasion de bien observer ces chiens. Ce qu'il en
dit s'accorde en somme avec ce que rapporte Walter;
mais il nous apprend de plus comment ils se compor-
taient à l'égard des veaux marins. « Leur premier
soin, dit-il, est de saisir l'animal à la gorge et de
l'étrangler, ce qui est l'affaire d'un instant; puis, après
lui avoir coupé avec les dents la peau tout à l'entour
du cou, ils le dépouillent jusqu'à la queue, en intro-
duisant leurs pattes entre cuir et chair comme le ferait
un écorcheur. Ce n'est qu'après avoir terminé cette
opération qu'ils commencent à manger. Nous remar-
quâmes, ajoute-t-il un peu plus loin, dans les chiens
de cette île une particularité bien étrange, c'est qu'on
ne les entendit jamais aboyer; et quoiqu'on en prît
quelques-uns qui furent conduits à bord, ils
n'aboyèrent pas davantage, jusqu'à ce qu'étant réunis à des chiens domestiques ils commencèrent à le
faire à l'imitation de ceux-ci; mais ils s'y prenaient

maladroitement (*por un termino impropio*), et comme s'ils apprenaient, pour se conformer à l'usage, une chose à laquelle ils étaient restés jusque-là tout à fait étrangers. »

Ces chiens, dont les pères avaient su aboyer, apprirent donc à le faire quand ils se trouvèrent en compagnie de chiens domestiques. L'éducation eût été probablement plus difficile et plus longue pour des animaux appartenant à une race habituellement muette; ainsi deux chiens de la rivière de Mackensie, amenés en Angleterre, n'eurent jamais que leur hurlement ordinaire, mais un petit qui leur naquit en Europe apprit à aboyer.

Le chat. — Le chat paraît n'avoir éprouvé aucune difficulté à se naturaliser en Amérique, et il y est aujourd'hui aussi répandu que dans nos pays. J'en ai trouvé beaucoup parmi les Indiens de l'Orénoque qui paraissent en faire grand cas et ne manquent jamais de les emporter avec eux dans leurs migrations annuelles. Dans les provinces que j'ai parcourues, ils ne s'étaient jamais propagés à l'état sauvage. Selkirk cependant, comme il a été dit plus haut, prétend en avoir vu de tels à l'île de Juan-Fernandez, et les Français, dit-on, en trouvèrent aussi à Saint-Christophe lorsqu'ils vinrent s'y établir. Ces derniers étaient, suivant le père Dutertre, tachetés de blanc, de noir et de roux. Je ne sais s'il donne ces détails d'après sa propre observation, ou si c'est une simple supposition fondée sur ce que les chats de cette couleur portent chez nous le nom de *chats d'Espagne,* et que ceux de Saint-

Christophe avaient été apportés par les Espagnols.
Tout ce que je puis dire, c'est que dans la Nouvelle-
Grenade cette variété n'est pas plus commune qu'en
France.

Les seuls changements appréciables qu'ait subis le
chat en Amérique, c'est qu'il n'y a point, comme chez
nous, dans l'espèce, de saisons spéciales pour les
naissances et qu'il n'y fait entendre en aucun temps
ces lamentables miaulements qui troublent nos nuits à
Paris. Ces modifications s'étaient opérées très-rapidement, puisqu'on les trouve déjà indiquées dans l'ouvrage de Gomara, publié en 1554. La première paraît
dépendre de la constance du climat et s'observe également chez les animaux dont j'ai déjà parlé. Il faut
remarquer cependant qu'il y a exception pour d'autres espèces, comme pour la chèvre et la brebis; ainsi,
bien qu'il naisse toute l'année des chevreaux et des
agneaux, il y a deux époques où le nombre des naissances augmente considérablement, c'est vers Noël et
la Pentecôte.

Le mouton. — Le mouton, qui a été amené d'Espagne, n'est point de l'espèce *Mérinos,* mais de celle
qu'on dit *de lana burda y basta.* Il est très-commun
sur la Cordilière, depuis 1,000 jusqu'à 2,500 mètres
de hauteur. Nulle part il ne semble chercher à échapper à la protection de l'homme; aussi n'observe-t-on
aucun changement dans ses mœurs ni dans ses
formes. Il y a cependant quelque diminution dans sa
taille.

Entre les limites que j'ai indiquées, le mouton se

propage facilement et sans presque exiger aucun soin; mais il n'en est pas de même dans les pays chauds. Il paraît que dans les plaines du Meta il est très-difficile d'en élever, puisque, bien que leur peau y soit très-recherchée pour faire une sorte de chabraque, et qu'on en donne au moins le même prix que d'une peau de bœuf, on ne voit aucune brebis depuis le fleuve jusqu'au pied de la Cordilière; dans la vallée qui sépare la chaîne orientale de la moyenne, on en voit, il est vrai, en quelques lieux, mais ils sont toujours en petit nombre; les femelles y sont peu fécondes et les agneaux difficiles à élever.

Au reste, leur existence en ces lieux est digne de fixer l'attention, en ce qu'elle donne lieu à un phénomène extrêmement curieux.

La laine chez les agneaux croît à peu près de la même manière que chez ceux des climats tempérés; lorsqu'elle a atteint une certaine épaisseur, si on la coupe elle repousse telle qu'elle était d'abord, et tout se succède dans l'ordre accoutumé. Mais si on laisse dépasser le temps favorable pour dépouiller l'animal de sa toison, sa laine s'épaissit et se feutre, elle finit par se détacher par plaques qui laissent au-dessous d'elles non une laine naissante, non une peau nue et dans un état maladif, mais un poil court, brillant et bien couché, très-semblable à celui qu'a la chèvre dans les mêmes climats.

Dans les places où ce poil a paru il ne repousse jamais de laine.

La chèvre. — La chèvre, quoique sa figure soit tout

à fait celle d'un animal de montagne, s'accommode beaucoup mieux des vallées basses et brûlantes que des parties élevées de la Cordilière.

Dans les climats qui lui conviennent elle multiplie beaucoup, chaque portée étant habituellement de deux petits, souvent de trois, mais jamais de six comme on s'est plu à le répéter. Sa taille est petite, mais sa forme sous tous les autres rapports a beaucoup gagné; son corps est plus svelte, sa tête est plus élégante, mieux placée et ordinairement moins chargée de cornes. L'agilité de cet animal et son goût pour grimper et sauter sont aussi singulièrement augmentés. Je me rappelle avoir vu plus d'une fois sur la place publique du charmant village de Guaduas des chèvres sauter, à plus de quatre pieds de hauteur, sur la cimaise des pilastres de l'église. La saillie au point où posaient leurs pieds n'était pas de 3 pouces; cependant, dans cette position difficile à conserver, elles restaient des heures entières, sans autre but apparent que celui de se chauffer au soleil qui éclairait pourtant le bas du mur aussi bien que le haut.

Ces chèvres ont un poil court, bien couché et brillant, et quoiqu'on en voie de toutes les nuances, cependant la couleur la plus commune est le fauve avec une raie brune sur le dos et des marques noires symétriques sur le masque.

Le signe le plus évident de domesticité dans notre chèvre d'Europe, l'ampleur des mamelles, a presque complétement disparu dans la chèvre américaine.

Je n'ai point compris, parmi les quadrupèdes apportés dans le Nouveau Monde, le chameau, parce que l'espèce ne s'y est point conservé; on en a pourtant amené à différentes reprises des Canaries, mais toujours à l'époque de grands troubles politiques. Peut-être dans des temps plus tranquilles aurait-on obtenu de les y propager; on y est parvenu pour d'autres animaux qui, pendant longtemps, refusèrent de se reproduire en certains lieux, et aujourd'hui y sont aussi féconds que partout ailleurs : c'est ce que je vais faire voir en parlant des oiseaux domestiques.

Ceux qui ont été apportés aux Indes occidentales sont la poule, l'oie, le canard, le paon, le pigeon et la pintade.

Le pigeon, la pintade. — Chez ces deux dernières espèces, je n'ai pu constater aucun changement; les pigeons présentent toutes les variétés qu'on remarque en Europe dans les pigeons de colombier; ceux de volière ne paraissent pas y avoir été apportés. Quant aux pintades, elles m'ont paru sujettes à présenter dans la couleur de leur robe plus de différences que celles que j'ai vues en France; d'ailleurs elles sont au moins aussi criardes, et tellement incommodes à cause de cela, que, malgré la délicatesse de leur chair, beaucoup de gens ne veulent point en élever.

Le paon. — Le paon est aussi absolument le même qu'en France. Il est assez rare en Colombie, mais cela vient de ce qu'on attache peu d'importance à le propager, car la femelle pond à peu près le même nombre d'œufs que chez nous, et les petits s'élèvent sans beaucoup de peine. Il n'en était pas ainsi dans les premiers temps, et Gomara nous apprend qu'alors, avec beaucoup plus de soin, on obtenait moins de succès.

L'oie. — L'oie, qui a été introduite vers le commencement de ce siècle sur le plateau de Bogota, a présenté les mêmes difficultés. Les pontes d'abord étaient rares, composées d'un petit nombre d'œufs, dont un quart à peine venait à éclore, et plus de la moitié des jeunes oisons mourait dans le premier mois ; ceux qui échappèrent formèrent une seconde génération plus acclimatée déjà que la première ; et aujourd'hui, l'espèce, sans être encore aussi féconde qu'elle l'est en Europe, tend évidemment à arriver au même point.

La poule. — Pour les poules, la même chose, au rapport de Garcilasso, arriva à Cusco et dans toute sa vallée ; l'on fut plus de trente ans sans y pouvoir obtenir de poulets, quoique à Yucay et Muyna, à quatre lieues seulement de la ville, on en eût en abondance.

Aujourd'hui la race primitivement introduite est partout féconde ; mais la race anglaise, qu'on a amenée depuis un petit nombre d'années, pour obtenir des coqs de combat, n'est pas encore arrivée à ce point de fécondité, et dans les premières années même on s'estimait heureux d'avoir deux ou trois poulets pour toute une couvée.

Quand on observe dans les climats chauds des poulets de l'une et de l'autre race, on remarque entre eux des différences curieuses. Le poulet créole, dont les pères ont vécu pendant des siècles dans une température qui ne descend guère au-dessous de 20 degrés

centigrades, naît avec un peu de duvet qu'il perd
même bientôt, et reste complétement nu, à l'exception des plumes de l'aile qui croissent comme à l'ordinaire. Le poulet de race anglaise, au contraire, naît
couvert d'un duvet bien serré, duvet qui ne disparaît
qu'à mesure qu'il est remplacé par les plumes; le
petit animal est encore vêtu comme pour vivre dans
le pays d'où ses pères ont été apportés depuis peu
d'années.

Gomara prétend que les coqs, transportés à l'île de
Saint-Domingue, perdaient l'habitude de chanter au
milieu de la nuit. Dans la Nouvelle-Grenade j'en ai
entendu souvent chanter à cette heure; ainsi le changement n'est pas général : je n'en connais même, à
vrai dire, aucun qui soit commun à toute la race
transplantée, puisque la nudité des jeunes poulets
créoles se remarque seulement dans les climats très-
chauds. Deux variétés assez répandues et qui se pro-
pagent par voie de génération, sont celles des poules à
pieds jaunes et des poules nègres. Les premières sont
considérées en plusieurs endroits comme provenant
d'une espèce indigène; mais c'est une opinion que
toutes mes recherches me portent à regarder comme
dénuée de fondement.

Quant aux poules nègres, qu'on appelle, à Bogota,
poules de Nicaragua, leur mélanisme se montre moins
dans la couleur de la peau que dans celle de la crête,
du périoste, des membranes séreuses et de la couche
cellulaire qui entoure les muscles. Comme cette couleur les rend moins propres à être présentées sur la

table, on ne s'attache probablement pas à les propager, et cependant elles sont assez communes. Cela me porterait à croire qu'outre les individus qui tiennent de leurs parents cette couleur noire, il en naît constamment d'autres qui présentent la même difformité, quoique provenant de père et de mère à l'état normal. Au reste, il est à remarquer que dans toute l'Amérique tropicale le mélanisme et l'albinisme à différents degrés se montrent fréquemment chez les animaux à sang chaud, et que ces deux espèces de monstruosité sont au nombre de celles qui se transmettent le plus aisément par héritage. Peut-être la même remarque serait-elle applicable dans toute sa généralité à un pays situé aux antipodes de celui dont je m'occupe. Elle est au moins exacte pour les poules, et Marsden nous apprend qu'à Java on en trouve beaucoup affectées de mélanisme. Quant à l'albinisme, plusieurs voyageurs nous apprennent que dans les îles de la Sonde il s'observe assez fréquemment chez l'espèce humaine.

Les faits exposés dans ce Mémoire ont été recueillis sans que j'eusse d'avance l'idée de les rattacher à aucun système ; mais, en les envisageant ensuite dans leur ensemble, je me suis cru fondé à en déduire les conséquences suivantes :

1º Lorsqu'on transporte dans un climat nouveau certains animaux, ce ne sont pas les individus seulement, ce sont les races qui ont besoin de s'acclimater.

2º Lorsque cette acclimatation a lieu, il s'opère

communément dans ces races certains changements durables qui mettent leur organisation en harmonie avec les climats où elles sont destinées à vivre.

3º Les habitudes d'indépendance amènent aussi leurs changements qui, en général, paraissent tendre à faire remonter les espèces domestiques vers les espèces sauvages qui en sont la souche.

Ces observations ont été recueillies pendant un séjour dans la Nouvelle-Grenade et le Vénézuéla de 1822 à 1828. Elles ont fait l'objet d'un mémoire lu à l'Académie des sciences et imprimé dans le VIe volume des *Savants étrangers*.

Les animaux transportés dans le nouveau continent n'ont pas seuls fixé mon attention, ceux qui en sont originaires m'ont encore occupé, mais je n'en ai pas fait l'objet de travaux spéciaux; j'en excepterai le genre Tapir, dont j'ai essayé de tracer l'histoire quand j'ai eu à faire connaître une espèce nouvelle que j'avais découverte. Je donne plus loin un abrégé de ce mémoire, qui a aussi été publié dans le recueil des *Savants étrangers*. J'y joins quelques recherches d'histoire naturelle, relatives principalement à l'Amérique tropicale, et où j'ai pu ar mes propres observations appuyer ou rectifier celles de mes devanciers. La plupart avaient déjà paru isolément; avant de les publier de nouveau, je les ai toutes revues, parfois développées, mais plus souvent réduites.

ACCLIMATATION DES ANIMAUX.

RÉGIME ALIMENTAIRE
MODIFIÉ SELON LES CIRCONSTANCES.

Nous venons de parler d'acclimatation des races et, d'après ce que nous avons dit, on a pu comprendre que nous considérons comme acclimatée une race qui, dans le nouveau pays où elle a été introduite, se propage avec la même facilité que dans l'ancien, et conserve plus ou moins complétement les qualités qui l'ont fait rechercher. Comme il est rare qu'elle trouve dans sa nouvelle patrie exactement les mêmes conditions que lui offrait l'ancienne, surtout en ce qui concerne la nourriture, il faut qu'il y ait dans son organisation une certaine souplesse qui lui permette de changer de régime sans en avoir trop à souffrir. Il est vrai que, tant que l'animal domestique reste sous les soins de l'homme, le maître s'efforce de rendre moins brusque la transition; la nouvelle génération a déjà besoin de moins de ménagements, et les suivantes n'en exigent plus aucun. Mais la nature ne compte pas seulement sur la prudence de l'homme pour la conservation de ces êtres exilés, elle développe en eux des instincts conservateurs qui ne s'étaient jusque-là jamais manifestés. J'en pourrais citer plusieurs exemples; je me bornerai à deux.

Un cheval élevé à l'écurie, que l'on abandonnerait au milieu de l'hiver dans certaines régions très-froides de l'Amérique du Nord, mourrait certainement de faim; la terre ne lui offrirait partout qu'un épais tapis de neige. Mais le cheval repassé à l'état sauvage trouve moyen de vivre dans les mêmes régions; il écarte de son pied la neige aux endroits où il la sent le moins épaisse et arrive ainsi à l'herbe et aux lichens qui tapissent le sol. Il n'a d'ailleurs que rarement besoin de recourir à ce moyen pénible pour se procurer sa nourriture; il sait où il la trouvera plus facilement et il s'y transporte en temps utile. Quand il sent venir l'hiver, il se rapproche des rivières, des marécages où croissent des forêts de roseaux dont les feuilles et les sommités seront pour lui un agréable et abondant fourrage. Dans les plaines brûlantes de l'Amérique tropicale, le cheval et le mulet sont plus exposés à souffrir de la soif que de la faim; ils ont trouvé le moyen d'y satisfaire. On les voit en pareil cas chercher de l'œil dans la campagne un *melocactus,* plante qui se présente comme un gros melon défendu par de formidables épines. Il brise avec son sabot ces terribles piquants et dévore la pulpe aqueuse qui le désaltère très-suffisamment.

Il ne paraît pas que chez l'espèce bovine ce dernier instinct se développe jamais. Je sais au moins que dans les étés très-secs, les *hatos* qui n'ont pas d'eaux courantes perdent souvent de très-grandes quantités de bétail. Contre la faim, ces animaux savent mieux se défendre, et j'ai vu un exemple de leur facilité à s'accommoder d'aliments nouveaux. En 1825 je me trouvais dans la vallée du Cauca : j'y revenais après une absence de quinze jours environ. Cette belle vallée était aussi nue que si le feu y avait passé ; il ne restait plus une feuille, plus un seul brin d'herbe. Une armée de sauterelles (*criquets voyageurs* des naturalistes) l'avait parcourue et n'y avait rien laissé de vert[1]. Tout avait été consumé même avant l'arrivée de l'arrière-garde qui paya pour le reste. Cette arrière-garde se compose en général de larves qui ne volent point et de jeunes individus qui volent mal. Les vaches, les moutons, les chèvres se jetaient sur cette nouvelle pâture et s'en gorgeaient. Les cochons et les poules, ce qui est moins surprenant, faisaient de même, d'où il résultait que le lait, la viande de porc et les œufs

---

1. Les relations de voyages au Levant et en Afrique sont pleines de détails sur les ravages causés par le criquet voyageur ; cependant, à moins d'avoir été témoin d'une de ces invasions, on se ferait difficilement une idée de la grandeur du mal, et surtout de la multitude innombrable dont se composent ces armées.

L'Amérique tropicale n'en souffre pas moins que les parties chaudes de l'ancien continent, et la vallée du Cauca y est particulièrement exposée. Pendant mon premier séjour à Carthago, on attendait une invasion comme assez prochaine. La veille du jour fixé pour mon départ, on annonçait son arrivée pour le lendemain ; mais comme je devais me mettre en route de très-bonne heure, je craignais de la manquer et je résolus d'aller à sa rencontre. En conséquence, je montai à cheval et me dirigeai vers le dernier village envahi. Je n'avais pas encore fait deux

avaient un affreux fumet de musc ou, comme disaient les habitants du pays, puaient la sauterelle (*hedian a langosta*). L'observation était intéressante pour moi, mais j'aurais préféré la faire en un temps plus opportun, car en ce moment j'aurais fort apprécié une bonne nourriture, je sortais d'une forêt où j'avais été bien près de mourir de faim.

J'emprunterai maintenant à un charmant petit volume de miss Martineau un autre exemple concernant les vaches. Dans une des nouvelles qu'elle a composées pour populariser les notions les plus importantes de l'économie politique, dans *Ella de Garveloch,* nous voyons passée à l'état d'habitude une pratique comparable à celle qui, pour les animaux dont je viens de parler, n'était qu'une ressource accidentelle.

Garveloch est une île qui fait partie d'un petit groupe situé sur la côte occidentale de l'Argileshire. Elle est de peu d'étendue, très-montagneuse, et le sol ne pourrait nourrir qu'un bien moindre nombre d'in-

lieues dans cette direction, quand je rencontrai l'avant-garde. Ses rangs devenaient à chaque instant plus serrés ; bientôt il me fut impossible de continuer à regarder devant moi, car à chaque instant j'étais frappé au visage ; je baissai la tête, opposant à ces coups, en manière de bouclier, mon large chapeau de paille. Je continuai cependant à pousser mon cheval en avant, mais bientôt lui-même s'arrêta tout court, et l'éperon n'eut d'autre effet que de le faire tourner brusquement et s'enfuir en galopant.

Je partis le lendemain de Carthago et n'y revins que lorsque les sauterelles avaient déjà quitté le pays ; j'ai dit en quel état elles l'avaient laissé ; j'ajouterai seulement qu'il n'y avait eu d'épargnées que les plantes garnies de poils rudes comme certaines Cucurbitacées.

dividus que celui qu'on y trouve ; mais les habitants font quelque commerce de la barille, qu'ils obtiennent en brûlant les plantes marines que les flots jettent sur le rivage ; la plupart en outre se livrent à la pêche, et leurs animaux domestiques vivent aussi en partie de poissons.

Miss Martineau, au commencement de son livre, nous représente le propriétaire de l'île y arrivant avec quelques amis, et l'un d'eux inspectant l'unique ferme qui y existât alors. « N'avez-vous pas, dit le gentleman, d'autres animaux que ces deux bidets mal peignés et ces trois ou quatre vaches que je vois paître dans le marais ? — Oh ! reprit le fermier, il ferait beau voir que je n'eusse pas plus de bétail ; il y a là-bas sur les grèves une bande de vaches qui pêchent. — Des vaches qui pêchent ! que voulez-vous dire par là ? — Je veux dire ce que je dis, que les vaches sont sur les grèves à prendre dans les mares du poisson pour leur repas. » Le maître alors expliqua à son ami que tous les animaux domestiques, même les chevaux, mangent volontiers du poisson, quand leurs pâturages sont trop pauvres, et que dans cette île en particulier le bétail est accoutumé à se rendre sur la plage à la marée basse pour prendre et manger le poisson que la mer en se retirant a laissé dans les creux.

Probablement en lisant ce passage, bien des lecteurs auront souri de la crédulité de miss Martineau. Cependant, le fait qu'elle rapporte est exact : il se reproduit sur une foule de points du globe, et il en est parlé dans les auteurs les plus anciens.

Dans un lac de *Péonie,* nous dit Élien, d'après Zé-
nothémis, il naît certains poissons que les bœufs
mangent avec autant de plaisir que les autres bœufs
mangent du foin, pourvu qu'on les leur présente vivants et palpitants. Morts, ils en ont du dégoût et ne
veulent pas y toucher. M. Dureau de Lamalle, qui,
dans un mémoire sur la domestication des animaux,
cite le passage d'Élien, ajoute que, dans les régions
froides de l'Europe, situées au voisinage de la mer,
on nourrit les bœufs et les chevaux avec du poisson.
Pour la Norvége en particulier, il invoque le témoignage de Therm-Torfœus.

Si la chose est plus commune dans les régions froides qu'ailleurs, cela tient sans doute à la moindre
abondance des pâturages; car, même dans les pays
chauds, les herbivores s'accommodent assez bien du
poisson, et je tiens d'un ichthyologiste distingué,
M. Valenciennes, que, sur certains points de la côte
de l'Inde, on donne aux chevaux une espèce de *saurus,*
qui s'y pêche en grande abondance. A défaut de poisson frais, les chevaux mangent du poisson salé, et
ceux que M. de Calonne fit en 1788 amener d'Islande
n'eurent pas d'autre nourriture pendant la traversée
comme pendant leur séjour à Dunkerque. Feu M. du
Petit-Thouars, qui était alors en garnison dans cette
ville, le vit de ses propres yeux.

J'ai lu, je ne sais où, que dans une partie de l'Asie
on fait entrer dans la nourriture des chevaux une sorte
de pâtée faite avec de la chair cuite hachée. Si cette
coutume existe réellement, et qu'elle soit d'une grande

antiquité, il ne serait pas impossible que le récit du fait s'altérant de bouche en bouche jusqu'à ce qu'il arrivât aux Grecs fût l'origine de la fable des chevaux de Diomède.

Je n'ai jamais vu de chevaux manger de la chair, mais je me rappelle fort bien avoir vu, il y a quinze ans, chez un boucher de la rue Croix-des-Petits-Champs, un énorme mouton qui était habituellement dans la boutique, et qui broutait dans le gras d'un aloyau comme dans une touffe de gazon.

Un voyageur anglais, très-bon observateur, W. Moorcroft, a vu dans le Ladak une race de petits moutons, aussi familiers que le sont nos chiens, et qui viennent fréquemment dans les maisons pour y chercher de quoi manger. Trouvant peu de chose à mordre sur les rochers granitiques où il leur est permis d'errer, ces animaux dévorent avidement tous les restes des repas de leurs maîtres, lèchent la marmite, serrent les miettes tombées à terre, et épluchent un os de manière à n'y rien laisser.

Pour revenir à nos poissons, on juge bien que si des animaux herbivores s'accoutument, sans trop de difficulté, à en manger, il ne coûtera pas un grand effort aux carnivores chasseurs pour se faire pêcheurs au besoin. En différents pays du Nord, et notamment au Kamtchatka, les chiens à demi sauvages que les habitans attellent, pendant l'hiver, à leurs traîneaux, ne pouvant plus servir à cet usage quand arrive l'été, sont chassés alors du logis, et obligés de chercher leur subsistance. La plupart se rendent sur les bords de la mer, et là on peut les voir tout le long du jour, dans l'eau jusqu'au ventre, guettant les mouvements des poissons, et ne laissant guère échapper ceux qui s'approchent à portée de leurs dents. L'automne arrivant, ces chiens s'en retournent d'eux-mêmes aux lieux d'où ils sont venus, et chacun d'eux retrouve la maison de son ancien maître.

Le renard pêche comme le chien et de la même manière, c'est-à-dire en saisissant le poisson avec les dents, au risque de se faire mordre le museau. Le chat, au contraire, se sert de sa patte pour jeter hors de l'eau, par un mouvement rapide, le goujon ou le dard qui s'approche trop du bord. Il n'est pas rare de trouver chez les meuniers des chats qui sont fort adroits à cet exercice. Ce n'est pas toujours la nécessité qui développe chez eux cette industrie : quelques-uns pêchent comme chassait le chat du marquis de Carabas quand il fut devenu grand seigneur, uniquement pour leur plaisir, et on en voit qui apportent à la maison le poisson qu'ils ont pris. En général, les chats n'aiment pas à se mouiller, et ceux même qui vont à la pêche n'enfoncent dans l'eau que le bout de la patte ; cependant on en a vu qui ne craignaient pas de plonger en poursuivant le poisson, et le journal de Plymouth, dans un de ses numéros de janvier 1828, en rapporte un exemple singulier. « Il y a maintenant, dit ce journal, à la batterie de Devil's-Point, une chatte qui pêche avec une ardeur et un succès remarquables. Chaque jour elle plonge dans la mer, et rapporte dans sa gueule des poissons vivants qu'elle dé-

pose dans le corps de garde, pour l'usage des soldats.
Elle a à présent sept ans, et fait depuis longtemps
l'office d'un utile pourvoyeur. On croit que c'est la
chasse aux rats d'eau qui lui a fait surmonter l'a-
version qu'ont les animaux de son espèce pour se
mouiller; elle en est venue au point de se plaire dans
l'eau autant qu'un chien de Terre-Neuve. Chaque jour
elle fait sa promenade sur les rochers qui bordent la
mer, épiant les poissons et toujours prête à les poursuivre jusqu'au fond. »

Il est probable que toutes les espèces du genre *felis,*
même les plus grandes, se conduisent, comme nous
venons de dire que le faisaient les chats, lorsqu'ils se
trouvent dans des circonstances semblables. Le fait
au moins a été constaté pour les jaguars de l'Amérique.
« A la Guiane et au Brésil, dit M. Th. Lacordaire,
dans un article très-intéressant de la *Revue des Deux
Mondes,* numéro du 1er décembre 1832), le jaguar
fréquente aussi, pendant la nuit, les bords de la mer,
près des petites anses où l'eau est tranquille, pour y
manger des crabes et y pêcher le poisson, en le faisant sauter à terre d'un coup de patte, lorsqu'il vient
jouer à la surface de l'eau. »

Sur le même sujet, je trouve dans mon journal de
voyage le passage suivant : « Le 7 mars 1824, nous
arrivâmes au village de San-Carlos, situé au confluent
de l'Orénoque et du Méta ; nous trouvâmes sur la plage
le métis Ciriaco, fondateur du village de San-Simon ;
mais nous nous arrêtâmes peu de temps avec lui,
parce que nous désirions visiter le village avant la nuit.

. . . . Le soir, Ciriaco vint nous rejoindre pour savoir ce que nous pensions de son petit établissement ; nous en causâmes longuement et nous eûmes souvent lieu d'admirer son zèle et son intelligence... Lorsque les feux furent allumés, notre conversation changea d'objet par l'arrivée du pilote de la *Lancha* (bateau à quille), du subrécargue et de deux matelots. Les tigres (jaguars), éternels sujets des causeries du soir, furent encore mis sur le tapis... Le pilote avait vu, près d'un rapide (*raudal*) de l'Orénoque, une tigresse, qui était accompagnée de ses petits, pêcher aux truites et les saisir dans le bond qu'elles faisaient pour franchir la chute d'eau. Les petits, à qui elle distribuait le produit de sa pêche, se tenaient à l'écart et immobiles pour ne pas effrayer le poisson ; mais, quand ils furent rassasiés, avant de rentrer dans le bois, ils s'approchèrent de l'eau et essayèrent de faire comme leur mère.

Ciriaco à son tour raconta un combat, dont il avait été témoin, entre un tigre et un crocodile. Je consigne ici le fait pour sa singularité, sans pourtant m'en rendre garant. Je dois dire cependant que le conteur m'a paru en général un homme très-véridique.

« J'étais, dit-il, caché sur une plage, attendant que quelque tortue paresseuse[1] sortît pour déposer ses

---

1. Les tortues ne pondent guère que la nuit ; mais, quand quelque circonstance les a empêchées de le faire, elles sont tellement pressées du besoin de déposer leurs œufs, qu'elles sortent même par le plus grand soleil, et restent souvent suffoquées par la chaleur.

œufs, lorsque j'aperçus un tigre qui s'avançait en rampant le long du rivage pour couper le chemin à un caïman qui était étendu sur le sable, à prendre le soleil. Il le saisit en effet du premier bond, mais le caïman se jeta à l'eau, et le tigre, ne lâchant point prise, tous les deux disparurent à la fois. Un temps assez long s'écoula, et je croyais déjà le tigre noyé, lorsque je le vis reparaître, mais seul.

Il se roula sur le sable, puis se rejeta dans l'eau. Il y resta encore longtemps et ressortit de même cette seconde fois sans sa proie. Ce ne fut qu'à la troisième fois qu'il attira sur le rivage le caïman étranglé. »

Si tous les chats, grands ou petits, ont, à très-peu près, les mêmes habitudes que notre chat domestique, cela tient à ce que tous aussi ont la même organisation; la ressemblance dans la structure interne aussi bien que dans la forme générale du corps est telle que, si l'on met à part le lion, suffisamment distingué par la crinière dont son cou est orné, on ne trouve, pour diviser ce genre si nombreux en espèces, que les caractères peu importants de la taille et de la couleur. Pour ce qui est de la robe même, il y a, chez tous les félis sans exception, la circonstance de présenter sur le fond de la robe des taches plus foncées, arrondies ou allongées. Le lion et certaines espèces de lynx ne les présentent d'une manière bien visible que dans les premiers mois après la naissance. Chez le couguar américain (*felis concolor*), cette livrée du jeune âge reste au moins jusqu'à la troisième année;

chez presque toutes les autres espèces, elle persiste jusqu'à la mort.

Dans l'espèce ou les espèces du jaguar, car je penche à croire qu'il y en a deux distinctes, il naît quelquefois des individus noirs ; quelquefois aussi, mais plus rarement, il en naît de tout blancs, de véritables *albinos*, et cela constitue, comme l'a très-bien vu d'Azara, deux sortes de monstruosités, mais non pas deux espèces d'animaux différentes du jaguar à robe fauve. Eh bien ! chez ces individus, blancs ou noirâtres, les taches, quoique très-peu apparentes, se marquent encore par une teinte un peu plus foncée.

J'ai dit que chez toutes les espèces, les taches étaient toujours plus obscures que le fond : cette loi ne souffre point d'exceptions pour les types normaux ; mais il y a un cas de monstruosité qui s'est propagé par la génération, de manière à constituer une variété, et où c'est justement l'opposé. Dans la Colombie, aux environs de la ville de Pore, et dans un espace compris entre cette ville et la Cordilière, on trouve un couguar dont le fond de la robe a la couleur rousse ordinaire, mais dont les taches, au lieu d'être d'un roux plus foncé, sont blanches. Aucun naturaliste n'a, je crois, signalé cette variété, et dans la Colombie même elle est très-peu connue. Hors du canton, je n'ai trouvé que trois personnes qui eussent vu de ces *tigres de Pinta-Blanca,* comme on les appelle : le majordome d'une ferme, le supérieur des missions des Augustins dans les Llanos, et le général J. Paris. Tous les trois, quand je leur demandai où ils avaient vu l'animal, me nommèrent les lieux compris dans l'espace que j'ai indiqué, c'est-à-dire dans les environs des villages de Morcote, Nunchia, Pie-de-Cuesta, etc.

A côté du genre des chats, il y a un petit sous-genre qui s'en distingue en ce qu'il est presque complétement privé de la faculté de retirer ses ongles, de faire patte de velours : c'est le *guépard* ou *tigre chasseur (felis jubata)*. Nous en reparlerons plus tard.

IRRIGATIONS.

LEUR IMPORTANCE DANS LES PAYS ORIENTAUX.

Chacun connaît le procédé fort simple au moyen duquel on parvient à obtenir, même au cœur de l'hiver, des jacinthes en fleur. Pour cela, il suffit de prendre des oignons qui ont été retirés de la terre au mois de juin ou de juillet, de poser chacun d'eux sur le collet d'une carafe que l'on a soin de maintenir constamment pleine d'eau, et de placer les vases dans une chambre où l'on fait habituellement du feu. Au bout de quelques jours, on voit sortir de la base de l'oignon, qui doit plonger de quelques lignes dans l'eau, un faisceau de racines en forme de fils dont la longueur augmente très-rapidement. Un peu plus tard on voit, à la partie opposée du bulbe, poindre les feuilles vertes qui se développent, et, en s'écartant, laissent paraître la hampe déjà chargée de boutons. Ces boutons enfin grossissent, s'ouvrent, et bientôt la fleur se montre dans toute sa beauté.

Si l'expérience se fait au printemps, le secours d'une chaleur artificielle n'est pas nécessaire, et ainsi il suffit de donner à ce bulbe, dans lequel la vie était pour ainsi dire dormante, un support et de l'eau pour que la plante se développe et parcoure toutes les périodes de sa végétation annuelle.

La même remarque peut être faite à l'occasion d'une autre expérience non moins connue, qui consiste à faire pousser, sur un lit d'ouate, un semis de cresson alénois. Au bout de peu de jours, la blanche couche de coton a disparu entièrement sous un épais tapis de verdure. A la vérité, cette végétation ne se soutient pas longtemps avec la même vigueur, et chaque brin commence à languir dès qu'il a consommé la petite provision d'aliments qu'il a emportée avec lui dans la graine en se détachant de la tige maternelle. La jacinthe elle-même, qui, trouvant dans son bulbe une réserve proportionnellement beaucoup plus considérable, n'a pas paru souffrir de la privation des aliments qu'elle eût tirés du sol dans les circonstances ordinaires, la jacinthe, dis-je, ne continuerait pas à vivre ainsi de sa propre substance. Après la floraison, l'oignon n'est bon qu'à jeter.

Que l'on ne puisse prolonger au delà d'un certain temps la vie d'une plante à laquelle on ne fournit que de l'eau, qu'on ne puisse pas, au moyen de cette seule nourriture, lui faire acquérir tout son développement, et la conduire au terme naturel de son existence, c'est ce que personne n'aura peine à croire ; mais ce que supposeraient difficilement les personnes étrangères à la physiologie végétale, c'est que, de toutes les substances que cette plante tire du dehors pour se nour-

rir, il n'en est aucune qui lui soit plus indispensable
que l'eau. Quelque desséché que puisse paraître en
effet le sol dans lequel elle végète, ses racines n'y pui-
sent cependant rien qu'à l'état liquide : toutes les substances nutritives, pour être absorbées et passer dans
la circulation générale, doivent avoir été préalablement à l'état de dissolution. Ce n'est donc pas le tout
qu'une plante trouve dans la terre qui la porte les élé-
ments qu'elle doit s'assimiler, il faut encore qu'elle
y trouve un degré suffisant d'humidité. Quand donc
on voudra obtenir d'un terrain des récoltes régulières,
il ne suffira pas, comme on pourrait le croire, d'y
apporter des engrais ; il faudra, avant tout, faire en
sorte que l'eau n'y manque point ; et si les pluies, les
rosées de nuit, les infiltrations, n'en font pas arriver
une quantité suffisante, il sera indispensable de lui
en fournir par des moyens artificiels. C'est une nécessité que l'expérience a fait reconnaître bien avant que
la science en pût donner l'explication, un besoin auquel on a songé de bonne heure à pourvoir.

Sans doute, ce fut dans des pays où se trouvaient
naturellement réunies toutes les circonstances favorables à la végétation que l'agriculture prit d'abord
naissance ; mais le nouvel art ne tarda pas à s'introduire dans des contrées où il exigeait plus de soins.
Une fois rassuré, en effet, sur les moyens de se procurer les nécessités de la vie, l'homme ne tarda pas à
chercher des jouissances qui, jusque-là, lui étaient
restées interdites. Il ne se contenta plus des produits
que lui pouvait fournir le sol qu'il cultivait ; des

échanges s'établirent d'abord avec les pays voisins, puis avec des contrées plus lointaines, et enfin finirent par lier d'une manière régulière, quoique très-indirecte, l'Orient avec l'Occident. L'Égypte, placée sur la route principale que suivit longtemps ce commerce, y trouva jadis la source d'immenses richesses, et, ces richesses favorisant l'accroissement de la population, il fallut bientôt songer à accroître aussi les moyens de subsistance. Le sol, dans la vallée du Nil, est très-fertile sans doute ; mais, sauf dans les parties qu'atteint le fleuve en débordant chaque année, ce sol manque de l'humidité nécessaire ; et l'ardeur du soleil d'été, jointe à la sécheresse habituelle de l'air, le rendrait presque partout impropre à porter des récoltes, si on ne le fécondait par des irrigations artificielles. Les procédés que l'on emploie aujourd'hui dans ce but remontent certainement à une très-haute antiquité, car nous les trouvons figurés dans les sculptures qui ornent l'extérieur de divers édifices publics, et encore mieux dans les peintures qui ornent les parois de certaines chambres sépulcrales, peintures qui nous font assister pour ainsi dire à toutes les scènes de la vie domestique et industrielle des anciens Égyptiens.

Parmi les procédés d'irrigation dont les monuments des arts ont ainsi perpétué le souvenir, il y en avait de très-simples. Par exemple, quand c'était quelque mare superficielle qui devait fournir à l'arrosage, on se contentait de puiser l'eau à la main avec des pots de terre munis d'une anse en corde ; puis le cultivateur, pour transporter l'eau où elle était nécessaire, se chargeait de deux de ces pots suspendus aux deux extrémités d'une sorte de joug semblable à celui dont les laitières font usage en quelques parties des Pays-Bas, ou aux deux bouts d'un bâton arqué porté sur une seule épaule, à la manière des porteurs d'eau de Paris. L'un et l'autre mode de transport est exprimé d'une manière très-reconnaissable dans diverses sculptures.

Quand le champ se trouvait à une plus grande distance, et que l'eau, au lieu d'être prise dans un réservoir à fleur de terre, devait être prise dans le fleuve, toujours assez bas à l'époque des arrosages, on avait recours à un autre procédé, encore très-primitif, et qui pourtant est resté jusqu'à ce jour fort en usage. Voici comment il se pratique :

On commence par creuser une rigole qui s'étend depuis le champ où l'on doit conduire l'eau jusqu'au point de la rivière d'où on la veut amener. Deux hommes se placent à cette extrémité du canal, un de chaque côté. Ils ont un grand vase de terre nommé *koutoueh,* auquel sont fixées deux cordes de longueur suffisante. Au moyen de ces cordes ils descendent le koutoueh dans la rivière, le remontent plein, et le vident dans le canal, auquel on a donné la pente nécessaire pour que l'eau coule vers le point où l'on en a besoin. C'est, comme on le pense bien, un exercice qui fatigue beaucoup pour peu qu'il se prolonge ; aussi les gens un peu industrieux se sont-ils appliqués de bonne heure à imaginer quelque mécanisme qui rendît leur travail moins pénible. L'appareil au-

quel ils ont le plus communément recours est fort
simple, peu dispendieux à établir, et remplit passa-
blement le but qu'on se propose; on le désigne sous
le nom de *chadouf*.

Deux piliers éloignés l'un de l'autre d'un mètre
environ, et hauts de deux, sont réunis à leur extrémité supérieure par une traverse en bois à laquelle
est suspendue une forte perche; cette perche porte
à son extrémité antérieure une corde à laquelle est
attaché le vase destiné à contenir l'eau, et, à l'extrémité opposée, qui est la plus courte, elle est chargée
d'un contre-poids suffisant. Les deux piliers verticaux
sont quelquefois en bois ; d'autres fois et plus communément ce sont des espèces de colonnes en maçonnerie faite d'un mélange d'argile, de fragments de roseaux et de brins de joncs. Le levier est soutenu par un
support fixé à la partie inférieure de la barre, et se
meut à la manière du fléau d'une balance ; le contre-
poids est une pierre ou une masse d'argile compacte.
Le vase destiné à puiser l'eau a la forme d'un chaudron ; l'anse est attachée à la corde que porte l'extrémité antérieure du levier. Le fond de ce chaudron
est formé d'une pièce de feutre ou de cuir, quelquefois supportée par une sorte de carcasse en clayonnage, et quelquefois aussi soutenue seulement sur les
bords par le cerceau auquel l'anse est fixée.

Pour faire descendre le vase dans l'eau, l'homme
doit tirer en bas la corde à laquelle ce vase est attaché afin de vaincre la résistance du contre-poids placé
à la partie opposée du levier; mais il agit alors par

le poids de son corps, ce qui le fatigue peu ; et dans le second temps de la manœuvre, c'est-à-dire quand il ramène en haut le vase plein, il est puissamment aidé par l'action du contre-poids qui tend à descendre, et par conséquent à faire monter la branche antérieure du levier à laquelle la corde du seau est attachée.

Dans certaines parties de la France, on emploie, pour tirer l'eau des puits peu profonds, un levier à contre-poids dont le principe est le même que celui de l'appareil dont il vient d'être question. Mais un appareil plus semblable à celui qu'on a en Égypte est aussi quelquefois mis en usage dans notre Europe. Ainsi, je l'ai vu servir à l'irrigation des champs situés tout près de Pise, et je soupçonne qu'il peut y avoir été introduit par les Arabes, qui, autrefois, faisaient un grand commerce avec cette ville, où ils avaient même un quartier particulier assigné pour leur habitation.

En Égypte, comme avec un seul chadouf on ne fait guère monter l'eau à plus de huit pieds, et que souvent les berges sont beaucoup plus élevées au-dessus du niveau de la rivière, pour faire arriver par degrés cette eau jusqu'à la hauteur du canal d'irrigation, on établit des chadoufs en échelons. L'eau prise par ceux qui occupent la station inférieure est versée dans une première tranchée où la prennent, pour la verser dans une autre située un peu plus haut, les chadoufs de la seconde ligne ; elle arrive ainsi successivement jusqu'au réservoir supérieur, d'où elle s'écoule par la rigole qui la conduit aux lieux où elle doit servir à l'arrosement.

Le chadouf simple et composé était employé en Égypte dans les temps les plus reculés, et on le trouve figuré sur les monuments.

Une autre machine, très-communément employée pour puiser l'eau du Nil, est celle qu'on désigne en Égypte sous le nom de *sackieh;* elle est aussi fort usitée sur les bords du Tigre, de l'Euphrate, et des autres grandes rivières de l'Asie occidentale; elle ne diffère d'ailleurs que par quelques détails, variables suivant les lieux, de la noria employée aux mêmes usages en Europe.

Le sackieh consiste essentiellement en une sorte de chapelet ou de corde sans fin à laquelle des pots de terre sont fixés à distances égales. Ce chapelet plonge dans l'eau par sa partie inférieure, et par la partie supérieure s'enroule autour d'une roue verticale. Quand la roue tourne (et nous dirons bientôt par quel moyen on la fait tourner), on voit d'un côté descendre des pots vides dont l'ouverture est tournée en bas, et de l'autre monter des pots qui se sont remplis en plongeant dans le réservoir qui baigne la partie inférieure du chapelet. Dès que ces pots sont arrivés au niveau de l'axe de la roue, ils commencent à s'incliner et à répandre l'eau dont ils étaient remplis, et ils continuent à se vider ainsi progressivement jusqu'à ce qu'ils aient atteint le sommet de la roue où ils versent leurs dernières gouttes, étant alors tout à fait couchés sur le côté. Mais cette eau qui s'épanche des pots ne retombe pas jusqu'au fond ; elle est reçue par une sorte d'auge en bois placée à la hauteur du centre de la roue, et, de cette auge, elle s'écoule dans le réservoir, puis dans la rigole qui la conduit aux champs qu'elle doit arroser.

Tout l'appareil est mis en jeu au moyen d'un manége qui fait mouvoir une roue horizontale dentée. Celle-ci communique son mouvement à une seconde roue verticale qui engrène avec elle ; or, cette dernière roue et celle qui porte le chapelet, étant fixées sur un axe commun, tournent nécessairement en même temps.

LE MAÏS.

SON ORIGINE.

———

Les Espagnols qui, comme nous avons eu l'occasion de le dire dans un précédent chapitre, ont eu, dès les premiers moments de la conquête de l'Amérique, l'intention d'y fonder de grands établissements agricoles, ne s'occupèrent pas seulement d'y amener nos animaux domestiques; nos plantes cultivées ne furent pas non plus négligés. On mit toutefois moins d'empressement à se les procurer : les indigènes avaient abondance de végétaux alimentaires, grains, racines potagères, tubercules, etc. Il est d'ailleurs probable que les premiers essais réussirent mal parce que les plantes de nos pays tempérés ne s'accommodaient pas des pays brûlants où l'on essaya d'abord de les acclimater. Si le froment réussit de bonne heure, ce fut par l'effet d'un heureux hasard. Le premier essai fut fait sur le plateau du Mexique, dont le climat se rapproche jusqu'à un certain point de celui de l'Europe moyenne. On sait qui l'introdusit. Ce fut un malheureux esclave, un nègre de Cortez, appelé Juan Garrido, qui, secouant un sac dans lequel on avait apporté comme provision du riz mondé, en vit tomber trois grains de froment; il les recueillit précieusement, les sema dans un jardin et ne négligea rien pour propager la précieuse céréale.

On ne connaît point la date de l'introduction dans le Nouveau Monde de nos plantes usuelles ; je sais que quelques-unes l'ont été très-tard : lorsque j'habitais Bogota, j'ai connu l'homme qui y avait le premier cultivé la carotte. Il est probable que, pour plusieurs espèces, l'acclimatation a dû s'accompagner de circonstances analogues à celles que nous avons signalées pour l'acclimatation des animaux. Ces phénomènes ont dû être surtout sensibles, on le comprend aisément, chez les espèces qui ont la vie la plus longue. J'ai pu en constater un moi-même pour deux de nos arbres à fruit. A Bogota, la température varie très-peu dans le cours de l'année, et il en résulte que la chute des feuilles se fait progressivement, de sorte que l'on ne voit jamais les arbres indigènes complétement dépouillés. Parmi les arbres à fruit qui ont été apportés d'Europe, le pêcher est le plus ancien, sans doute à cause de la facilité avec laquelle se transportent les noyaux; l'amande est bien protégée par son enveloppe, et comme elle est très-peu huileuse, elle n'est point sujette à rancir. Le pêcher donc est du nombre des vieux colons et il a pris les habitudes des indigènes, il ne se dépouille jamais complétement. Le poirier, venu beaucoup plus tard, perd encore ses feuilles périodiquement ou du moins les perdait il y a quarante ans, car je ne puis dire quel espace de temps aura exigé son acclimatation.

En lisant l'histoire de la conquête de l'Amérique et les horreurs dont elle a été accompagnée, on est porté à regretter le succès de l'entreprise de Colomb ; et cependant il ne faut pas fermer les yeux sur les avantages qui sont résultés pour le Nouveau Monde de ses rapports avec l'Ancien. L'introduction des animaux domestiques a été pour ce pays un avantage incontestable, et, il faut le dire, un profit presque sans retour, puisque l'acclimatation du dindon en Europe est loin d'équivaloir à celle de la poule commune dans le Nouveau Monde. Pour les plantes usuelles, au contraire, l'avantage a été pour notre Europe. L'Amérique nous a donné la pomme de terre et le maïs.

Parmi les diverses espèces de céréales cultivées pour la nourriture de l'homme, il n'en est peut-être aucune qui soit plus répandue que le maïs ; il n'en est pas du moins qui semble plus propre à se répandre et se prête plus facilement au changement de climat. Apporté des pays tropicaux, nous l'avons vu s'avancer fort loin dans la zone tempérée sans que son acclimatation offrît aucune difficulté, et en même temps qu'il peut supporter sans inconvénient un décroissement très-considérable dans la température, il ne souffre pas davantage d'un décroissement dans la pression atmosphérique ; de sorte que le grain récolté, par exemple, dans la vallée de la Madeleine, et transporté sur le plateau de Bogota, y donnera immédiatement une belle récolte, bien que la différence en hauteur, au-dessus du niveau de la mer soit de plus de 2,500 mètres, d'une station à l'autre.

Grâce à cette facilité avec laquelle il s'accommode aux diverses circonstances extérieures, le maïs, dans plusieurs parties de l'Europe, est devenu l'objet d'une importante culture, et s'est en partie substitué aux espèces anciennement cultivées, celles-ci ne pouvant en aucune manière lui être comparées sous le rapport de la fécondité. En Piémont et dans les parties méridionales de la France, le maïs rend soixante pour un, tandis que sur le même sol cultivé en blé, on n'obtient guère que six à sept fois la semence. Dans les parties chaudes de l'Amérique, le produit est beaucoup plus considérable encore. M. de Humboldt nous apprend qu'il y a des lieux où une seule mesure en donne jusqu'à huit cents, et il faut se rappeler que le même champ dans ces pays peut porter dans une année trois récoltes, quatre même dans des cas très-favorables.

Une plante dont la culture offre de si grands avantages ne pouvait manquer d'attirer l'attention des agronomes ; aussi a-t-elle été pour eux l'objet de plusieurs travaux dont quelques-uns sont très-importants ; leurs écrits sur cet objet offrent une foule d'observations ou de préceptes utiles.

Cependant, même en les réunissant tous, on n'aurait pas l'histoire du maïs d'une manière aussi complète que l'a donnée M. Bonafous dans son ouvrage intitulé : *Histoire naturelle, agricole et économique du maïs.*

Dans la première partie de son livre l'auteur expose le résultat de ses recherches sur la patrie de cette

céréale. Il pense que, pour arriver dans la solution de
là question, à quelque chose approchant de la certi-
tude, il faudrait des données qui nous manquent jusqu'à ce jour : sur ce point, nous sommes tous deux
d'accord.

Le maïs est-il originaire d'Asie comme semblerait
l'indiquer le nom de *blé de Turquie* qu'on lui donne
dans la plupart de nos provinces, et comme l'ont cru,
en effet, plusieurs botanistes du xvie siècle? Est-ce une
plante américaine, comme on le pense généralement
aujourd'hui? ou doit-on admettre avec M. Bonafous
qu'elle est commune aux deux continents? Dans cette
dernière supposition a-t-on les moyens de savoir si
c'est de l'Orient ou de l'Occident qu'il a été d'abord
apporté dans le bassin de la Méditerranée, où certainement il n'était pas connu à l'époque de la domination romaine? Voilà les différentes hypothèses discu-
tées par l'auteur qui expose successivement les raisons
qu'on a fait valoir à l'appui de chacune.

J'ai eu également à m'occuper de la question traitée
par M. Bonafous, et j'ai pu l'étudier sur les lieux
mêmes pendant un très-long séjour que j'ai fait dans
l'Amérique du Sud. Les résultats auxquels je suis
arrivé diffèrent un peu de ceux du savant agronome.
Il est vrai que j'ai pris mes documents dans des
sources auxquelles il n'a pas puisé. C'est à Oviédo et
à Garcilasso Inca que j'emprunte les détails que je
vais donner sur la culture du maïs en Amérique
avant l'arrivée des Espagnols.

Oviédo passa aux Antilles vers 1512, c'est-à-dire

vingt ans après le premier voyage de Colomb. La population indigène de Saint-Domingue était encore très-nombreuse à cette époque, et dans les cantons un peu éloignés des établissements espagnols elle avait conservé toutes ses anciennes habitudes ; ainsi ce qu'a observé notre auteur doit être parfaitement conforme à ce qui se pratiquait avant l'arrivée des Européens. Voici comment il s'exprime relativement au maïs dans un ouvrage écrit sur les lieux et terminé avant 1525, quoique imprimé seulement en 1535 :

« Les Indiens de cette isle espagnole ont deux sortes de pain : le pain de mahiz, qui se fait d'un grain ainsi appelé, et le pain de cassave, fait des racines d'une certaine plante nommée *yuca* (le manioc). Le mahiz vient de cannes ou roseaux qui jettent des espis de la longueur d'un empan et de la grosseur du poignet, pleins de gros grains comme pois chiches, non toutefois si ronds.

« Quand on les veult semer, l'on coupe les taillis ou les roseaux, à cause que la terre où croist l'herbe seulement n'est point fertile comme celle où croissent les arbres et roseaux. Ceste coupe et abbatis incontinent faicts, on brusle, et de la cendre qui en demeure on fume la terre comme de bon engrais, laquelle doit demeurer toute unie ; puis on y met cinq ou six Indiens (plus ou moins selon la puissance du laboureur) arrangez à un pas les uns des autres par ordre, tenant chacun en main un baston poinctu ou *macana*, de la poincte duquel ilz frappent un coup en terre et le remuent, quand il est bien fiché, pour faire plus grande

ouverture et le tirent incontinent. Puis ilz jettent en
ce trou, de la main gauche, quatre ou cinq grains d
mahiz, qu'ilz tirent d'un petit sac pendu à leur col,
et du pied incontinent pressent et bouchent le trou où
sont les grains, afin que les perroquets et autres oiseaux ne les mangent. En après, ilz marchent un pas
plus avant, et chacun d'eux faict le mesme et ainsi
continuent leur semaille par compas et par ordre jus-
ques au bout du champ, et de cette façon recommen-
cent tant qu'ils emplissent et achèvent de semer toute
la pièce de terre. Mais entendez qu'il faut mettre trem-
per le mahiz un jour ou deux avant que le semer ; et
pour mieulx faire, ilz attendent à semer en tempz humide et pluvieux, afin que le baston qui sert de fer
de charrue puisse entrer plus aisément.

« La terre ainsi mouillée des pluyes, ce mahiz en
germe et sort de terre plus tost : car il se cueille et
moissonne en quatre mois. Il y en a toutefois aucun
plus hastifs qui viennent et meurissent en trois, et
d'autres que l'on cueille deux mois après la semaille,
et qui plus est, en Nicaragua, province de la Terre-
Ferme, il y a du grain de mahiz qu'on moissonne quarante jours après qu'il est semé, mais il est fort menu
et n'est pas de guarde, et n'y a-t-on recours qu'en cas
de nécessité, jusqu'à ce que l'autre, qui vient en trois
ou quatre mois, soit mûr et saisonné. Toutes fois, ce
mahiz de quarante jours ne vient qu'à force d'arrou-
ser, en la sorte que je dirai cy après. Or, à mesure
que le mahiz croist, ilz ont soin de le sarcler jusqu'à
ce qu'il soit jà assez hault et surpasse l'herbe ; mais

quand il est bien grand et vient en grain, encore est-il besoin de le guarder. En quoi les Indiens occupent les enfants, et pour cette raison les font seoir sur les arbres où ilz font eschafaulx de bois ou de cannes qu'ilz couvrent de ramée pour garder du soleil et de l'eaue et les appèlent *barbacoas,* d'où ilz crient sans cesse à haute voix, chassant les perroquets et autres oiseaux qui viennent manger le grain... Ce mahiz a le tuyau aussi gros que le fust d'une lance à la genette, et croist de la hauteur d'un homme et plus selon la bonté de la terre où il est semé. La feuille est semblable à celle des cannes communes ou roseaux de nos pays, fors qu'elle est beaucoup plus longue, plus large, plus espaisse et non si rude. Or, chaque tige a pour le moins un espy, les autres deux, les autres trois et en chacun espy y en a deux, trois, voire cinq cents grains, selon la grandeur de l'espy. Plus chasque espy est enveloppé en trois ou quatre feuilles amoncelées les unes sur les autres, et est ainsi le grain si bien gardé que le soleil et l'air ne lui nuisent aucunement et là dedans s'assaisonne et meurit. »

Je ne suivrai pas plus loin mon vieil auteur, et il me suffira de dire que la seconde partie du chapitre, aussi étendue au moins que la première, contient des détails également précis sur les aliments et les breuvages que les Indiens préparaient avec le maïs[1]. Quelques-uns de ces mets étaient assez recherchés ; ainsi

1. Oviédo, dans un voyage qu'il fit en Espagne en 1525, rédigea de souvenir un abrégé de son grand ouvrage, qui fut présenté à l'empereur Charles-Quint, et imprimé à Tolède l'année

il y avait une sorte de coulis pour lequel on n'employait que la variété blanche, qui est la plus délicate, et l'on poussait le soin jusqu'à enlever à chaque grain le germe, partie dans laquelle réside principalement cette saveur particulière qui est propre au maïs, mais qui ne s'associait pas bien avec celle des assaisonnements employés pour ce mets. C'était au Mexique qu'on préparait ces friandises, et l'on y faisait aussi des gâteaux sucrés pour lesquels le sirop était fourni par la tige même du maïs. Ayant trouvé dans la première lettre de Cortez à l'empereur Charles-Quint quelques détails sur le sucre de maïs fabriqué par les Indiens, je voulus, en 1825, vérifier le fait, et je réussis du premier coup, sans avoir besoin de rien changer au procédé qu'on emploie pour la canne ordinaire. Je dois dire cependant que ce sucre, dont le goût était fort agréable et qu'on pouvait obtenir parfaitement sec, ne restait pas longtemps dans cet état et attirait bientôt l'humidité de l'air.

La culture du maïs était à peu près la même parmi les indigènes de la Côte-Ferme que parmi ceux de Saint-Domingue, et quoique fort simple, elle suffisait dans des lieux où le sol était partout fertile, partout propre au labourage: mais dans les provinces moins favorisées de la nature, et où cependant des circonstances particulières avaient aggloméré une population très-nombreuse, on ne pouvait plus se contenter de ce

suivante. Le chapitre sur le maïs y est moins étendu, mais il contient tous les faits importants relatifs à la culture de cette céréale à Saint-Domingue.

que la terre eût donné en quelque .sorte bénévole-
ment; il fallait lui arracher tout ce qu'elle était ca-
pable de produire, et les Indiens avaient pour cela des
procédés aussi efficaces au moins que ceux dont on
faisait usage à la même époque dans les parties les
plus civilisées de l'Europe.

Les Espagnols, qui étaient alors fort en état de juger
du plus ou moins de perfection des méthodes agrono-
miques en les comparant à celles qui étaient en usage
dans le royaume de Valence, dont les Maures avaient
fait un véritable paradis, les Espagnols, dis-je, furent
forcés de confesser que les Péruviens avaient atteint
aussi complétement le but et qu'ils avaient eu à surmonter de bien autres obstacles.

Dans une grande partie du Pérou il ne pleut jamais,
et l'eau qui tombe dans les montagnes coulant sur des
pentes rapides forme plus souvent des torrents dévas-
tateurs que des ruisseaux propres à fertiliser les campagnes. Du temps des Incas cette eau ne se perdait
point, et des aqueducs la distribuaient dans tous les
lieux où elle était nécessaire. Ce système de canaux
avait exigé un travail immense, car les voûtes étant
inconnues aux Américains, au lieu de traverser par
des aqueducs suspendus les vallées qui descendent de
la Cordilière vers la mer, ils avaient dû les contour-
ner. D'autres constructions également importantes et
plus vastes encore avaient pour objet de soutenir au
moyen de .fortes murailles la terre végétale sur les
flancs trop escarpés des montagnes, qui offraient ainsi
du sommet à la base une série de terrasses échelon-

nées. Malgré tous ces soins la partie du sol propre à la culture ne pouvait suffire aux besoins des habitants qu'à condition qu'on ne la laissât jamais reposer, et pour réparer l'épuisement qui eût bientôt suivi cette production non interrompue, il fallait recourir à des engrais qu'on savait varier suivant les lieux et suivant le genre de récolte. Dans le Callao et sur les hauts plateaux en général, on se servait de fumier du bétail du pays, des lamas; c'était seulement pour les plantations de pommes de terre, car quant au maïs on ne le pouvait cultiver dans des régions aussi froides et aussi élevées. Plus bas, dans la Cordilière, ce grain vient au contraire fort bien et le même champ porte deux ou trois fois l'an de belles récoltes, si on l'excite par un engrais assez énergique.

Dans la vallée de Cuzco et dans plusieurs autres cantons on employait la *poudrette* préparée comme elle l'est parmi nous. Dans d'autres provinces situées plus près de la mer, depuis Arequipa jusqu'à Tarapaca on se servait du *guano*, c'est-à-dire de la fiente d'oiseaux de mer qu'on allait chercher principalement dans certaines îles où ces animaux ont coutume de passer la nuit et viennent faire leur nid chaque année. L'exploitation du *guano* était soumise à des règlements qui avaient pour but, les uns d'assurer à chaque cultivateur une part équitable dans cette richesse, les autres d'empêcher qu'on n'en tarît les sources pour l'avenir. Il était défendu sous des peines rigoureuses de tuer ou de pourchasser ces oiseaux à aucune époque de l'année, et dans la saison de la ponte, des sentinelles veillaient jour et nuit pour empêcher qu'on n'abordât aux îles où ils élevaient leurs petits. Les Espagnols ont négligé en partie ces sages mesures, et ils auront peut-être bientôt sujet de s'en repentir.

Dans une grande étendue de la côte il y a une large ceinture sablonneuse qui semble condamnée à une éternelle stérilité, car elle est formée de sable presque pur ; elle ne reçoit jamais de pluie, et l'eau même qu'on y amènerait d'une grande distance par des canaux serait bue aussitôt par le sol et pompée par le soleil. En plusieurs points cependant on y recueillait d'abondantes récoltes de maïs. On avait creusé près du rivage de larges fosses, à peu près comme celles que présentent nos marais salants, et de manière que le fond en fût sensiblement de niveau avec la surface de la mer ; l'eau y pénétrait ainsi par filtration et maintenait le fond à un état d'humidité suffisant pour la végétation. Quant à l'engrais, il était aussi bien que l'irrigation un bienfait de la mer. Tous les ans, à des époques déterminées, des poissons de plusieurs espèces, que les Espagnols ont confondus sous le nom de *Sardines*, viennent en bancs nombreux s'échouer sur ces parages ; les poissons frais ou desséchés formaient une partie importante de la nourriture des habitants ; les têtes seules servaient à fumer les fosses à maïs. D'un seul coup de piquet le laboureur ouvrait un trou dans le sable, et de l'autre main il y laissait tomber une tête de sardine dans laquelle il avait introduit trois ou quatre grains ; c'est en quoi consistait toute l'opération. On avait essayé d'autres engrais pour ces terrains; aucun n'avait aussi bien réussi, aucun n'était moins dispendieux.

Je ne parlerai pas des soins que les Péruviens prenaient du maïs depuis l'instant où il commençait à sortir de terre jusqu'à celui où il avait acquis sa maturité; mais j'ajouterai qu'après qu'ils l'avaient recueilli et égrené il leur restait encore à s'occuper des moyens de le mettre à l'abri des insectes. Ils y parvenaient en l'enfermant dans des espèces de caisses faites en *pisé*, qui garnissaient des deux côtés les murs du magasin. On n'entamait une caisse que lorsque la caisse voisine était épuisée, et alors même, au lieu de déplacer le couvercle, ce qui eût ouvert l'entrée à l'ennemi qu'on voulait écarter, on faisait couler le grain par de petits trous ménagés à diverses hauteurs dans la paroi antérieure de la caisse et munis chacun de son fausset.

J'ai emprunté ces détails à Garcilasso, écrivain né dans le pays six ans avant la mort de Pizarre, et qui, appartenant par sa mère à la race indigène, a eu plus de facilité que les conquérants eux-mêmes pour bien connaître l'état de l'agriculture et des arts en général sous la domination des Incas.

Je trouverais aisément dans les historiens du XVIe et du XVIIe siècle des passages non moins concluants et relatifs à d'autres parties du Nouveau Monde; mais ce que j'ai rapporté suffirait, je pense, pour que je pusse me dispenser de répondre à ceux qui soutiennent que le maïs n'existait point en Amérique avant l'arrivée des Espagnols. Cependant comme cette bizarre opinion a été soutenue encore de nos jours (et par des hommes assez bien informés sur d'autres parties de l'histoire, quoique fort ignorants sur celle-ci), je crois devoir réfuter d'avance une objection qu'ils pourraient élever.

On sait qu'immédiatement après la découverte de l'Amérique, plusieurs des plantes usuelles que l'on cultivait aux Canaries furent portées d'abord à Saint-Domingue, puis dans les différents lieux où s'établirent successivement les Espagnols. Ne se pourrait-il pas, dira-t-on, que le maïs eût été introduit à cette époque et qu'il se fût répandu si rapidement que déjà au temps de Garcilasso et d'Oviédo son origine étrangère fût à peu près oubliée?

Il serait bien étrange, on en conviendra, qu'Oviédo se fût mépris sur ce point, lui qui était arrivé à Saint-Domingue à une époque où il dut trouver encore plusieurs compagnons de Colomb. Il sait fort bien que des végétaux de l'Ancien Monde y ont été introduits; il nous dit jusqu'au nom de celui qui a apporté le bananier à petit fruit, de celui qui a planté la première canne à sucre. On concevra difficilement qu'ayant eu sur ces plantes des renseignements aussi précis, il n'en eût reçu que de tout à fait infidèles relativement au maïs.

Au reste nous avons un témoignage contre lequel on ne peut pas faire d'objection de ce genre, c'est celui de Colomb lui-même.

Treize jours seulement après avoir découvert la première terre américaine, l'île de San-Salvador,

Colomb aborda à Cuba et envoya aussitôt deux de ses gens dans l'intérieur du pays, afin d'en examiner les ressources. Ces hommes à leur retour, le 5 novembre 1492, rapportèrent que les habitants de l'île, plus industrieux que ceux qu'on avait rencontrés jusque-là, cultivaient entre autres plantes alimentaires « une espèce particulière de fève (le haricot) et une sorte de grain auquel ils donnaient le nom de *maïs*, grain qu'ils mangeaient rôti devant le feu, cuit dans l'eau ou réduit en bouillie, ce qui de toutes les manières faisait un mets agréable au goût. »

C'est ainsi que s'exprime Fernand Colomb au chapitre xxvii de l'histoire qu'il a écrite d'après les manuscrits de son père. Dans le chapitre xcxvi il revient sur le même sujet, et cette fois il parle *de visu*, car il est question du troisième voyage dans lequel il accompagnait l'amiral. Parlant des coutumes de certaines peuplades établies sur les côtes de l'Amérique centrale, il dit : « Ces gens ont encore pour aliment du maïz qu'ils recueillent en grande abondance. Ce maïz est un grain qui naît comme le millet autour d'une tige centrale et forme un panicule. Non-seulement ils en mangent, mais ils en font encore une sorte de vin comme la bière qu'on fait en Angleterre. » Ce vin est la liqueur encore fort en usage aujourd'hui dans l'Amérique espagnole où on la désigne généralement sous le nom de *chicha*.

Christophe Colomb, dans ses mémoires originaux dont il nous reste des fragments assez considérables conservés par Las Casas, parle souvent du maïs, mais

presque toujours sous le nom de *panizo* (panic-millet).
C'est d'ailleurs ce qu'il fait pour les autres plantes
américaines, qu'il désigne par le nom des **végétaux**
européens avec lesquels il leur trouve quelque ressemblance, avertissant une fois pour toutes que « les
espèces de l'Ancien Monde et celles du Nouveau ne
sont jamais parfaitement identiques. »

On a fait en Europe précisément ce qu'avait fait
Colomb, c'est-à-dire qu'on a appliqué à la nouvelle
céréale des noms appartenant à d'autres espèces anciennement connues. Dans plusieurs parties de la
France on l'appelle encore *millet,* et c'est même sous
cette rubrique qu'il le faut chercher dans le *Dictionnaire d'histoire naturelle* de Valmont de Bomare; dans
d'autres pays on lui donne un nom qui sert à désigner le sorgho, et c'est en effet avec ce dernier grain
que semblent l'avoir confondu tous ceux qui préten-
dent le trouver en Europe avant le voyage de Colomb.

On a voulu reconnaître le maïs dans une espèce
de grain introduite en Italie vers le commencement
du XIIIe siècle, le *meliga, melica,* ou *melya ;* mais
comme le montre M. Bonafous, on ne trouve dans
les descriptions qu'en ont données les écrivains de
cette époque rien qui ne puisse s'appliquer tout aussi
bien au sorgho. Cette espèce aurait été ainsi apportée
une seconde fois de l'Orient, car elle l'avait été déjà au
temps de Pline, qui la décrit assez clairement sous le
nom de *milium.*

De tout ce qui précède, on peut conclure, ce me

semble, que le maïs était inconnu en Europe avant la découverte de l'Amérique. Était-il cependant connu dans quelques parties de l'Asie? C'est un point qui reste à éclaircir; je n'entreprendrai point de le discuter. J'en laisse le soin aux savants qui ont accès aux sources dans lesquelles il faudra puiser, aux écrits qui contiennent des renseignements sur l'histoire économique de l'Orient.

Le maïs est sujet, dans plusieurs parties de la Nouvelle-Grenade, à une maladie que j'ai le premier fait connaître en Europe par une note lue à l'Académie des sciences le 18 juillet 1829. (*Annales des Sciences naturelles,* t. XIX, p. 279.)

C'est un ergot comparable à celui du seigle pour ses effets sur l'homme et sur les animaux, et non pour sa forme, car, au lieu d'un allongement de tout le grain, c'est seulement le développement d'un petit tubercule qui donne à ce grain la forme d'une poire. Dans cet état, il prend le nom de *maïs peladero,* c'est-à-dire qui cause la pelade. Il fait en effet tomber les cheveux des hommes qui en font usage, accident fort remarqué dans un pays où la calvitie est presque inconnue, même chez les vieillards. Les porcs qui mangent d'abord avec répugnance le *maïs peladero,* mais qui s'y accoutument vite, ne tardent pas à perdre leur poil. Plus tard, on remarque de la difficulté dans leur marche, et leur train de derrière semble s'atrophier. Les mules acceptent sans difficulté ce maïs et s'en trouvent mal; au bout de peu de temps leur poil tombe, bientôt leurs pieds s'engorgent et quelquefois même la corne s'en détache. Chez les poules, l'effet est différent et montre que le *maïs peladero* jouit des mêmes propriétés qui ont fait admettre en médecine l'usage du seigle ergoté : il hâte les pontes, et trop même, puisque les œufs sortent avant d'être revêtus de l'enveloppe calcaire destinée à les protéger.

Nombre de gens dignes de foi m'ont assuré que lorsque le *maïs peladero* a passé les *paramos,* hautes montagnes où règne un froid éternel, il se trouve dépouillé de toute propriété nuisible.

Ce qui me paraît certain, c'est qu'on porte assez souvent ce grain dans les villages de la Cordilière situés sur le versant opposé, et que là il est acheté par des hommes qui n'ignorent pas le danger qu'il y aurait à s'en servir dans le lieu où il a été récolté.

LE BABIROUSSA.

(*Sus Babyrussa*, LINNÉ, Syst. nat.)

Le mot *Babiroussa* que les Hollandais et les Anglais
prononcent comme nous, quoiqu'ils l'écrivent quelquefois différemment (*Babi-roesa* et *Baby-russa*), est un
mot composé appartenant à la langue malaise et qui
signifie *cochon-cerf*. L'animal qu'on désigne sous ce
nom dans les pays qu'il habite, c'est-à-dire dans certaines îles de l'archipel indien, appartient en effet à
la famille des cochons, et les naturalistes s'accordent
à le placer dans le genre des cochons proprement
dits, où il forme une espèce parfaitement tranchée.
En le désignant sous le nom de cochon-cerf, pour
le distinguer de l'espèce qui se trouve à l'état domestique dans leur pays, les Malais ont certainement fait
allusion à ses défenses qui, à raison de leur grandeur
et de leur position, ont été assimilées à des cornes ;
mais les naturalistes européens, entendant différemment le mot, ont cru qu'il se rapportait aux proportions de l'animal ; et, dans presque toutes les figures,
ils lui ont donné un port élancé qu'il n'a point. Ce

défaut se retrouve même, jusqu'à un certain point, dans l'atlas du voyage de l'*Astrolabe,* quoique les naturalistes de l'expédition, MM. Quoy et Gaimard, qui ramenèrent en France deux de ces animaux vivants, eussent pris soin de signaler l'erreur dans laquelle leurs devanciers étaient tombés à cet égard.

Quoique habitant un pays très-éloigné du nôtre, cet animal paraît avoir été connu fort anciennement en Europe. Aristote, à la vérité, n'en parle point encore, et ce que dit Élien des cochons cornus d'Éthiopie pourrait bien, comme l'ont déjà remarqué plusieurs zoologistes, être relatif à des espèces africaines ; mais le passage suivant de Pline est plus explicite et ne peut guère se rapporter qu'au babiroussa : « Dans l'Inde, dit ce célèbre écrivain (liv. VIII, ch. LII), se trouvent des sangliers dont le boutoir est armé de deux dents recourbées, longues chacune d'un empan, et qui en portent deux autres au front, comme les cornes d'un jeune taureau. »

Les cochons cornus d'Éthiopie sont mentionnés par Élien dans deux passages différents de son étrange et curieux ouvrage. D'abord, au chapitre XXVII du Ve livre, on lit : « Agatharchides nous apprend qu'en Éthiopie les cochons ont des cornes; » et plus loin, au chapitre X du livre XVII : « Dinon rapporte qu'en Éthiopie il y a des oiseaux unicornes, des cochons à quatre cornes et des moutons qui, au lieu de laine, portent un poil semblable à celui du chameau. »

MM. Quoy et Gaimard, en rappelant ce dernier passage, disent qu'il leur paraît devoir être appliqué au sanglier d'Éthiopie ou phacochœre, plutôt qu'au babiroussa, qu'on n'a point encore trouvé en Afrique. Cette détermination, fondée sur l'*habitat* connu des deux espèces, serait valable si le mot d'Éthiopie, employé par Élien, désignait bien certainement l'Afrique; mais dans les auteurs anciens le mot n'a pas une signification aussi précise que le supposent les deux habiles naturalistes que je viens de nommer. Ce n'est pas à l'Afrique seulement qu'on l'a appliqué, mais encore à tous les pays dont les habitants sont noirs ou très-basanés, et dans plusieurs passages que je pourrais citer il désigne évidemment certaines contrées de l'Inde tropicale. Or, il est certain qu'Élien a eu sur les animaux de cette partie de l'Asie des renseignements assez nombreux, et ce serait dans son livre, bien plutôt que dans celui du naturaliste romain, qu'on aurait dû s'attendre à trouver quelques renseignements sur le babiroussa.

Malheureusement nous ne savons pas quel était le sujet du livre de Dinon, et quoique ce qu'il dit puisse très-bien s'appliquer à l'Afrique, pays où les moutons ont en général du poil au lieu de laine, et où il existe plusieurs espèces d'oiseaux unicornes (des calaos), ces indications pourraient aussi convenir à d'autres pays. En effet, d'une part, le genre calao n'est pas, à beaucoup près, un genre exclusivement africain, et on lui connaît plusieurs représentants dans les archipels de l'Océan indien où vit le babiroussa; de l'autre, la nature particulière du pelage des moutons est un phénomène qui ne tient pas au sol de l'Afrique, mais à l'ardeur du climat, et il n'y a point de raison pour croire qu'il n'ait pu·se produire dans certaines parties de l'Inde tropicale, comme il s'est manifesté dans les régions les plus chaudes de l'Amérique, où je l'ai moi-même observé. (Voir plus haut, page 72.)

Nous ne savons donc pas au juste quelle était la patrie du sanglier cornu de Dinon, et nous sommes dans la même incertitude pour celui d'Agatarchides, même en supposant que cet écrivain soit l'auteur d'un *Traité de la mer Rouge,* dont il nous reste quelques fragments, puisque cette mer, plutôt asiatique qu'africaine, était la voie principale par laquelle arrivaient en Europe les faibles notions qu'on recevait relativement au littoral et aux îles de l'Océan indien.

Entre Élien et le premier auteur qu'on cite après lui comme ayant parlé de l'animal qui nous occupe, Cosmas Indicopleustes, il y a un intervalle de trois siècles. Cosmas a-t-il, en effet, parlé du babiroussa? C'est ce qu'a supposé un premier traducteur, homme étranger aux sciences naturelles, et ce qu'ont répété un peu légèrement, comme nous le montrerons bientôt, tous les zoologistes. Voici comment s'exprime, à ce sujet, M. Fréd. Cuvier, dans un article d'ailleurs excellent et qui contient des observations très-curieuses sur les habitudes de l'animal en captivité :

« Cosmas, le solitaire qui, comme on sait, avait voyagé dans l'Inde au IVe siècle, donna, dans sa *Topographie chrétienne,* une très-passable figure du babiroussa, sous le nom de cochon-cerf, en ajoutant qu'il avait vu cet animal et en avait mangé. » (*Réc. des Voy.*, par Thévenot.)

Qu'il nous soit permis d'abord de reprendre dans cette phrase un défaut de rédaction qui pourrait faire supposer, certainement contre l'opinion de l'auteur, que la figure jointe à l'extrait que Thévenot a donné de l'ouvrage de Cosmas est la reproduction d'une figure trouvée dans le manuscrit original ou dans quelque très-ancienne copie. La vignette, il convient de le faire remarquer aux personnes qui n'ont pas le loisir de remonter aux sources, a été ajoutée par l'éditeur, et nous dirons bientôt où il l'avait prise. Cette remarque n'est pas sans importance; car on conçoit bien que si l'image était contemporaine du texte, il ne serait pas permis de douter que l'animal indiqué par l'ancien voyageur ne fût en effet le babiroussa; tandis que, la figure étant démontrée moderne, s'il n'en existait pas d'autres antérieures à l'établissement des Européens dans les Moluques, la question d'identité reposerait tout entière sur la discussion de la phrase de Cosmas. Or, cette phrase, isolée de ce qui la précède et de ce qui la suit, semblerait se rapporter à un animal très-différent des cochons. Voici, en effet, le passage original :

Τὸν δὲ χαιρέλαφον καὶ εἶδον καὶ ἔφαγον.

« Quant au chœrélaphos, j'en ai vu et j'en ai mangé. »

Le mot χαιρέλαφος est formé de la réunion de deux mots ayant la même signification que ceux dont se compose le mot *babiroussa* et placés dans le même ordre ; cependant a-t-il la même signification ? C'est ce qui, au premier abord, paraît au moins fort douteux. En effet, la langue malaise et la langue grecque suivent, dans la formation des mots composés, des règles différentes : dans la première, le mot placé le second est toujours le déterminatif (*babi-roussa*, cochon-cerf, *orang-outan*, homme sauvage, *cambing-outan*, bouc sauvage, *orang-laut*, homme de la mer. Crawfurd) ; dans l'autre, c'est tout le contraire (χαιροπίθηκος, singe-cochon, ἱππέλαφος, cerf-cheval. Arist.). Si donc nous trouvions dans Aristote le mot χαιρέλαφος, nous chercherions l'animal auquel il faudrait l'appliquer, non parmi les pachydermes, mais parmi les ruminants à cornes caduques. Le nom de *cerf-cochon* (car c'est ainsi que le mot grec devrait être rendu, si on le trouvait dans un ouvrage des bons temps) est appliqué aujourd'hui par les naturalistes à désigner une espèce particulière de cerf ; mais dans l'usage vulgaire, ce nom qui fait allusion à la taille, à l'allure pesante et à la facilité avec laquelle s'engraissent les individus qu'on garde dans une sorte de demi-domesticité, sert à désigner plusieurs espèces appartenant à des groupes différents, et qui seulement ont à peu près les mêmes proportions, la même disposition à l'obésité. Rien n'empêcherait de croire que cette désignation remontât à une époque fort reculée, et cette supposition n'a rien d'inconciliable avec la phrase de Cosmas, puisque la chair des cerfs-cochons est un mets assez commun,

Il faut remarquer cependant que Cosmas n'écrit pas
le grec comme l'écrivait Aristote ; c'est un homme qui
a vécu longtemps en pays étranger, et les voyageurs
sont, comme on sait, sujets à confondre les syntaxes.
Christophe Colomb, par exemple, dans des lettres
écrites en italien, emploie à chaque instant des tour-
nures de phrase purement espagnoles, et quand il fait
usage d'un mot commun aux deux langues, c'est
souvent l'acception espagnole qu'il lui donne. Il se
pourrait donc fort bien que Cosmas eût péché de la
même façon que le navigateur génois, et qu'en forgeant ce mot χοιρέλαφος il eût cru rendre le sens de
cochon-cerf. Cela se pourrait, dis-je, mais cela n'est
pas prouvé, et il n'y a, comme on a pu le remarquer
dans la phrase où le mot se trouve employé, rien qui
vienne à l'appui de cette conjecture. A la vérité, si au
lieu de considérer la phrase isolément on la considère
dans ses rapports avec ce qui la précède et ce qui
la suit, on voit quelque raison de croire que c'est,
en effet, un cochon et non un cerf que l'auteur a
voulu désigner.

Les animaux mentionnés par Cosmas sont, dans
l'ordre suivant : 1º le rhinocéros ; 2º un ruminant de
genre douteux, qu'il désigne sous le nom de ταυρέλα-
φος ; 3º la girafe ; 4º le bœuf sauvage (bœuf à queue de
cheval, yack des naturalistes) ; 5º le musc ; 6º le monocéros ou licorne ; 7º le χοιρέλαφος, et 8º l'hippopotame. Cosmas dit, et cela fait honneur à sa véracité,
qu'il n'a pas vu la licorne ; il n'a connu que par des figures l'animal qu'il désigne sous ce nom, et qui n'est

pas pour lui, comme il l'est pour plusieurs auteurs du moyen âge, le rhinocéros, puisque, d'après ce que nous venons de voir, il fait de ce dernier une mention à part. Cosmas a placé son χοιρέλαφος entre l'hippopotame et la licorne; or, à l'époque où il écrivait, quoique le narval fût encore inconnu des peuples riverains de la Méditerranée, les défenses de ce cétacé ne l'étaient pas entièrement, et elles étaient déjà venues compliquer l'histoire des monocéros. Il y avait donc une licorne qui fournissait de l'ivoire; l'hippopotame en fournit également; n'était-ce pas là déjà un motif pour croire que les armes qui avaient valu son nom au χοιρέλαφος étaient aussi de substance éburnée?

Pour que cette conjecture eût quelque poids, il fallait que, dans l'ouvrage de Cosmas, les trois animaux se trouvassent mentionnés à la suite les uns des autres, comme ils le sont dans le fragment donné par Thévenot. La vérification était facile, puisque Montfaucon a publié (*Collectio nova Patrum*, t. II) une traduction complète de la Topographie chrétienne. J'eus donc recours à cette collection, et je reconnus d'abord que Thévenot n'a rien omis, et qu'il a reproduit complétement le dixième livre du traité de Cosmas; mais je trouvai plus que je ne cherchais. En effet, le savant bénédictin a joint à sa traduction des figures qui accompagnaient un manuscrit du ixe siècle, et qui, selon lui, sont la copie des figures appartenant à un manuscrit beaucoup plus ancien, peut-être même au manuscrit autographe du voyageur. Dans une des planches sont représentés tous les ani-

maux mentionnés dans le livre X, le χοιρέλαφος, aussi
bien que le μονοκέρος, tous les deux avec leur nom bien
lisiblement écrit. Le dernier est de tout point semblable à la licorne qui sert de support aux armes
d'Angleterre, ayant comme elle de la barbe au menton et portant au front une corne droite tournée en
spirale, une véritable défense de narval. Ma conjecture était donc fondée; mais je n'en étais déjà plus
réduit aux conjectures, puisque j'avais la figure du
χοιρέλαφος. L'animal est certainement un cochon, mais
ce n'est point un babiroussa, car s'il a de longues
défenses qui lui sortent de la bouche, il n'en a point
qui naissent du chanfrein, en perçant la peau du museau; or c'est là un caractère trop saillant pour que
Cosmas n'eût pas souhaité qu'on l'exprimât, et pour
que son dessinateur, quelqué maladroit qu'il pût
être, fût embarrassé pour le rendre. Ce signe et
l'existence d'une crinière bien marquée sur le dos
portent donc à considérer le χοιρέλαφος comme un de
ces sangliers à grandes défenses d'Afrique. Personne
n'ignore que Cosmas avait voyagé dans l'Éthiopie
aussi bien que dans l'Inde, et il ne dit point auquel
des deux pays appartient l'animal.

Le manuscrit dont Thévenot a fait usage, et qui est
différent de celui de Montfaucon, contenait aussi certainement, quoiqu'il n'en dise rien, la figure des animaux décrits par Cosmas, et ces figures dans les deux
manuscrits devaient être les mêmes, ce qui leur donne
un nouveau degré d'authenticité. En effet, dans la vignette de Thévenot, nous voyons, à côté du babiroussa,

le musc, dont la figure est tout à fait conforme pour les proportions et la pose à celle de la planche de Montfaucon ; c'est évidemment une copie qu'on a cherché à améliorer par l'addition de deux caractères en effet importants, la saillie des canines et la protubérance du sac qui renferme la matière odorante.

Pour terminer cette discussion, qu'il n'a pas dépendu de moi d'abréger, je ferai remarquer que, lors même qu'on contesterait la date assignée par Montfaucon au manuscrit dont il s'est servi, cela ne changerait rien à la question, puisque cette date serait toujours fort antérieure à celle où l'Europe a commencé à recevoir d'une manière suivie des informations sur les productions de l'Inde, c'est-à-dire à l'époque où se sont établies les relations par mer entre les deux pays.

Les îles qu'habite le *babiroussa* furent visitées par les vaisseaux européens dès le premier quart du xvie siècle ; mais leurs animaux furent peu remarqués, et il semblait que de toutes les productions de ce pays les épices étaient les seules qui fussent dignes d'attirer l'attention. Cependant Antonio Galvan qui avait été gouverneur des Moluques, et que le roi de Portugal, malgré les éminents services qu'il en avait reçus, laissa mourir à l'hôpital, mentionne, à deux reprises différentes, le babiroussa dans un petit ouvrage qu'il nous a laissé[1], et il est à croire qu'il en parlait plus longuement dans une histoire des Moluques, qu'il

---

1. Un précis des découvertes géographiques, qui ne fut publié qu'après sa mort, survenue en 1557, et que Hackluit, en 1601, traduisit en anglais.

avait écrite et qu'on a laissé perdre. Des deux indications contenues dans le précis, la première est faite à
l'occasion du naufrage de F. Serrano, arrivé en 1512,
et par suite duquel cinq ou six Portugais, les premiers qui soient arrivés aux Moluques, furent jetés à
Mindanao; la seconde se rapporte à l'époque de l'ad-
ministration de Galvan. Dans une des missions entre-
prises par ses ordres, soit pour un but politique, soit
pour la propagation de la foi, ses envoyés visitèrent
plusieurs des îles où se trouve le babiroussa; c'est sur
leur témoignage et sur celui de quelques Espagnols
que repose ce qu'il nous apprend de l'animal, n'ayant
jamais eu lui-même l'occasion de l'observer. Il signale les quatre défenses longues chacune d'un empan
et demi, et dont deux, au lieu de sortir de la bouche,
naissent du chanfrein; la position de la seconde paire
est mal indiquée dans la version anglaise, mais peut-
être est-ce la faute du traducteur, c'est une vérification à faire et que je recommande à ceux qui
pourront consulter le texte original.

Lorsque les Moluques, qui avaient passé de la domination des Portugais à celle des Espagnols, furent
devenues, vers la fin du xvie siècle, la conquête des
Hollandais, leurs productions les plus curieuses ne
tardèrent pas à affluer dans les collections publiques
et privées des Pays-Bas, venant ainsi, en quelque
sorte, s'offrir à l'observation des hommes studieux
qu'attirait de toutes parts la réputation déjà très-
grande des nouvelles universités. Le Danois Thomas
Bartholin, qui, moins que tout autre, paraissait avoir

besoin d'aller chercher au loin l'instruction quand il trouvait dans sa propre famille une si grande réunion de lumières, Thomas Bartholin, dis-je, fut un de ces étrangers, et c'est à lui que nous devons les premières notions un peu exactes sur les formes de l'animal qui nous occupe.

Dans la seconde centurie de ses *Hist. anat. rar.*, publiées à la Haye en 1654, il donne l'histoire de deux cochons étrangers, l'un de l'Inde et l'autre de l'Amérique. « Le premier, dit-il, est originaire de Boero, petite île située à 30 lieues d'Amboine. Les indigènes l'y désignent sous le nom de *babiroussa*. Sa tête, semblable pour la forme à celle du porc ordinaire, s'en distingue par quatre défenses longues et recourbées comme des cornes de bélier : deux sont portées par la mâchoire inférieure ; les deux autres naissent de la mâchoire supérieure et apparaissent au dehors, en se faisant jour à travers la peau du chanfrein ; les molaires ressemblent à celles de notre cochon. La taille de l'animal est celle d'un chien couchant. Le poil ressemble plus au poil de nos chiens de chasse qu'à des soies de porc ; sa couleur est d'un gris doré. Les pieds sont comme ceux de la chèvre. Je ne crois pas que l'animal ait été décrit jusqu'à présent. J'en ai vu un crâne dans le musée royal de Copenhague, et la figure que j'en donne ici montre les singulières apophyses qui servent d'alvéoles aux défenses de la mâchoire supérieure. La figure de l'animal entier est gravée d'après une peinture exécutée à Batavia, en 1650. »

Cette figure de l'animal entier est assez médiocre ;
elle est surtout défectueuse pour les pieds , dont les
doigts semblent garnis d'ongles plutôt que de sabots.
C'est sans doute la faute du graveur, puisque, dans le
texte, Bartholin, comme on l'a vu, compare ces pieds
à ceux d'un ruminant. La figure de la tête osseuse,
quoique grossièrement exécutée, rend bien les formes
générales, la disposition des défenses et la direction
de l'alvéole pour celles de la mâchoire supérieure. On
reconnaît bien aussi cinq molaires à chaque mâchoire,
et les trois incisives de la mâchoire inférieure ; quant
à celles de la mâchoire supérieure, elles ne se distinguent point, la figure étant tout à fait confuse en ce
point. Bartholin, d'ailleurs, paraît ne pas avoir observé,
du moins il ne le mentionne point, la différence qui
existe dans le nombre des incisives aux deux mâchoires.

Cette omission ne peut pas être reprochée à un auteur qui , quatre ans plus tard , et de même en Hollande, fit paraître un livre où se trouve une notice sur
le babiroussa, notice également accompagnée d'une
figure de l'animal entier et d'une représentation de la
tête décharnée. Cet auteur est Pison, qui, ayant donné
en 1658 une seconde édition de ses œuvres et de celles
de Marcgraff, déjà publiées en 1648 par Laët, y joignit
quelques écrits encore inédits de Bontius, médecin
hollandais, mort à Batavia en 1531. Le chapitre sur
le babiroussa est une addition de l'éditeur. Il dit que
personne avant lui n'a fait connaître cet animal, et
pourtant il copie l'article de Bartholin, auquel il
n'ajoute rien d'important. Il signale, il est vrai,

comme je le disais, une différence dans le nombre
des incisives, en haut et en bas; mais, au lieu de
quatre, il n'en donne que deux (une de chaque côté)
à la mâchoire supérieure. Quant aux molaires, il dit
qu'elles sont « au nombre de douze environ, » étrange
manière de s'exprimer, et qui tient sans doute à ce
que, dans la tête qu'il a fait figurer, tête qui faisait
partie de la collection d'un pharmacien d'Amsterdam,
il se sera trouvé six molaires en haut et cinq seulement en bas; il aura cru qu'il manquait une molaire
à la mâchoire inférieure, tandis que c'est là réellement
le nombre complet; la sixième molaire supérieure
même manque habituellement, et c'est pour cela
qu'on n'en voit que cinq à chaque mâchoire, dans la
figure de la tête osseuse donnée par le savant danois.
Dans Pison, la figure de l'animal entier est exécutée
avec plus de soin que dans Bartholin; mais elle est
plus défectueuse à tous égards, sauf pour la forme
des pieds. Outre la gravure en bois qui est intercalée
dans le texte, il y a dans le frontispice une figure du
babiroussa, où l'animal est représenté couché. C'est
cette figure que Thévenot a reproduite en tête de son
extrait de Cosmas; seulement le graveur, pour s'épar-
gner de la peine, l'a copiée sur le cuivre telle qu'il la
voyait sur l'estampe, ce qui fait que dans l'épreuve
elle est tournée en sens opposé. La figure du musc
qu'il donne dans la même vignette, et qui est faite,
comme je l'ai dit, d'après celle des manuscrits de
Cosmas, se trouve également retournée.

Des différents écrivains que nous avons cités jus-

qu'ici, aucun, comme on l'a pu remarquer, ne parle
de visu, et il faut arriver jusqu'au second quart du
xviiie siècle avant de trouver un auteur qui nous
donne, relativement au babiroussa, les résultats de
ses propres observations et de renseignements recueillis sur les lieux. Cet auteur est Valentyn, qui, en
1724-26, publia un ouvrage ayant pour titre : « *Les
Indes orientales anciennes et modernes, comprenant un
traité détaillé de la puissance néerlandaise dans ce
pays.* » (5 tomes en 8 volumes in-folio). Cet immense
ouvrage, qui eût contribué puissamment aux progrès
de l'histoire naturelle, s'il eût été écrit en toute autre
langue qu'en hollandais, renferme une histoire du
babiroussa, qu'ont copiée successivement, en la tron-
quant plus ou moins, tous les naturalistes jusqu'à
l'époque de l'expédition de l'*Astrolabe,* expédition
qui procura à notre ménagerie deux de ces animaux
vivants.

« On trouve dans l'île de Boero, dit notre auteur,
un quadrupède que je n'ai vu nulle part ailleurs, et
que je n'ai trouvé mentionné par aucun écrivain. On
le nomme en malais *babi-roesa,* c'est-à-dire cochon-
cerf, comme si c'était un mélange des deux animaux.
Son port est à très-peu près celui de notre sanglier, si
ce n'est que le mâle offre une particularité qui n'existe
point chez le sanglier commun ; en effet, outre les
deux défenses qu'il possède comme ce dernier à la mâchoire inférieure, le babi-roesa en porte à la mâchoire
supérieure deux autres, placées juste au-dessus des
premières, et qui, se recourbant en arrière jusqu'à

former un demi-cercle, lui donnent un aspect étrange. Souvent ces défenses se recourbent à tel point qu'elles viennent s'implanter dans l'os frontal. La partie inférieure des mâchoires est garnie d'incisives, au nombre de quatre en haut et de six en bas, dont les plus extrêmes sont dirigées en avant. En arrière des incisives supérieures, à la place qu'occupent ordinairement les canines, sont les deux défenses singulières dont nous avons parlé; puis de chaque côté six mâchelières, dont les postérieures sont trilobées. Dans la femelle, les défenses ne font pas saillie au dehors.

« Le babi-roesa a une peau fine et peu résistante; le poil est court, ras et assez souple; le dos est dépourvu des longues soies qu'il nous présente chez le sanglier. La couleur de la robe est un gris cendré, légèrement roussâtre en quelques places et mêlé d'un peu de noir. La tête est plus effilée que celle du cochon; les oreilles sont assez courtes; les yeux petits. La queue, plus allongée que celle du sanglier, est terminée par un petit bouquet de poils. Chaque pied est garni de quatre sabots, deux grands et deux petits. Le train de devant est sensiblement plus bas que celui de derrière, et c'est peut-être à cela que tient l'allure pesante et saccadée que j'ai observée chez l'animal.

« La chasse du babi-roesa donne peu de peine, et l'animal une fois atteint par les chiens est bientôt rendu; car sa peau mince et mal protégée par un poil court et rare n'offre à leurs dents aucune résistance. Il est vrai que ses défenses inférieures seraient des armes assez redoutables; mais les supérieures, à raison de leur courbure, sont à peu près inutiles, et nuisent à l'effet des autres. Les chiens donc sont rarement blessés à cette chasse, pour laquelle ils montrent beaucoup d'ardeur. Une fois sur la piste de la bête, on dit qu'ils ne la quittent jamais, et qu'il est même très-rare de leur voir prendre le change.

« Le babi-roesa a l'odorat très-fin ; et, pour éventer son ennemi, il a coutume de se dresser sur ses pieds de derrière, en s'appuyant contre le tronc d'un arbre. C'est dans cette posture qu'il dort la nuit, afin de pouvoir sentir de plus loin, et c'est ainsi que le trouvent souvent les chasseurs. Il a aussi l'habitude d'accrocher ses défenses à quelque branche d'arbre ou à quelque liane, afin de dormir, ainsi suspendu, avec plus de commodité.

« La chair de cet animal est très-savoureuse ; elle rappelle, par le goût, la chair du cerf plutôt que celle du porc ; mais elle l'emporte en finesse sur l'une et sur l'autre ; elle n'a pour ainsi dire point de lard. La nourriture du babi-roesa n'est pas la même que celle du sanglier, qui se trouve aussi dans ces pays ; et tandis que le dernier est très-friand de canaris (sorte d'amandes de l'Inde), l'autre ne vit que d'herbes, de feuilles de Waringin, et d'autres feuilles d'arbres sauvages ; aussi ne lui arrive-t-il point, comme au premier, de faire invasion dans les jardins, de forcer les clôtures et de bouleverser les plantations ; il ne commet même, on peut le dire, aucune sorte de dommages.

« Les babi-roesas sont très-abondants dans l'île de Boero, et les soldats qui vont leur faire la chasse sont

presque certains d'en trouver dans la baie de Cajeli.
On les retrouve encore aux îles de Xoeslache, surtout
à Xoela-Mongoli, ainsi qu'à Bangay, sur la côte occidentale de Célèbes, et également à Manado. L'île de
Boero a aussi, comme je l'ai dit, de vrais sangliers, et
ces animaux, que les Maures n'inquiètent point, parce
qu'ils ne mangent d'aucune espèce de cochons, y sont
devenus très-nombreux; mais jamais on ne voit en leur
compagnie de babi-roesas, les deux espèces marchant
toujours séparément.

« Quand les babi-roesas sont poursuivis par les
chiens, et qu'ils commencent à se sentir fatigués, ils
tàchent de gagner le bord de la mer; s'ils y parvien-
nent, ils se jettent aussitôt à l'eau, et y plongent
comme des canards. Par ce moyen, ils échappent
souvent à leurs ennemis. Ils peuvent nager très-
longtemps, et passent ainsi quelquefois d'une île
à l'autre.

« On a essayé de nourrir les babi-roesas qu'on
avait pris par hasard vivants, en leur donnant du riz
et des feuilles de patates, mais on est rarement parvenu à les conserver. J'en ai vu un cependant, chez
M. Padbrugge, qui avait été nourri de cette manière.
Il y en avait un autre à Amboine, dans la maison
d'un amateur qui le gardait depuis longtemps. Cet
animal avait appris à reconnaître le nom qu'on lui
donnait, et venait quand les enfants l'appelaient; il
se plaisait à se faire gratter le dos par eux, et permettait même, dans ses moments de satisfaction,
qu'ils lui montassent sur le corps. Ce babi-roesa man-

geait des canaris, du riz et du paddy, et était très-friand de poisson. Il avait dans sa robe plus de roux et de noirâtre que n'en ont d'ordinaire ces animaux ; il avait aussi le poil plus crépu, et l'on ne remarquait point en lui cette finesse d'odorat qui est si développée chez les individus sauvages.

« Les babi-roesas font rarement entendre leur voix, qui a, du reste, quelque rapport avec le grognement du cochon. »

Le passage de Valentyn sur le babiroussa conservant encore aujourd'hui de l'importance, j'ai cru devoir le reproduire presque textuellement, et c'est, à plus forte raison, ce me semble, le parti qu'auraient dû prendre les naturalistes du xviiie siècle[1]. Cependant ils ne nous en ont donné que des lambeaux auxquels plusieurs ont eu le tort de rattacher des faits pris ailleurs, et sans s'être bien assurés qu'ils ne se rapportaient pas à une espèce toute différente de cochons. Les sources où ils ont puisé sont même quelquefois

---

1. Deux phrases seulement ont été omises, parce qu'elles suspendaient le sens ; l'une se rapporte à la figure qui accompagne le texte et que l'auteur dit avoir été faite d'après nature ; l'autre parle des têtes osseuses qu'on envoyait en Hollande comme objets de curiosité, et qui, dit Valentyn, étaient devenues assez communes dans les cabinets. Toutes n'allaient pas directement en Europe, et, dans les différentes colonies hollandaises, les amateurs en achetaient des matelots qui avaient touché aux Moluques. De là vient qu'on en recevait quelquefois par des navires partis des ports de l'Inde continentale, ainsi que nous l'apprend Seba, qui semble conclure de ce fait que l'animal habite la terre ferme aussi bien que les îles. Seba dit avoir vu plus de cinquante de ces têtes.

des plus suspectes : ainsi Buffon, pour reculer les limites de l'*habitat* de notre animal, s'appuie sur un passage du *Voyage de Robert Lade* (t. XII, p. 383). Or, cette prétendue relation de voyage, celle de F. Correal, et deux ou trois autres qu'on trouve citées comme des autorités respectables par Buffon, par Montesquieu, par Rousseau, et par divers philosophes et moralistes de la même époque, sont de misérables impostures, des ramas de faits pris çà et là, généralement mal compris, et liés par des événements de pure invention.

Je ne dois pas laisser l'ouvrage de Valentyn sans faire remarquer, en terminant, qu'il n'y a pour ainsi rien à reprendre dans tout ce qu'il dit de l'animal. Il indique très-bien (ce qui est rare chez les écrivains de cette époque, même chez les naturalistes de profession) le nombre et la disposition des dents. On désirerait, à la vérité, un peu plus de précision dans ce qu'il dit des défenses supérieures ; mais la figure de l'animal entier et celle de la tête osseuse qui se trouvent en regard de la description, quoique mauvaises l'une et l'autre, suppléant au silence du texte, montrent la direction des alvéoles d'où naissent ces longues canines, et la sortie de celles-ci à travers la peau du chanfrein. Il indique exactement le nombre normal des mâchelières supérieures, mais il ne parle point du nombre des inférieures, et c'est la principale omission qu'on ait à lui reprocher.

Ce qu'il dit des habitudes de l'animal est à peu près tout ce que nous en savons jusqu'à ce jour. Le seul renseignement suspect est celui qui se rapporte à la coutume qu'aurait l'animal d'accrocher ses défenses à une branche pour dormir debout. On peut croire que Valentyn, dans ce cas, a mal compris les récits des chasseurs qui auront dit, non pas que l'animal prenait pour dormir une position verticale, mais seulement qu'il dormait debout sur ses quatre jambes, comme font volontiers les grandes espèces dans cette famille des pachydermes. C'est ainsi que l'a entendu Buffon, lequel rapproche le fait de ce qu'il a observé chez un vieil éléphant qui, afin de n'être pas incommodé par le poids de ses défenses, les introduisait, lorsqu'il voulait dormir, dans deux trous qu'il avait pratiqués à cet effet dans la muraille. Ainsi interprété, le fait me paraît encore peu vraisemblable ; mais il est tout à fait absurde de la manière dont l'ont compris quelques écrivains, qui supposent que dans son sommeil le babiroussa est complétement suspendu et sans que ses pieds de derrière touchent à la terre.

Le même conte au reste, pour le remarquer en passant, a été fait pour plusieurs animaux. On le trouve par exemple dans quelques écrits du moyen âge et dans les encyclopédies chinoises, relativement à un ruminant à cornes recourbées en crochet comme celle du chamois.

Un ruminant sans cornes, un chevrotain, est aussi, dans quelques parties de l'Archipel indien, l'objet d'une histoire à peu près semblable. Suivant les habitants du pays, le *kanchil,* quand il est poursuivi par

les chiens, ne cherche d'abord qu'à gagner du terrain ;
mais, comme il ne soutiendrait pas comme eux une
longue course, lorsqu'il est hors de vue, il se détache
de la terre par un bond, et, s'accrochant à quelque
branche à l'aide des longues canines qu'il porte à la
mâchoire supérieure, il reste suspendu à environ trois
mètres de hauteur, de sorte que ses ennemis, emportés
par l'ardeur de la chasse, passent au-dessous de lui
sans l'apercevoir.

Pour en revenir au babiroussa, je répète que, pour
tout ce qui concerne les habitudes de l'animal, l'ouvrage hollandais est encore aujourd'hui à peu près
l'unique source où l'on ait à puiser, et que pour les
formes, sauf en ce qui concerne celles de la tête osseuse, les naturalistes, pendant près d'un siècle, n'ont
rien ajouté d'important à ce qu'avait dit Valentyn. Je
puis donc me dispenser de parler ici de leurs descriptions, et passer directement à celle que nous ont
donnée les naturalistes de l'*Astrolabe*, MM. Quoy et
Gaimard.

Ce fut à la générosité de M. Merkus, alors gouverneur des Moluques, que l'expédition dut le don de
deux beaux babiroussas vivants, mâle et femelle,
qu'on conservait depuis quelque temps au comptoir
de Manado, sur l'île de Célèbes. M. Merkus ajouta
à ce présent celui d'une femelle sauvage qu'on venait de prendre. Elle ne put être conservée et l'on
dut la tuer ; mais on eut par là l'occasion de s'assurer que la chair du babiroussa est en effet fort bonne
à manger.

L'expédition reçut en outre de M. le capitaine Lang, directeur de l'artillerie à Amboine, un jeune mâle qui mourut peu de temps après être arrivé à bord. Cet individu était fort apprivoisé, et on l'a vu, presque mourant, venir caresser son maître, en agitant les oreilles et la queue. Dans leur jeune âge, ces animaux se distinguent à peine du cochon ordinaire, et celui-ci avait été donné comme tel à M. Lang, qui ne le reconnut pour un babiroussa que lorsque ses défenses commencèrent à pousser.

A l'état adulte, les babiroussas sont des animaux trapus, à formes arrondies. Leur tête est petite ; le museau est très-pointu et plus allongé dans la femelle que dans le mâle ; le boutoir assez peu évasé ; les narines terminales, larges et arrondies ; la mâchoire inférieure, à cause du développement du boutoir, paraît moins avancée que la supérieure. L'œil est petit ; son grand angle se prolonge en forme de larmier. L'iris est rougeâtre ; la pupille est grande, arrondie ; cependant elle a été trouvée un peu oblique sur un des individus observés. Les oreilles sont écartées, petites, pointues, droites et dirigées en arrière. Les dents canines supérieures percent, comme il a été dit, la peau du museau, et se recourbent au point de s'enfoncer quelquefois dans les chairs du front. Les inférieures remontent verticalement en soulevant un peu la lèvre supérieure.

Les jambes, comprimées latéralement, sont proportionnellement courtes et peu fortes ; les pieds sont un peu déjetés en dehors ; les ongles sont petits, arrondis, bien séparés ; ceux des doigts postérieurs ne portent point habituellement à terre. La queue grêle, nue et munie d'un petit bouquet de poils terminal, ne se tortille point comme chez les cochons. La peau rude, épaisse, forme des plis dans plusieurs parties du corps, notamment entre les oreilles et sur les joues. Dans le mâle, le front est couvert de petits tubercules rapprochés. La tête est brune en dessus. Les oreilles sont couvertes, à leur base et dans tout l'intérieur de la conque, de petits poils fins. Le corps, d'un brun sale, est parsemé de poils assez rares, très-courts, sortant de petits tubercules qui contribuent à donner de la rudesse à la peau. Le dessus du cou et du ventre est, ainsi que la face intérieure des membres, d'une couleur rougeâtre assez marquée. Une bande dorsale blonde, large d'un pouce à son origine, commence au-dessous du cou et va se terminer près de la queue : elle est plus fournie de poils que les autres parties du corps et moins marquée chez la femelle que chez le mâle. Les canines de la femelle sont très-courtes et ne font seulement que percer la peau. Il ne paraît pas que les progrès de l'âge amènent à cet égard aucun changement.

Les babiroussas amenés par l'*Astrolabe* furent nourris, pendant la traversée, de pommes de terre, et de farine délayée dans de l'eau ; mais si ces aliments étaient ceux qu'ils préféraient, ils mangeaient cependant à peu près de tout, comme les cochons ordinaires, même de la viande, dont ils rongeaient les os, en les tenant entre leurs pattes, presque à la manière des chiens. Pour se défendre ou pour attaquer, ils soulevaient brusquement et très-souvent le museau, comme disposés à se servir des défenses que la nature leur a données.

Malgré tout leur zèle, MM. Quoy et Gaimard ne trouvaient pas à bord d'un navire, pour observer les mœurs des babiroussas, les mêmes facilités qu'eut plus tard M. F. Cuvier, quand les animaux eurent été déposés à la ménagerie du Muséum : aussi est-ce du livre de ce consciencieux naturaliste que nous allons extraire ce qui nous reste à ajouter sur ce sujet.

Les deux individus donnés au Muséum y arrivèrent en juillet 1829 ; et, en février 1830, la femelle mit bas un jeune mâle qui mourut en décembre 1831. La femelle mourut en 1832, et le mâle, l'année suivante. Malgré toutes les précautions qu'on prit, on ne put les préserver des atteintes de la phthisie pulmonaire, maladie à laquelle succombent la plupart des animaux amenés des pays chauds en France.

·L'état parfait de santé dans lequel étaient arrivés les babiroussas autorisait à croire qu'ils pourraient, comme bien d'autres animaux des mêmes pays, se reproduire dans la ménagerie ; cependant plus de six mois s'étaient écoulés sans que rien vînt confirmer cet espoir, lorsqu'un beau matin, au moment où l'homme qui soignait ces animaux entrait dans leur écurie, la femelle furieuse lui sauta au visage et le poursuivit jusqu'à ce qu'il se fût soustrait à ses atteintes. Pendant cette lutte, on entendit un léger cri sortir de dessous la litière ; ce qui fit soupçonner la naissance d'un petit , qu'on découvrit en effet, en tenant la femelle éloignée, tandis qu'on visitait la paille. Ce jeune animal avait à peine 15 à 20 centimètres de longueur; il était nu, mais ses yeux étaient ouverts et il marchait. Pendant plusieurs semaines, la femelle ne permit pas qu'on approchât de son petit, qu'elle tenait toujours caché, qu'elle surveillait avec la plus grande sollicitude et qu'elle nourrissait avec le plus grand soin. Le mâle vécut en paix comme par le passé avec la femelle, mais il ne prit aucun soin du petit, qui bientôt se montra en suivant sa mère. A six semaines, ce jeune animal avait environ quinze pouces de hauteur; et, à l'époque de sa mort, c'est-à-dire à vingt-deux mois, sa hauteur était de 45 à 50 centimètres. Il avait les mêmes proportions que sa mère, mais, étant moins gros, il paraissait plus élevé sur ses jambes; ses canines ne se voyaient point encore au dehors, mais se montraient par la saillie qu'elles imprimaient à la peau à l'endroit où elles devaient percer.

Le mâle était fort âgé et d'une obésité qui contribuait encore à le rendre lourd et inactif; il passait sa vie à dormir caché sous sa litière, et ne semblait se réveiller que pour boire et manger. La femelle, plus jeune et plus vive, était moins grasse et ne dormait pas d'un sommeil aussi profond; mais autant le premier était paisible et inoffensif, autant celle-ci était irritable et hostile à tous ceux qu'elle ne connaissait pas. Elle vivait d'ailleurs avec son compagnon dans la plus parfaite intelligence, et avait pour lui les soins les plus marqués. Comme on s'était bientôt aperçu du besoin très-grand qu'ils avaient de se coucher, on leur donnait chaque jour une épaisse litière, disposée dans un coin de leur écurie de telle manière qu'elle ne pouvait pas se disperser par leurs mouvements. Lorsque le mâle voulait se reposer, il venait se coucher sur cette litière; aussitôt, et sans que cela manquât jamais, la femelle arrivait, saisissait successivement avec sa bouche cette litière, et en couvrait le mâle de manière à le soustraire entièrement à la vue ; et, si le repos lui devenait à elle-même nécessaire, elle se glissait sous la litière restante, de manière aussi à ne pouvoir être aperçue.

« Ces soins instinctifs, commandés par la nature à la femelle envers son mâle, ne permettent pas, remarque M. F. Cuvier, de douter que, dans l'état sauvage, ces animaux ne vivent par paires. La nature, toujours conséquente dans ses œuvres, n'a pas imposé vainement un besoin à un animal, et celui que manifeste, dans les circonstances que nous venons de rappeler, la femelle du babiroussa, serait inutile et sans but si cette femelle avait été destinée à vivre solitaire. Le même instinct a aussi pour objet de soustraire ces animaux à leurs ennemis, et c'est le seul exemple de ce genre que nous connaissions. »

Nous pensons avec M. F. Cuvier que les observations faites sur les deux babiroussas captifs autorisent à croire que, dans l'état de liberté, ces animaux vivent en effet par couples; mais quant aux moyens qu'ils emploient pour se dérober aux yeux, nous ne pouvons admettre qu'ils soient aussi exceptionnels que le suppose le savant naturaliste.

Les rapports des mâles avec les femelles chez les vertébrés à sang chaud non-seulement varient d'un genre à l'autre, mais encore dans le même genre ils présentent, selon les espèces, des différences très-tranchées ; ainsi, des deux espèces du genre *cervus* que possède notre pays, l'une est monogame dans toute la force du mot, l'autre ne forme même pas d'union temporaire. Le cerf ne recherche la compagnie des biches que pendant un temps très-court et n'en distingue aucune en particulier ; le chevreuil garde en toute saison et toute sa vie la même compagne. Dans le genre, ou si l'on veut, dans la famille des cochons, on connaissait déjà des particularités caractéristiques selon les espèces. Par exemple, pour le pécari à mâchoires blanches, les habitudes sont à peu près celles qu'on a signalées dans le cheval : un vieux mâle guide en tout temps une troupe plus ou moins nombreuse. Pour le pécari à collier, au contraire, on le rencontre habituellement par paires ou seulement avec la famille de l'année. En Europe, notre sanglier n'accompagne la laie qu'environ un mois sur douze, et les petites troupes qu'on voit dans le reste de l'année sont, ou une famille d'une à deux années conduite par la mère, ou la réunion de plusieurs de ces familles, mais sans qu'il s'y trouve jamais un vieux mâle. L'espèce du babiroussa semble nous offrir un quatrième système, et peut-être en trouverons-nous encore d'autres quand nous pourrons étudier les

mœurs des sangliers à masque et celle des phaco-
chæres.

Parlons maintenant du soin que prenaient nos ba-
bíroussas de se cacher sous la paille, lorsque dans le
jour ils voulaient dormir. On ne nous dit point si
dans l'obscurité ils prenaient les mêmes précautions :
du reste, le besoin de la chaleur eût pu encore dans
cette circonstance suffire pour les déterminer à se
tapir sous leur couverture ; car, en toute circonstance,
ils se montraient assez frileux, et l'on n'en eût rien
pu conclure relativement à leurs habitudes dans les
régions très-chaudes où la nature les a placés. Ce que
nous savons, c'est qu'en général la nuit n'est point
pour les cochons, dans l'état de liberté, un temps de
repos. C'est au contraire le temps où ils sont le plus
actifs, et où ils errent pour chercher leur nourriture ;
c'est du moins ce que nous observons chez les sangliers. Pendant le jour, ces animaux (surtout ceux
qui vivent solitaires comme les vieux mâles et ont
déjà de l'embonpoint) passent une partie de leur
temps à dormir ; et, afin de n'être point surpris, ils
placent leur bauge dans la partie la plus reculée de
la forêt, dans les lieux les plus fourrés. La tendance
à se cacher pendant le sommeil du jour est, on peut
le dire, commune à cette famille d'animaux ; les
moyens d'y parvenir doivent différer selon les lieux
et selon les espèces.

Une autre tendance également commune à la famille est celle de changer d'habitation selon les saisons. Nos sangliers d'Europe, en été, se rapprochent

dés lisières des forêts, pour être à portée des blés et des vignes où ils vont fourrager pendant la nuit; en automne, ils se retirent dans les futaies pour y manger le gland et la faîne; en hiver, ils s'enfoncent dans les bois pour y vivre de vers, de racines, etc. M. de Laborde nous apprend de même qu'en Amérique les pécaris, après la saison des pluies, quittent les forêts épaisses et s'approchent des lieux bas et des marécages. Enfin, au Bengale, un sanglier, qui ressemble beaucoup à notre sanglier commun, mais qui peut-être un jour sera reconnu comme une espèce distincte, quitte aussi les bois après la saison des pluies, et vient s'établir dans les lieux découverts. Les plaines qu'il habite à cette époque ne sont point cultivées, et l'animal y peut rester de jour, sans être inquiété par les hommes; au lieu que notre sanglier, qui n'a pas les mêmes motifs de sécurité, est obligé de regagner chaque matin la forêt. Cependant le sanglier indien n'en éprouve pas moins le besoin de se soustraire dans le jour, non-seulement aux regards des importuns, mais encore aux rayons du soleil; car tous les cochons souffrent de l'excès de la chaleur comme de l'excès du froid. Or, voici le moyen que lui a enseigné la nature pour arriver à ce but. Les plaines où il a fixé sa demeure temporaire sont couvertes d'une grande espèce de graminées qui atteint une hauteur de 1 mètre à 1 mètre 25 centimètres, et dont on se sert dans le pays pour couvrir les maisons. Notre sanglier, avec ses dents, coupe cette herbe aussi nettement que le ferait un faneur avec sa faux; il en forme des meules oblongues, parfaitement régulières, et qu'on prendrait de loin pour le toit allongé d'une maison. Sous cet amas de foin, il pratique une sorte de galerie longitudinale, dans laquelle il ménage d'espace en espace de petites ouvertures à peine visibles du dehors, mais qui lui servent comme de fenêtres pour observer, lorsqu'il ne dort point, les bêtes ou les gens qui s'approchent de sa retraite (Johnson, *Sketches of Indian field-sports*, 2e édit. Lond., 1827, in-8., p. 278).

On peut bien supposer que le babiroussa a, dans l'état de liberté, des habitudes à peu près semblables à celles de ce sanglier. Il n'y a point d'invraisemblance même à croire que quelque chose d'analogue a pu être pratiqué autrefois par nos sangliers d'Europe, dans les pays où ils avaient à leur portée de grandes prairies naturelles, et qu'ils ont perdu plus tard cet instinct par suite des persécutions de l'homme, comme nos castors du Rhône ont perdu, par la même cause, l'habitude de se bâtir des habitations. Nous voyons encore, dans la femelle de notre cochon domestique, la tendance à former une litière au moment où elle est près de mettre bas. Si cette tendance n'est presque jamais suivie d'un effet utile, cela tient à la dégradation d'instinct produite par une longue domesticité. Il en est de même de la maladresse des serins, lorsqu'ils cherchent à se construire un nid à l'époque de la ponte. L'espèce se propage depuis longtemps en captivité, et les soins de l'homme, en prévenant ses besoins, lui ont fait perdre la faculté d'y pourvoir elle-même. L'inhabileté du ver-à-soie à se porter d'une feuille sur l'autre, quand on l'abandonne sur un mûrier, est encore un exemple plus frappant de ce pouvoir de notre espèce pour anéantir les instincts des espèces inférieures qu'elle s'est soumises.

LES MARSUPIAUX.

Le mot *marsupial*, dérivé du latin *marsupium* (bourse), a été employé dès le xviie siècle par un anatomiste anglais qui l'appliquait à un animal du genre Sarigue. Dans ce genre, en effet, la plupart des espèces portent sous le ventre une bourse dans laquelle les petits trouvent un asile pendant les premiers mois de leur existence.

L'animal qu'avait sous les yeux notre anatomiste offrait cette particularité de structure; le nom lui convenait donc fort bien, mais ne convenait pas à lui seul, comme on ne tarda pas à le reconnaître. Le mot, dans le langage des zoologistes de nos jours, a pris un sens beaucoup plus général, et pour Cuvier, par exemple, il comprend non-seulement le genre Sarigue avec toutes ses espèces, pourvues ou non de la poche ventrale, mais encore beaucoup d'autres genres qui se rapprochent de celui-ci par les traits les plus importants de leur organisation. Ce n'est pas ici le lieu d'énumérer tous ces traits; nous n'en mentionnerons qu'un seul qui n'avait pas été remarqué quand le nom fut imaginé et qui s'y rattache cependant.

Lorsqu'on étudie dans ses détails la bourse abdominale chez les espèces qui la présentent bien développée, on voit que c'est plus qu'un simple repli de la peau et qu'il y a, dans la charpente osseuse, des pièces qui lui correspondent, deux os s'attachant au pubis et cachés entre les muscles de l'abdomen. Ces os n'existent pas seulement chez les femelles, on les trouve de même chez les mâles, où il n'y a pas la moindre trace extérieure d'une poche ventrale ; on les trouve également communs aux deux sexes chez les espèces où la femelle est dépourvue de poche.

Ces os ont permis de reconnaître des marsupiaux dans des mammifères antédiluviens dont l'existence ne nous est révélée que par quelques pièces du squelette.

Les *marsupiaux* forment le quatrième des neuf ordres dans lesquels Cuvier a réparti tous les mammifères ; cet ordre comprend plusieurs familles qui se divisent en genres, et ceux-ci en espèces. Nous indiquerons bientôt ces subdivisions, mais auparavant il ne sera peut-être pas inutile de dire quel est le but qu'on se propose, en histoire naturelle, en répartissant ainsi par genres, par familles, par ordres, etc., les êtres que l'on considère, c'est-à-dire en établissant des classifications.

DES CLASSIFICATIONS.

Il est aisé de comprendre que toutes les fois que l'on aura à s'occuper d'un nombre considérable d'objets, de quelque nature qu'ils soient, il y aura toujours un grand avantage à ce que chacun d'eux ait sa place déterminée, et où l'on puisse aller le chercher, à tâtons pour ainsi dire, aussitôt que l'on en aura besoin. Il n'y a pas une ménagère qui ne sache cela aussi bien au moins qu'un philosophe.

Dans quelques cas, le mode d'arrangement sera à peu près indifférent, et pourvu qu'on ne s'écarte plus de celui qu'on aura une fois adopté, il remplira, quel qu'il soit, également bien son but; le plus ordinairement, toutefois, il y en aura un qui sera infiniment préférable à tous les autres. Je suppose, par exemple, qu'il s'agisse de disposer des livres; l'idée qui se présente naturellement, c'est de mettre tout en bas les plus gros, ceux qui sont les plus difficiles à manier, tandis qu'on placera les plus petits sur les tablettes où l'on ne peut atteindre qu'en allongeant le bras et s'élevant sur la pointe des pieds. Ainsi les in-folio occuperont les rayons inférieurs, les in-4° viendront au-dessus, puis les in-8°, et enfin les in-12 qui seront surmontés par les in-18. Pour l'homme qui n'aura qu'un petit nombre de livres, cet arrangement sera suffisant, car, connaissant le format de l'ouvrage dont il a besoin, il saura dans quelle tablette l'aller chercher, et il aura bientôt retenu la place qu'il y occupe. Mais que la bibliothèque se compose seulement de quelques milliers de volumes, et cette distribution en cinq séries ne sera plus suffisante : il faudra absolument avoir recours à un système de distribution plus parfait, et qui puisse soulager la mémoire.

On pourrait disposer les livres comme on dispose les mots dans un dictionnaire, c'est-à-dire en suivant pour les noms des auteurs l'ordre alphabétique[1], et ce serait évidemment un moyen très-sûr d'arriver à trouver sur-le-champ un ouvrage quelconque, pourvu qu'on sût par qui il a été écrit. On ne tarderait pourtant pas à s'apercevoir d'un grand inconvénient attaché à cette méthode de distribution : c'est que les livres qui traitent d'un même sujet, c'est-à-dire ceux que l'on peut avoir besoin de consulter pour une même recherche, ont probablement été composés par des

1. Cet ordre a été suivi au moyen âge par la plupart des écrivains qui se sont occupés d'histoire naturelle, et c'était ce qu'ils pouvaient faire de mieux. C'est ainsi que sont rangés, dans l'ouvrage de Barth. Glanvill (*de Proprietatibus rerum*), les animaux préalablement distribués en trois sections, suivant qu'ils se meuvent sur la terre, dans l'air ou dans les eaux. On remarque pourtant déjà l'inconvénient de cette méthode dans la traduction française de l'ouvrage qui fut faite peu de temps après ; on ne sait où y chercher un animal, à moins qu'on ne connaisse le nom latin sous lequel il a été désigné par Glanvill.

Conrad Gesner, qui est un véritable naturaliste, a également suivi l'ordre alphabétique, et c'était encore ce qu'il y avait de mieux à faire dans l'état où se trouvait la science, déjà enrichie, il est vrai, par les découvertes modernes, mais reposant encore

hommes dont les noms ne se ressemblent nullement, et par conséquent se trouveront épars dans tous les coins de la bibliothèque.

Après avoir essayé divers arrangements, on trouvera que le meilleur est celui qui est fait par ordre de matières, et dans lequel les ouvrages sont placés dans le casier, d'autant plus près les uns des autres qu'ils sont plus rapprochés par le sujet, c'est-à-dire par le plus important des traits de ressemblance qu'ils peuvent présenter.

Ce que nous venons de dire à l'occasion des livres est également applicable à tous les cas où il s'agit d'établir de l'ordre entre les objets qu'on a besoin de considérer; mais c'est pour l'histoire naturelle surtout qu'il est impossible de méconnaître l'immense avantage qui résulte d'une classification bien faite, c'est-à-dire fondée sur l'ensemble des ressemblances qu'ont entre eux les êtres dont on s'occupe. Sans un

principalement sur les observations des anciens. Dans son livre on retrouve analysés, et très-fidèlement, tous les principaux renseignements qui se rattachent à un nom latin, de sorte que même aujourd'hui ce livre est demeuré pour nous un répertoire très-précieux, beaucoup plus utile même que si l'auteur eût tenté d'y introduire une distribution naturelle; en effet, le même nom ayant été fréquemment appliqué à des animaux divers, on eût été souvent exposé à les confondre; tandis que, le plan de l'ouvrage une fois admis, on sait tout d'abord que chaque renseignement qu'on y trouve doit être considéré en lui-même et indépendamment de la place qu'il occupe.

La première division de Gesner signale d'ailleurs un progrès, puisque l'auteur traite à part des serpents et pose ainsi la première base de la classe des vertébrés à sang froid.

pareil secours, l'homme le plus laborieux, le plus heureusement doué ne pourrait jamais arriver à bien connaître qu'un très-petit nombre des espèces qui composent, soit le règne animal, soit le règne végétal. Au contraire, une fois que les divisions et subdivisions sont bien établies, il suffit d'en avoir étudié complétement une seule, pour se trouver déjà fort avancé dans la connaissance de toutes celles qui s'en rapprochent.

Nous ne pouvons développer ici cette idée, et nous renvoyons nos lecteurs à ce que dit Cuvier, dans l'admirable Introduction de son *Règne animal*, sur la nécessité des méthodes naturelles dans l'étude des êtres organisés.

Aristote, à qui il faut remonter toutes les fois qu'on recherche l'origine d'une grande vue en histoire naturelle, Aristote avait parfaitement senti cette nécessité ; et quoiqu'il n'ait pas précisément donné une distribution du règne animal, il est clair qu'il en avait une en vue, dont il ne s'écartait point. Comme il y avait en lui un sentiment très-juste, très-délicat des rapports naturels, les principales divisions qu'il a indiquées sont encore en grande partie celles auxquelles on se conforme aujourd'hui, et il a même fallu, dans les derniers temps, revenir à plusieurs d'entre elles, dont on s'était mal à propos écarté.

Quoique le nombre des animaux sur lesquels Aristote a pu faire des observations, ou obtenir des renseignements, soit très-petit, si on le compare au nombre de ceux que nous connaissons aujourd'hui, il

est à remarquer que presque aucune des lois générales qu'il avait énoncées ne s'est trouvée infirmée
par les découvertes subséquentes ; seulement, le cadre
zoologique n'a plus été suffisant pour contenir toutes
les espèces, et l'on a été depuis dans la nécessité
d'élargir quelques divisions ; on a même dû en ajouter
de toutes nouvelles ; tel est en particulier le cas pour
les marsupiaux. On conçoit bien qu'Aristote n'avait
pu leur préparer d'avance une place, puisque aucun
des animaux compris sous ce nom n'habite les pays
où les Grecs pénétrèrent, même après les conquêtes
d'Alexandre.

Ces conquêtes cependant, ayant eu pour résultat de
pousser plus loin vers l'Inde des établissements grecs,
contribuèrent à faire pénétrer dans notre Occident
quelques notions nouvelles sur les productions naturelles de l'Orient.

Longtemps après, Rome étant devenue un grand
marché où l'on était sûr de trouver des acheteurs
que ne rebuteraient point les plus hauts prix, on y
vit affluer bientôt tout ce qui pouvait flatter les sens
ou la vanité, tout ce qui semblait promettre de prolonger la vie, et ces objets y étaient apportés par
des voies de moins en moins détournées, car l'extension de l'empire romain donnait alors au commerce
une sécurité depuis longtemps inconnue [1]. Je suis bien

---

1. « ..... Cet échange perpétuel, entre les différents points du
globe, de plantes utiles à la santé de l'homme, nous le devons
à l'immensité majestueuse de la paix romaine. » (Pline, *Hist.
nat.*, liv. XXVII, chap. I.)

sûr qu'un esprit curieux et doué de quelque sens critique eût trouvé beaucoup à apprendre dans la conversation des hommes qui fréquentaient la *Seplasia* (c'était pour l'ancienne capitale du monde quelque chose comme notre *quartier des Lombards*.) Pline n'en parle guère que pour signaler les falsifications des médicaments, qu'il y dit très-fréquentes. Je crois bien qu'il n'accuse pas ces gens à tort; mais, même en les supposant honnêtes, il était, lui, trop grand seigneur pour se commettre avec des marchands.

J'ai nommé la Seplasia parce qu'elle était à la portée de Pline; mais il y avait beaucoup d'autres centres de commerce, tels que certains ports de la mer Rouge, où l'on eût été mieux placé pour prendre des informations. Les produits y arrivant sans avoir passé par un grand nombre de mains, les renseignements qui s'y rattachaient avaient aussi passé par moins de bouches et n'étaient encore qu'à demi défigurés.

Plusieurs Grecs furent moins dédaigneux que notre majestueux Romain, et c'est dans leurs descriptions de la mer Rouge qu'Élien a puisé la plus grande partie de ce qu'il nous dit sur les animaux de l'Inde.

J'ai lu plus d'une fois et avec une extrême attention son curieux ouvrage; je crois y avoir trouvé quelques indications relatives à des animaux dont on ne supposait pas qu'il eût parlé; mais, quant aux marsupiaux, je défie qu'on me cite un seul passage qui puisse leur être appliqué. Je serai moins affirmatif pour d'autres écrivains de date contemporaine ou un peu postérieure dont il ne reste guère que des fragments; je n'en ai pas fait une assez longue étude pour être sûr que rien ne m'ait échappé; tout ce que je puis dire, c'est que je n'y ai rien découvert qui, de près ou de loin, se rattache aux animaux à bourse; d'autres seront-ils plus heureux que moi? J'avoue que j'en doute.

Il n'aurait pas été impossible, rigoureusement parlant, qu'un écrivain du IIIe ou du IVe siècle eût entendu parler des phalangers des Moluques, et l'on a même prétendu, il y a quelques années, qu'on les trouvait désignés dans Plutarque par des traits qui ne permettaient pas de les méconnaître. Je montrerai plus tard ce que vaut cette assertion mise en avant par un naturaliste qui se faisait un mérite de ne pas penser comme tout le monde; pour le moment, je me contenterai d'affirmer de nouveau que les marsupiaux n'ont été connus en Europe que vers le XVIe siècle.

Quoique les diverses espèces qui appartiennent à ce groupe aient entre elles une ressemblance générale et même assez frappante pour que les naturalistes n'en aient fait longtemps qu'un seul genre, elles diffèrent si fort par les dents, par les organes de la digestion et par les pieds, que si l'on s'en tenait rigoureusement à ces caractères, il faudrait les répartir en plusieurs ordres. « *Il semble,* dit Cuvier, *que les marsupiaux forment une classe distincte parallèle à celles des quadrupèdes ordinaires.* » Ce point de vue a été reproduit depuis par d'autres naturalistes auxquels on en a fait honneur comme d'une grande découverte.

Les *sarigues*, les plus anciennement connus des marsupiaux, forment un genre propre à l'Amérique.

Les autres genres appartiennent à l'Australasie. La terre de van Diémen nous présente le *thylacine*, qui a la taille, la robe rayée, et presque les habitudes de l'hyène. La Nouvelle-Hollande a les *dasyures*, dont quelques-uns se nourrissent de cadavres comme les chacals; les *péramèles*, qui creusent la terre comme notre blaireau; les *potoroos* et les *kangourous*, se nourrissant de végétaux, et qu'en raison de l'allongement excessif de leurs jambes postérieures comme de leur marche par sauts, on avait voulu d'abord assimiler aux gerboises. Elle a des espèces qui grimpent aux arbres, comme le *koala* au corps trapu; d'autres qui y vivent presque constamment, tels que les *tarsipèdes* au museau effilé et aux mâchoires presque dépourvues de dents, les *myrmecobies*, qui en ont plus qu'aucun autre mammifère, et qui, vivant de fourmis, ainsi que le nom l'indique, sont pourvus comme les fourmiliers américains d'une langue extensible; enfin des *phalangers volants* dont la peau des flancs, étendue entre les jambes, comme aux polatouches, leur forme de même une sorte de parachute.

D'autres *phalangers*, dépourvus de cet appareil, se trouvent aux Moluques.

L'île de King, enfin, située au sud de la Nouvelle-Hollande, a le *phascolome* ou *wombat* qui, comme notre lapin, passe en grande partie sa vie dans la profondeur des terriers, et dont la chair offre aussi, dit-on, une assez bonne nourriture.

Il n'y a pas un de ces animaux qui, soit qu'on l'envisage sous le rapport de l'organisation, soit qu'on s'occupe de ses mœurs, ne puisse donner lieu à une foule de remarques intéressantes, et dont beaucoup sans doute seraient nouvelles pour le lecteur. Comme il faut se borner cependant, j'avais eu d'abord l'intention de ne parler ici que des sarigues, les seuls marsupiaux que j'aie eu occasion de voir dans leur pays natal et d'observer quelquefois dans toute la liberté de leurs allures; mais l'histoire des sarigues ayant été longtemps confondue avec celle des phalangers, j'ai trouvé difficile de les séparer, et je parlerai successivement des uns et des autres.

LES SARIGUES.

Tous les marsupiaux, nous l'avons dit, habitent des pays lointains, des pays dont les Européens n'ont eu connaissance que par suite des voyages maritimes entrepris à la fin du xve siècle pour chercher une route nouvelle vers les Indes. C'est, comme chacun le sait, en cherchant cette route que Colomb découvrit l'Amérique, et c'est du continent américain que furent apportés en Europe les premiers marsupiaux.

Vincent Yanez Pinzon, qui avait été l'un des compagnons de l'illustre Génois dans son premier voyage, aborda en 1500 aux côtes de la Guyane, et en ramena une femelle de sarigue-opossum, avec ses petits encore contenus dans la poche destinée à leur servir de berceau. Le fait fut mentionné dans un recueil de voyages (*il Nuovo-Mondo*) publié vers 1506, recueil qui fut presque aussitôt traduit en plusieurs langues, et qui eut en peu d'années de nombreuses réimpressions. La description qu'on y donnait de l'animal fut donc promptement connue de tous ceux qui s'intéressaient aux résultats des nouvelles découvertes; bientôt, au reste, on eut celle d'Oviédo qui valait beaucoup mieux, et il en parut dans presque tous les ouvrages qui se publièrent sur l'Amérique pendant le xvie siècle.

Des êtres aussi étranges sous tous les rapports ne pouvaient manquer d'être pour les voyageurs l'objet d'une vive curiosité, et cette curiosité était très-facile à satisfaire, car les sarigues abondent dans le nouveau continent : on en rencontre sous toutes les latitudes, depuis l'équateur jusqu'au 35e parallèle, tant au nord qu'au sud ; et (du moins entre les tropiques) à toutes les hauteurs, depuis les plages que la mer inonde, jusque sur des plateaux qui s'élèvent à près de 3,000 mètres au-dessus de son niveau [1].

Les sarigues ont été quelquefois désignés par l'épithète de *pédimanes,* à cause de la disposition de leurs pieds de derrière munis d'un pouce assez allongé et opposable aux autres doigts, à peu près comme dans

---

1. Il y a des sarigues dans des lieux placés sur le versant occidental de la Cordilière, plus haut que la ville de Quito, ville qui est déjà à 2,908 mètres au-dessus du niveau de la mer.

la main de l'homme; ce caractère, d'ailleurs, leur est commun avec d'autres marsupiaux.

Une seule espèce, qui se trouve dans quelques parties chaudes de l'Amérique méridionale, a les doigts réunis par une membrane comme la loutre; c'est celle que Buffon a décrite sous le nom de *petite loutre de la Guyane*. C'est un charmant animal, d'un tiers plus gros qu'un rat, couvert d'un poil long, fin et agréablement nuancé de gris, de brun et de blanc. Il n'existe peut-être pas une plus jolie fourrure; aussi la peau de ce chironecte (c'est le nom que lui ont donné les naturalistes) est-elle fort recherchée dans les pays où on le trouve. Dans la Nouvelle-Grenade on en fait des trousses à cigares, et la queue, qui est fort longue, sert, en guise de ruban, à maintenir le paquet attaché. J'ai eu plus d'une fois, pendant que j'habitais le pays, l'occasion de voir au bord des ruisseaux cet élégant marsupial, que l'on y connaît sous le nom de *perrito de agua* (petit chien d'eau); la vraie loutre, remarquons-le en passant, a été quelquefois désignée par les anciens sous le nom de *canis aquaticus*.

Jusqu'à présent on ne connaît que cette seule espèce de sarigue qui soit aquatique; quant aux sarigues terrestres, on en distingue de dix à douze espèces, dont trois, le sarigue de Virginie (*opossum* des Anglais), le grand sarigue du Paraguay (*gamba*), et le grand sarigue de Cayenne ou *crabier*, sont au moins de la taille d'un chat; le second même est, pour la grandeur, comparable, dit-on, au renard.

Ces trois espèces, de même qu'une quatrième notablement plus petite, le *quatre-œil*, ont la queue en partie couverte de poils et en partie nue comme celle d'un rat ; toutes les quatre sont pourvues d'une poche destinée à recevoir les petits ; les suivantes, au contraire, en sont dépourvues : le *cayopollin*, le *grison*, la *marmose*, le *touan*. Ces deux derniers sont moindres qu'un rat, les deux précédents sont à peu près de la taille du surmulot.

Il existe encore des espèces plus petites et dont on n'a pas, je crois, de descriptions ; j'en ai vu une dont la taille égalait à peine celle de notre campagnol commun ; elle était bien adulte, car elle se présentait à moi environnée de ses petits. Son nid paraissait être au centre des feuilles d'un grand agave dont je ne pouvais m'approcher sans précautions, car la plante était au milieu d'un fourré présentant de tous côtés de formidables épines. Tandis que je cherchais un point d'accès facile, la charmante petite bête disparut avec toute sa famille. J'étais, quand je la vis, tout près de Mariquita, petite ville de la Nouvelle-Grenade située dans une position admirable, mais dès lors presque déserte, parce qu'elle passe pour rendre goîtreux tous ceux qui y font un long séjour.

J'ai trouvé depuis, en examinant divers objets d'histoire naturelle recueillis par mon ami, M. Justin Goudot, dans le même pays, mais un peu plus au sud et non loin de l'équateur, les dépouilles d'une espèce encore plus petite et fort remarquable par sa robe d'un marron doré à reflets de satin. La tête osseuse bien conservée ne permettait pas d'hésiter sur le genre auquel appartenait l'animal.

C'est le sarigue *quatre-œil* qui paraît avoir été le premier remarqué ; c'est lui, du moins, qu'on s'accorde à reconnaître dans l'animal décrit sous le nom de *churcha*[1] par Oviédo, le plus ancien historien de l'Amérique, dans l'ouvrage qu'il fit paraître en 1526. La description, quoique faite par un homme qui ne se piquait pas de science, donne une meilleure idée de l'animal que la plupart de celles que nous avons eues depuis.

« La *churcha,* dit notre vieil auteur, est un animal de la grandeur d'un petit lapin, et de couleur tirant sur le fauve ; elle a le poil long et menu, le museau pointu, les dents des plus aiguës ; la queue, qui est très-longue, est faite comme celle d'un rat, et ainsi sont les oreilles. A la Terre-Ferme, la *churcha,* comme en Espagne la fouine, entre de nuit dans les maisons, et tue les poules pour en sucer le sang ; si elle se contentait de manger la chair, une seule poule serait plus que suffisante pour son repas, tandis que, ne prenant que le sang, elle égorge successivement de dix à douze poules et davantage même, si on ne vient au bruit. Ce qui est singulier, et on peut dire vraiment admirable, c'est que si, dans le temps où la *churcha* fait ses expéditions dans les poulaillers, elle

---

1. *Churcha* n'est point un nom indigène ; c'est la forme provinciale d'un mot qui, pour des Castillans, eût été *chucha.* Ce nom était donné au sarigue pour rappeler ses habitudes nocturnes assimilées à celle du hibou (*chucho*).

se trouve avoir des petits, elle les porte avec elle dans son giron. Sous le ventre, elle a une bourse formée par deux replis de la peau, dirigés d'avant en arrière, à peu près comme on en peut faire une dans un manteau en pinçant de haut et de bas les deux plis contigus. Les deux bords de la fente que présente cette bourse en son milieu sont, quand l'animal le veut, si étroitement rapprochés, que rien n'en peut sortir ; de sorte que, même pendant que la mère court, les petits, contenus dans la poche, ne sont pas en danger de tomber ; quand elle le veut aussi, elle ouvre la bourse et laisse sortir ses petits, qui courent à terre pour venir boire leur part du sang des poules égorgées. Si la *churcha* entend quelqu'un qui vient aux cris des poules, surtout quand on vient avec de la lumière, elle remet ses petits dans leur sac et s'enfuit par où elle était venue ; ou bien, si on lui barre le passage, elle monte le long de la charpente du toit, cherchant quelque trou pour s'y cacher. Comme cependant on les prend souvent mortes ou vivantes, on a pu très-bien observer ce que j'en ai dit. On trouve donc les petits cachés dans la bourse, qui renferme aussi les mamelles, et ils y restent pour téter tant qu'ils sont en âge de le faire. J'ai vu moi-même la chose, et à mes dépens, car les *churchas* ont plus d'une fois tué des poules dans ma maison. La *churcha* est un animal qui sent très-mauvais, et qui, par le poil, la queue et les oreilles, ressemblerait au rat, s'il n'était beaucoup plus grand. »

Un autre sarigue, bien plus répandu que celui dont

nous venons de parler, c'est le *sarigue à oreilles bicolores* ou *opossum*; c'est aussi celui qui est le mieux connu des naturalistes. Il est presque grand comme un chat, a le pelage mêlé de blanc et de noirâtre, et les oreilles de même mi-parties de noir et de blanc; la tête est presque toute blanche. C'est un animal qui, dans tous les lieux où on le connaît, est fort redouté des ménagères; car lorsqu'il pénètre dans un poulailler, s'il ne tue pas les jeunes oiseaux, ce qui lui arrive d'ailleurs assez souvent, il ne manque guère de manger les œufs. Ses petits, qui sont au nombre de douze ou quatorze, et quelquefois plus, ne pèsent guère plus d'un grain au moment de leur naissance. Quoique aveugles et presque informes, ils savent trouver la mamelle, et y adhèrent jusqu'à ce qu'ils aient atteint la taille d'une souris, ce qui ne leur arrive qu'au cinquantième jour, époque à laquelle ils ouvrent les yeux. Ils ne cessent de retourner à la poche que lorsqu'ils ont acquis la taille du rat.

L'*opossum* est connu dans la Colombie sous le nom de *runcho*; comme il a une odeur désagréable, c'est dans presque toutes les provinces un objet d'aversion. Cependant dans la province de Pasto, on fait des pâtés de sa chair, et des personnes qui en ont mangé sans être averties m'ont dit l'avoir trouvée agréable au goût, et comparable à la chair du poulet.

Les sarigues, en général, portent dans la langue guarani le nom de *micure*; c'est sous ce nom qu'ils ont été décrits en vers par don Martin del Barco Centenera, dans son *Histoire de la Plata,* et en prose par d'Azara.

Ce dernier décrit six espèces, dont la plus grande, qui paraît être celle que Cuvier désigne sous le nom de *gamba,* lui a fourni matière à plusieurs observations intéressantes.

« Le dernier jour d'octobre, dit-il, je tuai, à l'approche de la nuit, une femelle de cette espèce ; je la suspendis par une corde en dehors de la maison, et je l'y laissai accrochée jusqu'au lendemain matin, où, visitant sa poche, j'y trouvai treize petits longs de cinq pouces et demi, avec les yeux fermés et le poil qui commençait à poindre. Pour leur faire abandonner la mamelle, il me fallut employer assez de force. Les ayant jetés à terre, je vis qu'ils se soutenaient déjà sur leurs pieds, et appelaient leur mère par une sorte d'éternument sourd...

« En novembre, je vis une autre femelle avec treize petits tous semblables à elle, sauf qu'ils étaient moitié moindres de taille. Ils ne tétaient plus, et ne cherchaient pas à rentrer dans la poche, qui d'ailleurs n'aurait pu les contenir ; mais la mère les emportait très-bien, fixés à sa queue, à ses jambes et à son corps ; elle ne pouvait marcher qu'avec beaucoup de peine, et je ne concevais pas comment elle parvenait à nourrir toute cette famille. »

Depuis longtemps on savait que certains sarigues portaient leurs petits sur le dos, mais on croyait cette habitude exclusivement propre aux espèces dont la femelle n'a point de bourse sous le ventre, tandis qu'il paraît bien qu'elle est commune à tous.

Je terminerai par quelques mots sur le *sarigue-cra-*

bier : c'est, suivant de Laborde, un animal fort leste
pour grimper sur les arbres, où il se tient beaucoup
plus qu'à terre. Il a de bonnes dents et se défend
contre les chiens. Les crabes sont sa principale nourriture. On prétend que lorsqu'il ne peut les tirer de
leur trou avec la patte, il se sert de sa queue, qu'il recourbe en crochet. Le crabe, ajoute-t-on, le pince
quelquefois et le fait crier bien fort. Ce sarigue se fa-
miliarise aisément, et s'accommode de tous les aliments ; de sorte que son goût pour les crabes n'est
pas du moins un goût exclusif. Il se trouve des gens à
Cayenne qui mangent sa chair et lui trouvent le goût
du lièvre. Celle de l'*opossum* de Colombie, d'après
ce que j'en ai appris, rappellerait plutôt le lapin.

LES PHALANGERS ET LEUR PAYS NATAL.

On a vu, par ce qui a été dit du sarigue-opossum,
qu'il n'est point du nombre de ces animaux qui fuient
le séjour de l'homme et que le naturaliste doit aller
chercher bien loin. Il s'introduit dans les habitations
où il est un hôte aussi mal venu que le sont les rats
et les souris ; aussi le traite-t-on de la même manière,
c'est-à-dire que, chaque fois qu'on le rencontre, on le
tue et on le jette à la rue. Il m'est arrivé bien souvent, pendant mon séjour à Bogota, lorsque je sortais
le matin, de trouver des témoignages de ces exécu-
tions, des corps abandonnés sur la voie publique.
Plus d'une fois j'ai pu, en les retournant du bout du

pied, m'assurer qu'une mère ne laissait pas du moins
d'orphelins; la poche ventrale, en effet, est dans
cette espèce très-apparente, aussi bien que dans le
gamba et dans le crabier.

Cette poche, remarquée même par les rudes soldats
qui venaient conquérir le Nouveau-Monde, se retrouva
plus tard, et tout aussi complète, dans les premières
espèces de *phalangers* qu'on eut occasion d'observer,
espèces qui se rapprochaient d'ailleurs de nos grands
sarigues non-seulement par la taille et les proportions générales, mais encore par plusieurs des caractères extérieurs auxquels ceux-ci doivent leur physionomie particulière.

Des pieds disposés en forme de main, une queue
écailleuse et qui s'enroule autour des branches comme
un serpent sont, sans doute, des traits d'organisation
étranges, mais dont nous comprenons l'utilité quand
nous les rencontrons chez des animaux assujettis à
chercher leur nourriture sur les arbres et doués cependant de peu d'agilité. Nous ne sommes donc point
trop étonnés de retrouver ces traits chez des espèces
appartenant à des genres différents, du moment où
elles sont assujetties pour vivre aux mêmes nécessités. Mais ce qui ne peut manquer de nous surprendre, c'est de voir les ressemblances se poursuivre
jusque dans des détails de structure qui semblent
ne devoir exercer aucune influence sur les habitudes.
Chez les sarigues, par exemple, il n'y a point d'ongle
au pouce de derrière; eh bien, chez les phalangers,
ce même doigt est également dépourvu d'ongle. Nous

aurons plus tard à signaler, à l'occasion de l'étymologie du mot *phalanger,* d'autres exemples d'une
conformité qui s'observe pour certains détails d'organisation en apparence indifférents entre des animaux
qu'on croirait n'avoir rien de commun, si ce n'est
d'appartenir également à l'ordre des marsupiaux.

Se ressemblant par tant de points, nos deux genres
de marsupiaux ne pouvaient manquer d'être d'abord
confondus par les naturalistes européens. En 1551,
le savant Gesner, qui, il est vrai, ne jugeait que sur
des descriptions fort incomplètes, non-seulement ne
croyait pas ces descriptions relatives à des *genres*
différents, mais il penchait à les rapporter toutes à
une *espèce* unique. Il savait cependant que ces animaux, qu'il réunissait sous le nom de *simi-vulpa*
(singe-renard), ne venaient pas tous du même pays ;
car il cite un passage de Cardan où il est dit que
des animaux semblables à l'opossum (*chucia,* ou,
selon l'orthographe espagnole, *chucha*), sont apportés
d'Éthiopie.

J'ai cru longtemps que ce passage se rapportait
aux phalangers qui, à la vérité, vivent en Asie et
non pas en Afrique, mais qui cependant ont dû nous
venir d'abord en compagnie d'animaux africains ; car
les bâtiments portugais, à leur retour des Indes, ne
manquaient guère de toucher, pour se ravitailler, à
quelqu'un de leurs établissements de la côte de Guinée, et les matelots, sachant que désormais la traversée serait courte, y faisaient emplette de perroquets gris, de pintades, de petits singes, etc.

Remarquons cependant que les bâtiments venant
du Brésil étaient aussi quelquefois jetés par les vents
vers les côtes d'Afrique, de sorte que rien n'empêchait de supposer que le Brésil ou la Côte-Ferme fût
la patrie des animaux mentionnés par Cardan, et
cette supposition eût été conforme à la vérité.

Il ne m'a plus été possible d'hésiter du moment où
j'ai lu dans l'original (*Œuvres complètes*, Lyon, 1663,
t. III, p. 531) le passage qui ne m'était d'abord connu
que par la citation de Gesner. L'animal y est indiqué
comme ayant des oreilles semblables à celles des
chauves-souris. Or, ce trait, qui n'est nullement applicable aux phalangers, convient au contraire aux
sarigues, pour lesquels la même expression a été
employée par les plus anciens observateurs.

L'espèce dont a voulu parler Cardan et qu'il compare, sans doute pour la taille, au renard, doit être
ou le gamba, ou le crabier. Cardan mentionne, quelques lignes plus bas, une autre espèce de moindre
taille, mais également à poche ventrale, qu'il rapproche des petits carnassiers du genre martre (*e mus-
telino genere*); il la donne comme de la Nouvelle-
Espagne, et ici son indication peut être juste; quant
à l'autre indication de pays, elle est parfaitement
fausse, soit qu'on la rapporte aux sarigues, soit qu'on
veuille l'appliquer aux phalangers, car les uns et les
autres sont étrangers à l'Afrique.

Pison, médecin hollandais qui écrivait plus d'un
siècle après Cardan, et qui parla aussi des phalangers
à l'occasion des sarigues, indiqua mieux leur patrie.

« Ces animaux, dit-il, sont originaires des Indes orientales, où on les connaît sous le nom de *coes-coes* (prononcez *cous-cous*) ; jusqu'à présent on n'en a trouvé que dans l'île d'Amboine. »

Cette dernière assertion n'est pas exacte, et l'on s'étonne de la rencontrer dans un livre imprimé en 1658 à Amsterdam, ville où se trouvaient certainement alors des miliers de marins qui avaient visité toutes les Moluques, et qui devaient avoir vu des cous-cous dans plusieurs de ces îles, où ils sont beaucoup plus communs qu'à Amboine.

LES ILES MOLUQUES.

Comment se fait-il qu'à une époque où ces îles étaient, depuis près d'un siècle et demi, fréquentées par les navires européens, leur faune fût encore presque inconnue des naturalistes? Pourquoi leurs marsupiaux, qui ne sont pas moins intéressants à observer que ceux du continent américain, n'avaient-ils pas, comme ceux-ci, excité dès le principe la curiosité des voyageurs? Je ne sais à quoi attribuer cette négligence chez les navigateurs des Pays-Bas. Chez ceux de l'Espagne et du Portugal, au contraire, elle se comprend très-bien : tous ces hommes ne venaient chercher, ne voulaient voir aux Moluques qu'une seule classe de choses, et près de la muscade et du girofle rien ne leur semblait digne d'être remarqué.

Les épiceries des Moluques, lorsqu'elles ne nous

parvenaient encore, ainsi que les autres denrées de l'Orient, que par la voie longue et coûteuse des caravanes et d'une navigation de cabotage, étaient pour les Génois et les Vénitiens, qui allaient les recevoir à leur arrivée sur les bords de la Méditerranée, l'objet d'un commerce lucratif, égal au moins en importance à celui des diamants, de l'or, et des riches tissus fournis par d'autres contrées de l'Asie : aussi, du moment où commencèrent les grandes expéditions maritimes, la découverte de ces petites îles fut-elle envisagée comme un des plus beaux résultats qu'on en pût attendre. C'était vers elles, on peut le dire, que se dirigeaient par des routes contraires les navigateurs espagnols et les navigateurs portugais, Colomb et Vasco de Gama.

Les Portugais atteignirent les premiers le but : en 1511, un lieutenant d'Albuquerque prenait possession des Moluques. Les Espagnols avaient trouvé sur leur chemin l'Amérique, qui semblait poser une borne aux navigations vers l'occident, et ce nouveau monde, qu'ils avaient trouvé sans le chercher, ne les consolait pas complétement du retard qu'il leur avait occasionné. Quand donc, en 1521, le transfuge Magellan leur eut appris à tourner cette barrière, et les eut conduits par la route de l'ouest jusqu'aux îles des épices, ils réclamèrent ces îles comme leur propriété, sous prétexte qu'elles étaient situées en deçà du méridien qui devait former la limite entre les conquêtes des deux nations. Les Portugais, de leur côté, soutinrent que ce méridien passait bien loin au delà des Moluques : ce qui n'indique pas autre chose, si ce n'est qu'ils étaient déterminés à garder leur conquête ; car à la manière dont ils se défendirent, il est évident que l'assertion de leurs adversaires n'était pas, à leurs yeux, sans quelque fondement.

Il semble que dans cette affaire tout repose sur un problème de géographie fort simple, et que l'on aurait pu arriver promptement à une solution. Mais d'abord, à l'époque dont nous parlons, l'astronomie n'avait, pour la détermination des longitudes terrestres, que des méthodes grossières, et l'on pouvait, même en procédant de très-bonne foi, se tromper aisément de plusieurs centaines de lieues, quand il s'agissait de marquer dans l'océan Indien le trajet d'un méridien dont on aurait eu, dans l'océan Atlantique, un point fixé avec précision.

En outre, supposant cette difficulté surmontée, il en restait une autre non moins épineuse : il y avait eu deux limites fixées, l'une par la bulle du 4 mai 1493, l'autre par l'accord conclu le 7 juin de l'année suivante entre les deux souverains ; la première passant à 100 lieues à l'ouest des Açores et des îles du cap Vert, la seconde à 360 lieues. Les Espagnols demandaient, et avec raison, qu'on s'en tînt à la dernière ; mais les Portugais, qui auraient eu intérêt à faire prévaloir l'autre, soutenaient que les deux princes n'avaient pas eu le droit de changer quoi que ce fût à la décision du souverain pontife, et que le dernier traité devait être considéré comme nul.

Il y eut à ce sujet, pendant quelque temps, échange

de notes diplomatiques, et, la question s'embrouillant chaque jour davantage, on convint de part et d'autre qu'elle serait débattue dans une sorte de congrès composé d'hommes d'État et de légistes, auxquels on adjoignit un certain nombre de géographes ; ces derniers, d'ailleurs, n'avaient point le droit d'assister aux délibérations, sans doute de peur qu'ils y jetassent un jour qu'on semblait redouter de part et d'autre. Dans le nombre des commissaires se trouvaient, du côté espagnol, le célèbre voyageur Sébastien Cabot, qui était là comme géographe, et un des fils de Colomb, don Ferdinand, qui nous a laissé d'intéressants Mémoires sur la vie et les découvertes de son père.

La réunion eut lieu au commencement de l'année 1524, et on put bientôt prévoir qu'elle ne conduirait à rien, chaque parti soutenant obstinément l'opinion la plus absurde, dès que l'autre parti semblait vouloir établir l'opinion contraire. Il était bien clair, par exemple, que le pape, en indiquant pour limite une ligne passant à 100 lieues à l'ouest des Açores et des îles du cap Vert, avait entendu que cette ligne serait de 100 lieues plus occidentale qu'aucun point appartenant aux deux groupes d'îles en question. Cependant les commissaires portugais voulaient que l'on comptât cette distance à partir du point le plus oriental.

Voilà une des difficultés quant aux points de droit ; quant aux points de fait, il y en avait également. Ainsi les Espagnols soutenaient, contre toute raison, avoir devancé les Portugais dans la découverte de plusieurs des petites Moluques. Bref, on ne put s'entendre sur aucun point, et le congrès semblait devoir s'éterniser, lorsque les commissaires espagnols, qui s'ennuyaient à Badajoz, s'avisèrent un beau matin de prononcer une sentence par laquelle ils s'adjugeaient, dans la mer des Indes, non seulement toutes les Moluques, mais encore les îles de la Sonde, accordant d'ailleurs aux Portugais une portion de l'Amérique, depuis l'embouchure de Maragnan jusqu'au delà de Rio-Janeiro. Ceux-ci, comme on le pense bien, ne se tinrent pas pour satisfaits de la part qu'on leur faisait; mais ils furent du moins assez sages pour ne pas juger à eux seuls un procès dans lequel ils étaient partie intéressée, et qu'ils soutenaient avec raison n'être pas suffisamment instruit.

Ce n'était pas le tout pour les Espagnols que d'avoir établi bien ou mal leurs droits sur les Moluques, il fallait, aux termes de la bulle, que leurs relations avec ces îles eussent lieu par la route de l'ouest; le passage par le détroit de Magellan était long et dangereux, mais on ne désespérait pas d'en trouver un plus commode, et on s'en occupa sur-le-champ.

Dès 1525, un des commissaires de la junte de Badajoz, Estevan Gomez, fut dépêché à cet effet : déjà Sébastien Cabot avait eu, à ce qu'il paraît, l'idée de chercher un passage vers le nord-ouest; Gomez suivit le même chemin, et au bout de dix mois son vaisseau était de retour à la Corogne.

Grande émotion dans le port. « Qu'apportez-vous? »

crie-t-on de la grève aux arrivants, sans leur donner même le temps de débarquer ; et pour réponse, on entend : *Clavos* (des clous de girofle) !

Aussitôt un gentilhomme qui se trouvait sur le port prend la poste pour aller annoncer à l'empereur qu'on vient de découvrir une route très-courte pour arriver aux Moluques.

Il est d'usage dans ce pays qu'on fasse au porteur d'une heureuse nouvelle un présent qu'on connaît sous le nom d'*albricias,* et notre gentilhomme comptait être richement récompensé de ses peines ; cependant il en fut pour ses frais de poste. Gomez ne venait point des Moluques ; il s'était engagé dans le golfe Saint-Laurent qui ne pouvait, comme on le sait aujourd'hui, lui offrir de passage, et là, ne trouvant ni les épices qu'il convoitait, ni l'or ou les perles que lui eussent fournis d'autres parties de l'Amérique, il avait eu la mauvaise idée, pour ne pas revenir tout à fait sans butin, d'enlever de malheureux indigènes qu'il comptait vendre à son retour ; aussi ce qu'on avait répondu, du bord, aux gens de la Corogne, ce n'était pas *clavos* (du girofle), mais *esclavos* (des esclaves). Seulement la distance et le bruit n'avaient pas permis d'entendre la première syllabe.

A défaut d'une route commode pour arriver par l'ouest aux Iles des épiceries, Charles V, qui n'était pas en général arrêté par trop de scrupules, eût pris volontiers la route opposée ; mais c'eût été une infraction si flagrante aux anciennes conventions, que le roi de Portugal n'eût pu la supporter patiemment ; on

en fût venu aux mains, et l'empereur, qui avait déjà
sur les bras bien des guerres, y regardait à deux fois
avant de s'en attirer une nouvelle. Cependant, comme
au premier moment de répit il pouvait faire revivre
ses prétentions, les Portugais eussent souhaité qu'il y
renonçât formellement, et ils étaient disposés à lui
payer assez bien cette complaisance; une occasion ne
tarda pas à se présenter.

En 1529, Charles, qui avait besoin d'argent pour
s'aller faire couronner en Italie, offrit de vendre au
roi de Portugal ses *droits* sur les Moluques, et moyen-
nant une somme de 350,000 ducats le marché fut
conclu. Il ne prévoyait pas que ces pays qu'il ven-
dait sans les avoir jamais possédés reviendraient plus
tard à son fils, sans qu'il lui en coûtât rien. C'est
pourtant ce qui arriva en 1580, à la mort du cardinal Henri, faible successeur du chevaleresque don
Sébastien, qui était allé se faire tuer en Afrique. Les
Moluques passèrent, avec les autres colonies portu-
gaises, sous la domination espagnole; mais ce fut
pour un temps très-court.

Depuis le commencement du xvi⁰ siècle, les produits
des deux Indes, une fois arrivés dans les ports de la
péninsule ibérique, étaient distribués dans le reste de
l'Europe par les Hollandais, alors sujets des rois d'Espagne. Mais ce commerce de distribution venait de
cesser pour eux à l'époque dont nous parlons, et la
rupture était devenue définitive, lorsqu'en 1581 les
États-Généraux de Hollande eurent déclaré Philippe II
déchu de la souveraineté des Pays-Bas. L'idée d'aller

chercher directement ces produits dut se présenter
sur-le-champ aux Hollandais, et ils ne tardèrent pas
à la mettre à exécution. Au lieu même d'établir de
nouveaux comptoirs, de fonder de nouvelles colonies,
ils jugèrent plus avantageux de s'emparer des établissements déjà formés par les Espagnols et par les Portugais, et ils s'attachèrent surtout aux derniers, jugeant avec raison que les anciens sujets de Sa Majesté
très-fidèle ne feraient pas beaucoup d'efforts pour défendre les droits de Sa Majesté Catholique.

Les Moluques changèrent donc encore une fois de
maîtres, et cette fois ce fut pour longtemps; car, à
l'exception d'une occupation passagère par les Anglais,
elles sont restées jusqu'à ce jour sous la domination
hollandaise.

LES HOLLANDAIS ET LES COLLECTIONS DE CURIOSITÉS NATURELLES.

Si la possession des Moluques avait eu aux yeux
des Portugais et des Espagnols une grande importance, on juge bien qu'elle n'en devait pas moins avoir
aux yeux des Hollandais, gens essentiellement marchands, et on ne doit pas s'étonner de les trouver
d'abord exclusivement préoccupés de la muscade et
du girofle. Il ne leur suffisait pas, pour s'assurer le
commerce exclusif de ces précieux produits, d'avoir
débusqué les Portugais d'Amboine et de quelques
autres points où ils s'étaient établis; il y avait à

prendre des mesures qui exigeaient de leur part autant de vigueur que de persévérance [1]. Les noix de ce nouveau jardin des Hespérides étaient plus difficiles à garder que les pommes d'or de l'ancien ; mais la vigilance du dragon n'était rien auprès de celle de nos marchands.

Chez ces marchands, d'ailleurs, il est juste de le remarquer, l'amour du gain n'étouffait pas d'autres passions plus généreuses ; ils venaient de montrer qu'ils savaient sacrifier leurs intérêts à leurs opinions ; et ce n'était pas la liberté religieuse seulement qu'ils réclamaient en s'engageant dans la lutte dont ils étaient enfin sortis victorieux ; c'était la liberté de

---

1. J'ajouterai autant d'adresse, et celle qu'ils montrèrent dans leurs rapports avec les princes indigènes dont ils n'avaient pas confisqué les domaines peut être mise en parallèle avec tout ce qu'on a en ce genre de plus raffiné. Ils ne négligèrent pas un seul des moyens, légitimes ou non, qui pouvaient les conduire même très-indirectement à leur but, et ils surent au besoin enrôler jusqu'à la science au service de la politique. C'est ainsi que voyant avec inquiétude des girofliers dans certaines îles dont ils n'avaient pas jugé convenable de s'emparer, ils vinrent à bout de les y détruire et de se conserver le monopole, en profitant d'une observation de physiologie végétale alors certainement inconnue à la plupart des botanistes. Quelques hommes emportés avaient proposé de recourir à la force ou à la menace pour obliger les princes à faire arracher ces arbres, qui étaient pour eux une richesse ; un moyen plus doux et non moins efficace fut proposé et adopté : on offrit d'acheter les feuilles à très-haut prix, et il n'y eut pas un seul de ces arbres, d'ailleurs peu nombreux, qui ne fût complétement depouillé par les propriétaires. La chose se répéta l'année suivante ; la troisième récolte fut plus chère, le produit était devenu moins abondant ; la quatrième année tous les girofliers étaient morts.

penser tout entière. Pendant qu'on se battait, ils fondaient des établissements scientifiques, et la ville de Leyde fut dotée d'une université comme récompense du courage avec lequel elle avait résisté aux attaques des Espagnols. La guerre même n'était pas encore entièrement terminée, que déjà la république batave présentait le spectacle, offert quelques siècles auparavant par plusieurs républiques italiennes, d'une grande activité intellectuelle, se développant largement au milieu d'une grande activité industrielle et commerciale. Qui sait même s'il n'y avait pas là un peu de l'heureuse influence de l'exemple? Dans plusieurs occasions, en effet, nous voyons la Hollande agir comme si elle se fût proposé l'Italie pour modèle.

Pise, Padoue, Bologne avaient des jardins botaniques, quand il n'en existait nulle part encore en Europe. Le premier qui fut institué au delà des Alpes le fut en 1577 dans cette même ville de Leyde dont nous venons de parler; Paris n'eut le sien qu'en 1695; Montpellier nous avait devancés de quarante ans; mais Montpellier était à cette époque le siége de la première école de médecine de France, et la botanique alors n'était guère considérée que comme une des branches de la matière médicale. Ce serait donc peut-être aller trop loin que de représenter la fondation du jardin botanique de Leyde comme un premier effort en faveur des sciences naturelles; mais ce qui est certain, c'est qu'il existait déjà parmi les Hollandais un goût très-prononcé pour ces sciences considérées en elles-mêmes, ce que je nommerais un goût désintéressé, c'est-à-dire en dehors de toute idée d'applications; nous verrons en effet bientôt ce goût se manifester par des preuves non équivoques.

Il y avait pour les Hollandais plusieurs circonstances particulières qui devaient les porter vers l'étude de l'histoire naturelle; je me contenterai d'en indiquer une, parce que c'est peut-être la seule à laquelle on ne s'aviserait pas de penser.

Le climat de la Hollande est, on le sait, tellement humide que, pour empêcher tout de se couvrir de moisissure, il faut constamment nettoyer. La propreté n'est plus dans ce pays, comme elle l'est dans les autres, quelque chose de facultatif; c'est une condition nécessaire de l'existence. Or, comme la propreté n'est pas possible sans arrangement, le Hollandais devait être et est en effet un homme très-rangé; il devait l'être à double titre, car il est d'un naturel économe, et l'économie n'est profitable qu'au moyen de l'ordre dont l'arrangement est la manifestation extérieure.

Maintenant rappelons-nous que l'habitude a ceci de particulier qu'elle nous rend non seulement faciles, mais souvent agréables bien des choses que nous avions commencé à faire à contre-cœur; on était d'abord *rangé* par nécessité, on l'est plus tard par goût, et ce goût, chez certaines gens, devient une passion, une passion ardente qui les consume, les dévore, s'ils ne réussissent à lui trouver un aliment.

Qu'on se représente un homme qui, après de nombreux essais, a trouvé la disposition à la fois la plus commode et la plus plaisante à l'œil pour tous les objets que renferment ses magasins et ses comptoirs, son salon et sa chambre à coucher, sa cuisine et ses caves ; que fera-t-il maintenant? Se donner de la peine pour arriver à être plus mal lui semble dur : se résigner à être bien en restant inactif serait peut-être plus dur encore. Une ressource lui reste ; c'est d'agrandir le cercle dans lequel s'exerce son activité, d'acquérir de nouveaux objets qu'il aura le plaisir de ranger. Notre homme ne s'avoue peut-être pas à lui-même que le plus grand prix qu'ont à ses yeux ces nouvelles acquisitions consiste dans la peine qu'elles lui donnent, et, s'il le soupçonne, il veut du moins qu'aux yeux des autres elles aient un mérite apparent, quand ce ne serait que celui de la rareté. Telle est probablement une des causes (je suis loin de dire la seule) qui ont contribué à donner aux Hollandais le goût des collections de tout genre, goût certainement plus prononcé chez ce peuple que chez aucun autre.

Une collection, quelle qu'elle soit, ne promet guère d'abord à celui qui la forme qu'une jouissance solitaire ; mais d'autres plaisirs plus vifs, qui ont leur source dans l'amour-propre, et qui par suite sont mêlés de quelques chagrins, ne tardent pas à se joindre au premier. On devient fier de montrer son cabinet de curiosités ; on cherche à le rendre plus complet que celui du voisin, et l'on est au comble du bonheur si l'on croit y avoir une *pièce unique*. Gare alors à l'imprudent qui élèverait des doutes sur la valeur de ce joyau! son indiscrétion pourrait lui coûter cher. Tout le monde sait ce qui arriva à Hambourg au célèbre Linné, lorsqu'il eut montré que la merveille du musée Anderson, la fameuse hydre à sept têtes, n'était qu'un produit grossier de l'art; les amis du bourgmestre ne parlaient de rien moins que le tuer, et il fut tout heureux d'échapper de nuit.

Dans un pays comme la Hollande, où il y avait beaucoup de gens fort riches et peu de manières de dépenser l'argent, on pouvait consacrer aux collections des sommes énormes. On était en position excellente pour rendre ces collections non-seulement très-vastes, mais très-variées, puisque les ports de la république batave voyaient entrer journellement des navires venant de tous les points du globe. Les gens à qui l'état de leur fortune ne permettait pas de prétendre à la multitude des objets de curiosité s'attachaient à une classe de produits : tel n'estimait que les coquilles, tel autre ne faisait cas que des papillons; mais chacun, dans sa spécialité, s'efforçait d'être le plus complet possible, d'avoir des pièces qui ne se trouvaient pas dans les plus magnifiques musées. Bref, la vanité travailla aussi dans l'intérêt de l'histoire naturelle, et lui fournit d'inestimables matériaux.

Toutefois, hâtons-nous de le dire, si des passions mesquines, si de puériles manies tournèrent en Hollande au profit de la science, ce fut à des sentiments plus nobles qu'elle dut véritablement l'impulsion. Il se trouva dans ce pays des hommes qui usèrent, pour hâter ses progrès, de toute l'influence que donnent une haute position sociale, de grandes richesses et de vastes relations. Je regrette de ne pouvoir rappeler ici les noms en partie oubliés de ces hommes respectables qui forment, depuis la fin du xvie siècle jusqu'à nos jours, une série non interrompue et telle peut-être que n'en pourrait présenter aucune autre contrée. Je ferai pourtant une exception pour Laët, parce que ce fut sous ses auspices que parut l'ouvrage dans lequel on assigna pour la première fois aux phalangers leur véritable patrie.

C'est encore à un écrivain hollandais, quoi qu'en disent la plupart des naturalistes, qu'on doit les premiers bons renseignements sur l'organisation et les mœurs des animaux qui nous occupent, ou plutôt qui vont nous occuper, car jusqu'ici je n'ai guère fait que les nommer.

LE PHALANGER TACHETÉ ET LE PHALANGER A FRONT CONCAVE.

CLUSIUS. — VALENTYN. — BUFFON.

Dans le treizième volume de son *Histoire naturelle*, publié en 1765, Buffon donna la description et la figure de deux animaux, l'un mâle, l'autre femelle, qu'il croyait originaires de la Guyane, parce qu'ils lui avaient été adressés sous la dénomination, d'ailleurs évidemment très-impropre, de *rats de Surinam*. Malgré les différences assez prononcées qui s'observaient entre ces deux individus, mais qui pouvaient à la rigueur être considérées comme dépendantes du sexe, on n'hésita pas à les rapporter à une même espèce, qui fut jugée nouvelle, et que l'on dut songer à nommer.

« Aucun naturaliste, disait le célèbre écrivain, aucun voyageur, n'ayant nommé ni indiqué cet animal, nous avons fait son nom, et nous l'avons tiré d'un caractère qui ne se trouve dans aucun autre animal. Nous l'appelons *Phalanger,* parce qu'il a les phalanges singulièrement conformées, et que, de quatre doigts qui correspondent aux cinq ongles dont ses pieds de derrière sont armés, le premier est soudé avec son voisin, en sorte que ce double doigt fait la fourche et ne se sépare qu'à la dernière phalange pour arriver aux ongles. »

Cette soudure des doigts, qui paraissait une conformation tellement exceptionnelle qu'on l'eût prise probablement pour un cas de monstruosité si on n'avait eu l'heureuse chance de l'observer en même temps sur deux individus, s'est retrouvée depuis chez une foule d'animaux dont la plupart n'ont rien de commun avec ceux dont il est ici question, si ce n'est d'appartenir comme eux à la sous-classe des mammifères marsupiaux et à la faune australienne. C'est en effet dans les îles de l'Australasie, dans les îles Moluques et la Nouvelle-Guinée, qu'ont été retrouvées les deux espèces observées par Buffon, le *phalanger tacheté* et le *phalanger à front concave;* d'autres espèces habitent la Nouvelle-Hollande; aucune n'existe en Amérique, où la grande famille des Marsupiaux est représentée par un seul genre, le genre *Sarigue*.

La découverte des Moluques ayant suivi de très-près celle du continent américain, les animaux des deux pays auraient pu être connus presque en même temps en Europe. Cependant les premiers renseignements écrits relatifs aux phalangers sont de plus d'un siècle postérieurs à ceux qui concernent les sarigues[1]; et quoique, à l'époque où on les recueillit, les îles des Épiceries fussent encore au pouvoir des Espagnols, c'est aux Hollandais que nous en sommes redevables.

1. Cette singularité, nous l'avons déjà dit, s'explique jusqu'à un certain point par la différence très-marquée que présentaient, sous le rapport de la condition et du caractère, les aventuriers qui, à une certaine époque de la puissance espagnole, se portaient vers les deux Indes pour y faire fortune, les uns par les armes, les autres par le commerce. Les premiers avaient, au milieu de grandes fatigues, des intervalles de repos pendant lesquels ils se plaisaient souvent à retracer par écrit leurs combats, leurs voyages, les cas étranges dont ils avaient été témoins, les choses rares qu'ils avaient observées : ceux-ci prenaient surtout la route de l'ouest. Ceux qu'attiraient les îles des Épiceries y portaient, au lieu d'épée, une balance qui n'était pas toujours celle de la justice : une fois arrivés dans ces lieux, où ils trouvaient un travail plus constant, ils couraient peu, et n'écrivaient guère autre chose que leurs comptes; ils se seraient bien gardés, surtout, d'attirer par d'indiscrets éloges de nouveaux concurrents sur un marché où ils faisaient de si riches opérations. Ce sentiment jaloux n'existait pas, au reste, seulement chez les particuliers; il fut partagé par le gouvernement, qui, une fois maître de ces îles si longtemps convoitées, aurait voulu les tenir cachées au reste du monde, et n'encourageait en aucune manière les publications qui auraient pu attirer sur elles l'attention. La république batave, au reste, prouva plus tard, dans bien des cas, qu'elle ne trouvait illi-bérale cette politique que chez les autres.

Trois voyages d'exploration dans les mers de l'Inde et dans le golfe de Guinée, faits de 1597 à 1601, sous les ordres de l'amiral Vander-Hagen, avaient fourni des données très-importantes non-seulement pour le commerce, mais aussi pour la science. Les observations relatives à l'histoire naturelle furent extraites des journaux de route, communiquées à l'éditeur des œuvres de Clusius, et publiées, en 1611, à la suite des notes posthumes du savant botaniste. C'est dans cet appendice très-court, mais très-plein de faits, que se trouve la première indication positive de l'existence d'animaux à bourse dans l'Australasie; les compagnons de Vander-Hagen ayant eu l'occasion d'observer à Amboine des phalangers, le journal en fait mention dans les termes suivants[1] :

« Dans cette troisième expédition, nos gens virent un animal rare et vraiment merveilleux. Le *cousa*, c'est ainsi que le nomment les indigènes, est un peu plus grand qu'un chat, et roux de pelage; il porte sous le ventre une espèce de poche à parois velues, à l'intérieur de laquelle se trouvent les mamelles, et où naissent les petits. On les y voit d'abord fixés par la bouche aux mamelons dont ils ne se détachent point jusqu'à ce qu'ils aient atteint un certain degré de développement. Alors ils sortent pour la première fois du sac, mais ils y rentrent pour téter, et ne ces-

---

1. Plusieurs zoologistes modernes attribuent cette description à Clusius, ce qui prouve, ou qu'ils citent sur la foi d'autrui, ou qu'ils n'ont pas pris la peine de lire l'avertissement placé par l'auteur à la fin de l'extrait du voyage : l'extrait entier n'a cependant que quatre pages et demie d'impression.

sent d'y revenir que quand ils sont assez forts pour suivre leur mère et faire usage des mêmes aliments qu'elle. Les cousas se nourrissent d'herbes, de feuilles vertes et de légumes, etc. Leur chair est mangée par les Portugais et par les autres chrétiens du pays, mais non par les musulmans, qui les rangent dans le nombre des viandes impures, sous prétexte que les cousas n'ont point de cornes (ne sont point des ruminants). »

Nos navigateurs, en disant que les petits phalangers *naissent* dans la poche abdominale des mères, ne font évidemment que reproduire une opinion reçue dans le pays, et dont il leur était impossible, pendant une courte relâche, de vérifier l'exactitude. Sur tous les autres points, où ils semblent parler d'après leurs propres observations, les renseignements qu'ils nous donnent sont satisfaisants, et, tout incomplets que nous les puissions trouver aujourd'hui, nous ne voyons pas que les publications postérieures y aient beaucoup ajouté [1] jusqu'au moment où Valentyn fit paraître son grand ouvrage sur les Indes orientales (1724-1726).

1. Mandelslo, qui voyageait environ un demi-siècle après Vander-Hagen, n'a pas, comme semblent le supposer certains naturalistes, ajouté ses propres observations à celles qui avaient été déjà faites sur les phalangers. Il n'a jamais visité les îles où se trouvent ces animaux; mais, profitant d'un moment où le calme retient son navire dans le voisinage de l'île de Ceylan, il fait parcourir à ses lecteurs diverses parties de l'Asie tropicale, dans lesquelles il n'a lui-même jamais pénétré. Les renseignements obtenus sur ces pays par lui ou par son éditeur (car il est souvent difficile de distinguer ce qui appartient à l'un ou à l'autre) ne sont pas dénués d'intérêt, mais ne peuvent, bien

Dans ce livre, qui eût contribué puissamment aux progrès de l'histoire naturelle s'il eût été écrit en toute autre langue qu'en hollandais, on trouve sur les phalangers des Moluques des renseignements très-détaillés et en général très-exacts, au moins dans ce qui touche la conformation extérieure et les habitudes de ces animaux. L'auteur en distingue deux espèces, qu'il ne détermine pas d'ailleurs d'une manière assez précise. Il décrit aussi un autre marsupial, le petit kangourou d'Aroë, déjà indiqué par le voyageur Corneille Lebruyn, sous le nom de *filander* (c'est ainsi que les colons hollandais ont défiguré le nom indigène *pélandoc*).

Lebruyn, peintre habile, avait très-bien rendu les formes générales et le port du kangourou ; Valentyn, au contraire, échoua complétement lorsqu'il essaya de compléter par une figure ce qui pouvait manquer à sa description des phalangers. On eut au reste,

entendu, inspirer la même confiance que ceux qui ont été recueillis directement par le voyageur lui-même. Relativement au sujet qui nous occupe, quoique l'observateur anonyme n'ait pas connu les particularités les plus curieuses de l'organisation et des mœurs des phalangers, qu'il ne dise rien qui y puisse faire reconnaître des marsupiaux, comme il les désigne par le même nom, à peu près, que les compagnons de Vander-Hagen, il permet d'ajouter quelques nouveaux traits à leur histoire. Voici dans quels termes il en parle (*Traduction de Wicqueford*, t. II, p. 384) : « Il s'y trouve une sorte de bestes qu'ils appellent *cusos, qui se tiennent dans les arbres et ne vivent que de fruict.* Ils ressemblent à des lapins, et ont *le poil espais, frisé et rude,* entre le gris et le rouge ; les yeux ronds et vifs ; les pieds petits, *et la queue si forte qu'ils s'en servent pour se pendre aux branches afin d'atteindre plus aisément au fruict.* »

quelques années plus tard, une assez bonne représentation d'un de ces animaux dans le tome Ier du *Thesaurus* de Seba (pl. xxvi, fig. 4). Le dessinateur toutefois avait, de propos délibéré, rendu inexactement la conformation des pieds en donnant un ongle aux gros orteils, et il commit la même faute pour plusieurs sarigues qui faisaient également partie de cette riche collection. Quant au texte placé en regard des planches, il est, surtout dans la partie qui a rapport aux marsupiaux, extrêmement défectueux. Seba confond les phalangers non-seulement avec les sarigues, mais encore avec les *filanders*. Il place dans les grandes Indes ceux qui viennent des Indes occidentales; il mêle les passages qui se rapportent aux uns et aux autres; il les mutile et les dénature. Chaque auteur sort de ses mains défiguré, mais aucun autant que Valentyn, dont il ne prend que les parties faibles, et en les rendant même fort mal.

Buffon, qui malheureusement n'avait pas toujours le loisir de remonter jusqu'aux sources originales, prit l'article de Seba pour un résumé fidèle des opinions des divers auteurs cités, et il y puisa largement lorsqu'il eut à examiner, à l'occasion de l'histoire du sarigue-opossum, les divers renseignements fournis par les voyageurs relativement aux Marsupiaux. Déjà prévenu contre Valentyn par une phrase très-injuste d'Artedi, il ne trouva pas dans Seba de motifs pour altérer son opinion, et il parla avec le plus profond dédain d'un écrivain qu'il eût grandement prisé s'il eût pu le consulter directement[1]. Au reste, toute cette discussion, qui occupe une douzaine de pages dans le dixième volume de l'*Histoire naturelle,* péchait par les bases et tendait réellement à embrouiller la question, qui, même après la publication du tome treizième, où se trouve, comme nous l'avons dit, l'article sur les phalangers, resta encore quelque peu confuse.

Ce fut seulement dans le tome III des *Suppléments,* publié en 1776, que, se rendant aux observations de Vosmaer, il admit l'existence des marsupiaux asiatiques.

Le fait n'avait rien qui l'obligeât à revenir sur ce qu'il avait annoncé jadis concernant la distribution des mammifères à la surface du globe ; sa belle loi

---

1. Il suffira d'une seule phrase de Buffon pour donner une idée de la manière dont il traite Valentyn, « ce ministre de l'église d'Amboine, qui *cependant* a fait imprimer en cinq volumes in-folio l'*Histoire des Indes orientales :* »

« Le vrai de tout ceci, dit-il (*Hist. nat.,* t. X, p. 290), c'est que Valentyn, qui assure que rien n'est si commun que ces animaux aux Indes orientales, n'y en avait *peut-être* jamais vu ; que tout ce qu'il en dit, et jusqu'à ses erreurs les plus évidentes, sont copiées de Pison et de Marcgrave, qui tous deux ne sont eux-mêmes, à cet égard, que les copistes de Ximénès, et qui se sont trompés en tout ce qu'ils ont avancé de *leur fonds.* »

C'est bien à tort que Buffon comprend dans une réprobation commune Marggraf et Pison, le premier étant, pour la partie de l'histoire naturelle dont il s'est occupé, un auteur vraiment original et tout à fait digne de confiance. Buffon ne tardera pas, d'ailleurs, à lui rendre plus de justice, et nous le verrons dès le volume suivant, à l'occasion du Tapir, reproduire *in extenso* la description du naturaliste saxon. Pour les animaux américains, le témoignage de Marggraf n'est jamais à dédaigner : quant aux animaux de l'Asie, il n'en a point parlé.

sur l'indépendance absolue des deux faunes dans les régions tropicales de l'ancien et du nouveau continent demeurait intacte, et ce fut avec un juste sentiment de satisfaction qu'il en fit la remarque. D'ailleurs, loin de chercher des excuses pour ses premières erreurs, il prit soin lui-même de montrer comment, avec un peu plus d'attention, il aurait pu les éviter.

Un pareil aveu était bien fait sans doute pour désarmer la critique, et cependant il n'a pas sauvé à l'illustre écrivain une sévère réprimande de la part d'un naturaliste moderne, lequel, un moment après, et comme pour prouver que nul n'est impeccable, s'est laissé tomber dans une faute beaucoup plus grave. Son erreur, à laquelle j'ai fait allusion dans un précédent paragraphe, porte sur l'époque à laquelle les marsupiaux ont été connus en Europe, et je me vois obligé de la relever, puisque l'opinion que j'ai émise à ce sujet est tout à fait inconciliable avec celle que soutient M. Desmoulins dans le *Dictionnaire classique d'Histoire naturelle* (t. V, p. 488). Je la reproduirai dans ses propres paroles :

« Buffon, qui affecte tant d'érudition dans sa critique, aurait dû savoir que Plutarque, qui certes n'avait pu connaître les Didelphes d'Amérique ni en entendre parler, désigne pourtant, de la manière la plus claire, des animaux à bourse dans les îles orientales d'Asie :
« Fixez, » dit-il (*Traité de l'Amour des parents envers les enfants*), « votre attention sur les chats qui, *après*
« *avoir produit leurs petits vivants,* les cachent dans
« leur ventre, d'où ils les laissent sortir pour aller

« chercher leur nourriture, et les y reçoivent ensuite
« pour qu'ils dorment en repos. »

C'est M. Desmoulins, remarquons-le bien, qui de sa
pleine autorité place la scène dans les îles orientales
d'Asie. Plutarque ne dit pas un mot qui puisse faire
songer à ces îles dont probablement il a toujours
ignoré l'existence, et vers lesquelles, dans tous les
cas, rien en ce moment ne devait diriger sa pensée.
Son but étant d'inculquer un précepte de morale et
non de donner une leçon d'histoire naturelle, il devait
prendre ses exemples parmi les faits les plus familiers
à ses compatriotes ; or, le trait de mœurs dont il avait
besoin lui était justement fourni par des animaux des
mers de la Grèce, certaines espèces de squales ou
chiens de mer passant, à tort ou à raison, pour avoir
cette singulière manière de protéger leur progéniture.
Le fait, tenu pour constant par tous les gens de mer,
était, à cause de son étrangeté, infailliblement raconté aux passagers dans la moindre traversée, de
sorte qu'il ne pouvait guère être resté inconnu à notre moraliste. Admettons pour un moment qu'il ait
voulu y faire allusion dans la phrase citée plus haut,
et voyons si cette même phrase ne nous offrira pas
quelque indication favorable à notre conjecture. Nous
y apprenons que les animaux proposés ici en exemple
aux hommes mettent au monde leurs petits vivants :
la remarque sans doute n'aurait rien de faux, si on
voulait l'appliquer aux chats, mais elle serait complétement oiseuse, puisqu'il n'y a aucune espèce de
mammifères à laquelle elle ne convienne également

bien; appliquée à nos squales, au contraire, elle est à la fois juste et utile ; car ces animaux, qui sont en effet vivipares, comme on le savait dès le temps d'Aristote[1], se distinguent par là du commun des poissons. De pareilles anomalies sont toujours dignes d'attention[2], et nous n'avons point sujet d'être surpris en voyant celle-ci rappelée par Plutarque.

Nous avons maintenant un double motif de soupçonner le traducteur d'avoir commis quelque gros contre-sens, et il ne nous manque, pour en être complétement certain, que de pouvoir nous expliquer comment il a été conduit à prendre ainsi *chat* pour *chien*. Aurait-il pu être trompé par quelque ressemblance de mots[3]? C'est ce qu'il convient d'examiner.

Les chiens de mer ont été souvent désignés par les Grecs sous le nom de *galeos,* tandis que sous celui de *galè,* qui s'en rapproche beaucoup, ils ont indiqué, tantôt le chat domestique, et tantôt certains petits

---

1. Aristote, *Hist. des animaux,* l. I, c. 5; l. III, c. 1 ; et l. VI, c. 10.

2. La vipère fait, dans l'ordre des serpents, une exception toute semblable, et cette circonstance a paru assez remarquable pour qu'on en conservât le souvenir dans le nom donné à l'espèce. Vipère, en effet, dérive, comme tout le monde le sait, de l'adjectif *vivipara,* qui veut dire « mettant au monde des petits vivants. »

3. Ces ressemblances de noms ont introduit dans l'histoire naturelle une foule d'erreurs qui ne sont pas toutes, comme on serait tenté de le croire, imputables aux interprètes modernes de l'antiquité; les anciens peuvent en revendiquer une bonne part. Je me contenterai d'en citer ici un seul exemple. Oppien, dans son poëme des *Cynégétiques,* décrit, d'après un ouvrage qui n'est pas parvenu jusqu'à nous, mais qui semble dû à un bon obser-

carnassiers sauvages[1]. Les deux mots peuvent être aisément confondus, et tout nous porte à croire qu'ils l'ont été par l'auteur de la traduction dont nous avons rapporté un fragment[2]. Ce qui est certain, du moins, c'est que Plutarque, tant dans le passage en question que dans un autre où il revient sur le même fait[3], parle de poissons et non de mammifères ; chacun pourra s'en assurer en recourant, comme je l'ai fait

vateur, différents lynx ou chats à courte queue. Une petite espèce, dans la description originale, était désignée sous le nom d'ictis, nom qui a été appliqué tantôt à la fouine, tantôt à la loutre, tantôt à d'autres carnassiers à peu près de même taille. Le poëte, au lieu d'*Ictis*, a lu *Ictin*, qui est le nom du milan, et a fait entrer le mot dans son vers. Il n'y a pas ici à rejeter la bévue sur l'éditeur moderne, ou à l'attribuer au mauvais état du manuscrit ; la mesure, en effet, ne permet pas que l'on fasse la restitution que commanderait le bon sens.

1. Ce que j'ai dit du mot *ictis* est également vrai du mot *galè* ; ce serait vainement qu'on lui chercherait une signification bien précise. On le trouve appliqué à différents petits carnivores digitigrades, la plupart du genre martre ; il paraît avoir quelquefois désigné la genette, et même des mangoustes. Le mot *galictis*, formé de la réunion des deux autres, n'a pas non plus un sens bien précis.

2. La confusion entre les deux mots a été faite par Xylander, dans sa version latine des *Histoires merveilleuses* d'Antigone Carystien, chap. xxv, et justement relevée par Beckmann ; elle paraît même avoir été commise très-anciennement, et avoir grossi l'histoire de la belette de plusieurs traits empruntés à celle des squales. Nous la retrouvons au moyen âge. Ainsi dans le *Bestiaire d'amour*, de Richard de Fournival, on lit : « ... Et comme « la *Mostoile* (*mustela*) meesme qui porte ses faons, quand elle « les a enfantés par paor de perdre. »

3. Dans son *Traité de l'instinct des animaux*. Les deux passages ont été mieux compris par Amyot que par l'auteur de la traduction dont M. Desmoulins a fait usage.

moi-même (quoique déjà il ne me restât plus aucun doute), à l'ouvrage original et à un *lexicon*.

On n'a pas toujours par malheur, quand on rencontre des erreurs de ce genre, le moyen de trancher ainsi définitivement la question ; mais on peut encore, dans bien des cas, à l'aide du simple raisonnement, découvrir la vérité, remonter à l'origine de la méprise d'un traducteur ou d'un copiste, et, jusqu'à un certain point, restituer d'une manière plausible un texte peut-être à jamais perdu. C'est pour donner un exemple de ces travaux palingénésiques, déjà plus d'une fois couronnés d'un plein succès, que j'ai voulu conduire mes lecteurs par le chemin un peu détourné que j'avais suivi, lorsque, n'ayant pas sous la main le livre de Plutarque, je me trouvai pour la première fois en face du paradoxe dont M. Desmoulins voulait faire garant le bon vieil auteur.

M. Desmoulins, dans le passage que j'ai cité, ne se contentait pas, comme on a pu le remarquer, de taxer Buffon d'ignorance sur un point particulier, il lui reprochait encore de faire dans sa critique un vain étalage d'érudition. Or, quand la première partie de l'accusation eût été fondée, la seconde n'en serait pas moins fort injuste, et l'on en demeurera convaincu pour peu qu'on veuille se rappeler quels étaient les besoins de la zoologie, à l'époque où l'illustre écrivain commença à y consacrer sa plume déjà célèbre, mais jusque-là tout autrement occupée.

La science se trouvait à une de ces époques critiques qui précèdent soit un sommeil complet, soit un réveil soudain. Déjà riche d'un très-grand nombre de faits, ses nouvelles acquisitions commençaient à l'encombrer, à gêner sa marche ; elle paraissait près de rester stationnaire, lorsqu'elle reçut une double impulsion des travaux de Linné et de ceux de Buffon, travaux qui se complétaient mutuellement sans qu'il y eût d'ailleurs, en aucune façon, concert de la part des auteurs.

L'illustre Suédois, entré le premier dans la carrière, avait jeté les bases d'une classification élégante, simple, qui semblait très-suffisante, au moins pour établir un ordre provisoire, mais qui, à l'épreuve, ne tenait pas tout ce qu'elle semblait promettre, par suite du peu de temps que l'auteur avait pu donner à l'examen des espèces. Bien que leur détermination fût, de son aveu même, le principal fruit qu'on devait attendre de l'établissement d'une méthode artificielle, tout ce qu'il avait fait pour elles se réduisait à peu près à une nomenclature, excellente sans doute dans son principe, mais presque toujours incertaine dans les applications qu'il en faisait et d'ailleurs incomplète.

Buffon, vivement frappé de cette imperfection d'un travail qu'il aurait du considérer seulement comme inachevé, le déclara complétement inutile, et n'y voulut voir qu'un vain jeu de l'esprit. « La nature, disait-il, ne nous donne que des espèces ; les genres, les ordres, les classes n'ont d'existence que dans notre imagination. » Plus tard, à la vérité, il comprit ce qu'il y avait de trop exclusif dans cette idée ; il comprit du moins qu'elle n'offrait pas un argument valable contre l'emploi des classifications, puisque, même en les supposant tout à fait arbitraires, la seule considération qui devait les faire admettre ou rejeter était de savoir si elles pouvaient ou non faciliter l'étude; bientôt ce ne fut plus pour lui l'objet d'un doute, et ses derniers travaux furent ceux d'un véritable classificateur.

A aucune époque, du reste, il n'avait vu, dans les histoires particulières des espèces, l'histoire naturelle tout entière, mais il les considérait, avec raison, comme formant la partie fondamentale de la science, comme celle dont l'utilité pouvait le moins être contestée, et qui, en même temps qu'elle était à la portée des plus humbles intelligences, offrait aux esprits philosophiques la seule base solide sur laquelle ils pussent s'appuyer pour s'élever à la connaissance des lois générales de la nature animée.

Quand le cercle de ses travaux se fut agrandi, la comparaison qu'il ne pouvait s'empêcher de faire entre les êtres dont l'histoire l'occupait tour à tour lui fit apercevoir, à côté des dissemblances qui seules d'abord l'avaient frappé, des points de ressemblance non moins remarquables; il conçut dès lors, non-seulement la possibilité de former des groupes naturels, mais le parti qu'on pouvait tirer de ces rapprochements, et il parvint par ce moyen à simplifier et à abréger la longue tâche qu'il s'était imposée.

. Cette tâche restait encore bien vaste, même en la bornant à l'étude des mammifères, ou, comme on les appelait encore généralement, des quadrupèdes vivipares, puisqu'il n'y avait pas, pour ainsi dire, une seule espèce qui eût été complétement décrite, ou qui, du moins, l'eût été de manière à ne pas exiger un nouvel examen. Il jugea donc, et non sans raison, que le plus sûr parti était de décrire d'après nature tous les animaux qu'il pourrait se procurer. Or, comme il ne croyait pas devoir se borner à faire connaître les formes extérieures, il sentit le besoin de s'adjoindre un anatomiste, et il eut le bonheur de rencontrer Daubenton. Disons mieux, il eut le bon esprit de le choisir et l'art de le bien diriger; car, dans la précision de ses descriptions toutes tracées sur un plan uniforme, on ne peut s'empêcher de reconnaître les habitudes d'esprit contractées, dans l'étude des sciences physico-mathématiques, par le traducteur de Hales et de Newton.

Buffon avait commencé par s'occuper des espèces domestiques et des espèces sauvages les plus communes en France[1]. Plus tard il eut, pour obtenir

1. Nous n'essayerons pas ici de justifier l'ordre suivi par l'illustre naturaliste à son début, ordre que lui-même condamna plus tard tacitement, et qu'un de ses plus grands admirateurs, le célèbre Et. Geoffroy Saint-Hilaire, nous parait avoir parfaitement apprécié dans les deux phrases suivantes : « Buffon, privé d'abord du principe de la ressemblance des êtres, crut trouver un ordre plus rationnel en procédant du connu à l'inconnu; mais, il ne faut pas se le dissimuler, c'était uniquement un ordre relatif à ses propres besoins... Sa distribution des quadrupèdes, n'ayant pas pour base l'appréciation de leurs rapports de famille et de leurs degrés divers d'affinité, ne pouvait être qu'une combinaison propre à déguiser son peu d'habitude dans l'art d'apprécier ces rapports et ces affinités. »

celles des pays lointains, des ressources telles que n'en avait eues à sa disposition aucun naturaliste depuis Aristote. Cependant il sentit bientôt que le nombre des animaux qu'il pourrait décrire *de visu* serait toujours très-limité, et que pour tous les autres, s'il en voulait tracer l'histoire, il devait la composer des lambeaux épars dans les livres des naturalistes, des voyageurs, des historiens, etc. Or, ce n'était pas chose aisée que de recueillir et surtout de rapprocher convenablement ces lambeaux où le même nom s'appliquait à des animaux très-divers, où le même animal se présentait sous plusieurs noms différents. La tâche de l'érudit était à demi préparée par les recherches des Gesner, des Bochart, etc. ; celle du critique ne l'était en aucune façon.

Si l'on veut juger cependant de l'étendue et de l'importance de ce double travail, il est nécessaire de se rappeler que, du moment où il s'agissait des mœurs des animaux dont la connaissance forme dans l'histoire des êtres vivants une partie non moins essentielle que celle des formes, notre naturaliste ne trouvait pas, pour ainsi dire, un seul cas où il pût se contenter de l'observation directe; car, même pour un animal domestique ou pour un animal réduit en esclavage, les habitudes contractées sous l'influence de circonstances nouvelles diffèrent beaucoup de ce qu'elles auraient été dans l'état de nature. Il n'y avait donc pas une seule espèce dont l'histoire n'exigeât de sa part l'institution d'une sorte d'enquête dans laquelle une multitude de documents devaient être produits et débattus. Certes, quand nous le voyons abandonner pour ces investigations laborieuses, pour ces discussions ardues, les questions générales qu'il affectionnait par-dessus tout, et dans lesquelles le talent d'écrivain, dont il était à bon droit très-fier, se déployait avec tant d'avantages, nous devons lui savoir gré du sacrifice qu'il fait à la science. Si nous ne pouvons nous empêcher de reconnaître que son érudition, quelque peu superficielle, s'arrête souvent avant d'avoir pénétré jusqu'aux sources, et que ses jugements sur les auteurs et sur les ouvrages ne sont pas toujours assez médités, nous devons craindre de nous montrer trop sévères pour des défauts qui étaient presque inévitables : l'important pour lui était d'achever la tâche qu'il s'était imposée, et, avec cette idée, il devait se résigner d'avance à laisser quelques imperfections dans les détails.

Relativement aux animaux qui nous occupent, et que cette trop longue digression aura fait perdre de vue au lecteur, nous n'avons pas cherché à dissimuler ce que les travaux du savant naturaliste laissaient à désirer, et cependant, malgré ce que nous en avons dit plus haut, c'est dans son treizième volume, publié en 1763, que se trouvent les premières pages de l'histoire positive des phalangers. Les deux espèces qui y étaient décrites et figurées appartenaient définitivement à la science, et désormais on pouvait, lorsque de nouveaux individus se présenteraient à l'observation, savoir s'ils se rapportaient à une des espèces connues, ou s'il fallait en établir pour eux une nouvelle.

Le nombre des espèces que nous connaissons aujourd'hui est au moins de quatorze; et quand on les compare, on observe entre elles des différences tranchées qui permettent de les rapporter à trois groupes distincts : les *couscous* ou phalangers à queue nue, les *phalangers proprement dits,* dont la queue est revêtue jusqu'à son extrémité de poils plus ou moins longs, et les *phalangers volants,* dont la queue est également velue, mais qui se distinguent des autres au premier coup d'œil par un prolongement de la peau des flancs étendue, de chaque côté, du poignet à la jambe. Un zoologiste estimable a rejeté cette répartition comme étant fondée sur des caractères insignifiants, et en a donné une autre qui repose sur la considération des dents. Il nous semble qu'il s'est placé à un mauvais point de vue, puisqu'il a été conduit ainsi à séparer des espèces qui se rapprochent non-seulement par les formes, mais encore par la distribution géographique. Au contraire, dans l'autre système où l'on part des ressemblances extérieures, les rapports de patrie se trouvent admirablement conservés : ainsi les phalangers proprement dits et les phalangers volants (les uns et les autres à queue velue) appartiennent tous, sans exception, à la Nouvelle-Hollande et à la terre de Diémen, qui en est une dépendance ; tandis que les couscous ou phalangers à queue nue sont propres aux îles situées plus au nord, c'est-à-dire à la Nouvelle-Guinée, aux Moluques, etc.

Remarquons d'ailleurs que les ressemblances de forme, auxquelles on a, dans ce cas, cru devoir se conformer, sont loin d'être aussi insignifiantes que semblait le supposer le naturaliste auquel nous venons de faire allusion. Le genre de locomotion d'un animal influe tellement sur son genre de vie, que les organes qui servent à cette fonction fournissent souvent de très-bons caractères pour l'établissement des groupes secondaires. Or, la queue prenante des cous-cous fait l'office d'une troisième main, au moyen de laquelle des animaux lents et maladroits se cramponnent aux branches ou s'y suspendent, et se meuvent sans danger sur les arbres, où ils passent toute leur vie ; de même, chez les phalangers volants, la peau des flancs, tendue par l'allongement des membres, forme un véritable parachute qui soutient en l'air ces gracieuses créatures dans les sauts qu'elles exécutent d'un arbre à l'autre, et leur permet ainsi de franchir des espaces considérables.

En ayant égard à la forme de la queue, on a divisé les phalangers volants en deux sections : la première comprend plusieurs espèces dont la queue est uniformément garnie de poils ; l'autre ne compte jusqu'à présent qu'une seule espèce (le *Didelphis pygmæa* de Shaw), qui a les poils de la queue disposés très-régulièrement des deux côtés comme les barbes d'une plume le long de leur tige commune.

MM. Quoy et Gaymard d'un côté, et MM. Lesson et Garnot de l'autre, ont donné sur les habitudes des phalangers quelques détails qui confirment ceux qu'avait déjà donnés Valentyn, mais sans y rien ajouter; c'est donc au livre de cet estimable écrivain, si mal jugé par tous les naturalistes, que nous conseillerons de recourir.

Afin de justifier le bien que nous en avons dit, nous voudrions reproduire ici tout ce qu'il a écrit sur ces animaux, qu'il ne confond point avec les kangouros, quoi qu'en ait pu dire M. Lesson (*Dict. class. d'hist. nat.*, art. PHALANGERS); nous donnerons du moins une courte analyse de son travail, supprimant les détails anatomiques, qui en sont, il faut l'avouer, la partie faible.

Après avoir indiqué la patrie des couscous et annoncé l'existence de deux espèces distinctes, différentes par la taille et la couleur, Valentyn remarque que, relativement à ces deux caractères, le mâle et la femelle, dans une même espèce, ne se ressemblent pas complétement. Il mentionne ensuite la nature laineuse du pelage, les longs poils qui forment un bouquet au-dessus des yeux, la couleur rouge de l'iris, la forme conique du museau, la brièveté des oreilles qui sont garnies de poils épais, l'inégalité des membres dont les postérieurs sont plus longs que les antérieurs. Il remarque que ces derniers sont divisés en cinq doigts, tandis que les autres, dont la configuration rappelle celle d'une main (c'est-à-dire ayant un pouce opposable), n'ont que quatre doigts dont l'un est terminé par deux ongles. La queue, ajoute-t-il, est grosse et velue à son origine, nue en dessous à son extrémité que l'animal peut enrouler en crochet, et au moyen de laquelle il saisit fortement les corps qu'on lui présente. Les couscous, pour manger, s'assoient, dit-il, sur leur train de derrière, et se servent des pattes de devant pour porter les aliments à leur bouche. Ils exhalent une odeur très-forte, comparable à celle de l'*Halex littorea*. Les femelles portent sous le ventre une poche garnie de poils à l'intérieur et dont l'ouverture longitudinale est très-serrée, lorsqu'elles n'ont pas de petits ou en ont de très-jeunes. On ne sait pas encore, dit Valentyn, si c'est dans cette poche que naissent les petits, et on serait tenté de croire qu'ils y poussent aux mamelons comme les fruits aux branches : ce qui est certain, c'est que quand ils sont très-jeunes on ne peut les en arracher sans faire sortir du sang. On prend plus de femelles que de mâles, ce qui semble indiquer que celles-ci sont plus communes... Le nom màlais de ces animaux est *coessoe* (prononcez coussou), dont les Hollandais ont fait *coescoes* (et non pas *coèscoès*, comme l'écrivent plusieurs naturalistes modernes). On en trouve à Amboine et en général dans les Moluques; ils y vivent sur des arbres, et non dans les trous sous terre, comme le font les animaux qui leur ressemblent en Amérique (les sarigues). Ils choisissent pour leur demeure les arbres les plus touffus, aiment à se tenir cachés, et fuient les lieux fréquentés par les hommes; c'est pour cela qu'on en trouve moins à Amboine que dans les deux Ceram, et surtout dans la petite. Quand ils sont surpris par la vue d'un homme et ne peuvent se cacher au moment même, ils s'accro-

chent par la queue à une branche et se laissent pendre
ainsi, restant parfaitement immobiles. On peut alors,
en les regardant fixement, les faire tomber. Tout le
monde, au reste, ne parvient pas à les prendre de
cette manière ; les habitants d'Amboine n'y réussissent guère ; ceux d'Homma, au contraire, les manquent très-rarement. Les couscous pris jeunes s'ap-
privoisent sans peine ; et quoique dans l'état de
nature ils ne mangent que des bourgeons et des
fruits mous, dans l'état de captivité ils s'accommodent à peu près de tous les aliments. Pris vieux, on
ne parvient guère à les garder ; si on les approche,
ils grognent, et si on veut les toucher, ils cherchent
à mordre, mais surtout à égratigner. On ne tient pas
beaucoup, d'ailleurs, à les garder vivants, car l'odeur
qu'ils exhalent à l'âge adulte est très-déplaisante, et
cette odeur se retrouve même dans leur chair quand
on veut les manger bouillis ; quand on les fait rôtir,
cette odeur disparaît. Dans certaines îles, les habitants les font cuire sans les dépouiller de la peau, et
en se contentant de griller le poil ; la chair est tendre
comme celle du poulet. A Amboine, les Malais en
mangent, mais non les musulmans, qui la rangent
parmi les viandes impures[1] ; les chrétiens en mangent

1. La distinction entre viandes pures et impures qui est passée
des Juifs aux musulmans n'a pas grande importance dans la vie
commune tant qu'il ne s'agit que d'animaux sauvages qu'on
mange une fois par hasard. Il en est tout autrement pour les animaux domestiques ; et, faute de pouvoir manger du porc, Juifs
et musulmans peuvent être parfois soumis à de sévères priva-

aussi, mais seulement quand ils n'ont pas autre chose. Quoique son goût n'ait rien de désagréable, la chair des grands cependant a une couleur jaune qui répugne au premier abord.

tions. Des peuples qui auraient été assez disposés à se convertir à l'islamisme ont résisté pour cette seule raison. Cette remarque, qui n'a peut-être pas été faite jusqu'ici, mais que je n'en tiens pas moins pour bien fondée, s'est présentée à mon esprit lorsque je lisais il y à quelques années un livre fort bien fait sur les Moluques, écrit par un officier hollandais qui avait visité toutes ces îles par ordre de son gouvernement. J'ai reconnu qu'il y avait des musulmans dans toutes les îles où le buffle existe comme animal domestique, tandis qu'il n'y en avait point dans les îles où l'on trouve seulement des cochons. Il est évident pour moi que ce qui a déterminé ces derniers insulaires à ne point céder aux instances des missionnaires musulmans, c'est qu'ils ne pouvaient se résigner à se passer absolument de viande.

LES ÉDENTÉS.

Le nom d'*édentés* par lequel on désigne collective-
ment un groupe d'animaux, tous plus ou moins
étranges, ne peut s'appliquer, rigoureusement parlant,
qu'à quelques-unes des tribus de ce groupe; dans le
langage des naturalistes, il signifie seulement l'absence de dents à la partie antérieure des mâchoires;
c'est un caractère commun à toutes les tribus, à une
légère exception près, mais tandis que dans celle des
paresseux les incisives seules manquent en haut et
en bas, dans les *tatous* et les *oryctéropes* il y a de
plus absence de canines; enfin, il n'existe de dents
d'aucune sorte dans les *fourmiliers* et les *pangolins;* il n'y en a pas non plus dans les Monotrèmes,
que, pour cette raison, quelques naturalistes ont
comptés au nombre des édentés; tandis que d'autres,
en raison de la conformation de leur bassin, les ont
placés parmi les marsupiaux; au reste, les monotrèmes diffèrent tellement de tous les animaux dont
on a voulu les rapprocher, qu'on en doit former au
moins un ordre à part; si même on ne les fait entièrement sortir de la classe des mammifères, comme

l'ont proposé quelques zoologistes, pour en faire une classe intermédiaire entre celles des mammifères et des oiseaux.

« Les édentés, dit Cuvier, quoique réunis par un caractère négatif, l'absence de dents antérieures, ne laissent pas que d'avoir entre eux quelques rapports positifs. Ainsi, ils présentent en général de gros ongles qui embrassent l'extrémité des doigts, et se rapprochent plus ou moins de la nature des sabots ; de plus, ils sont remarquables par un défaut d'agilité et une lenteur dans les mouvements qui résultent évidemment de certaines dispositions dans leurs membres. »

Les édentés sont, comme les marsupiaux, des animaux à peu près inconnus aux anciens naturalistes, et qui ne l'ont été des modernes qu'à la suite des grandes découvertes géographiques du xvie siècle. D'après ce que nous avons dit en parlant des Moluques, on ne sera point surpris d'apprendre qu'il en fut pour les édentés exactement comme pour les marsupiaux, c'est-à-dire que ceux des Indes orientales furent connus très-tard et ceux des Indes occidentales de très-bonne heure. Les fourmiliers, les paresseux, les tatous sont déjà décrits dans l'ouvrage d'Oviédo (*Sumario de la Historia general i natural de Indias*), publié à Tolède en 1526, l'année même de la naissance de L'Écluse[1], à qui nous devons les premières notions sur le pangolin.

---

1. Plus généralement connu sous le nom de Clusius.

Provenant de pays lointains, il n'est pas extraordinaire qu'ils nous semblent *étranges*, puisque ce sont des *étrangers*; les deux mots ont en définitive la même signification, et dans notre vieux langage se prenaient indifféremment l'un pour l'autre. Aussi quand nous disons que les formes d'un animal sont étranges [1], cela veut dire seulement qu'elles diffèrent des formes que nous avons le plus habituellement sous les yeux; cela ne peut signifier qu'elles le rendent moins propre à tenir sa place dans la création ou qu'elles en fassent un être misérable.

A mesure que nous avançons dans la connaissance des mœurs des animaux, nous sentons mieux que chaque être a dans son organisation tout ce qu'il lui faut pour vivre commodément. Ainsi, nous sommes forcés de reconnaître que Buffon, qui cependant a d'ordinaire un sentiment très-juste des harmonies naturelles, s'est tout à fait trompé à l'égard du paresseux. Ce lent animal dont le sort lui paraissait si digne de compassion ne mène pas une vie plus malheureuse que le cerf de nos forêts. Ses membres, à la vérité, ne sont pas disposés pour courir, mais ils lui servent à se transporter commodément le long des branches des arbres où il trouve sa nourriture, et à s'y soutenir sans fatigue pendant tout le temps nécessaire. Ces cris mélancoliques, qu'on supposait

---

1. Si l'histoire naturelle avait été cultivée d'abord par les habitants de la Nouvelle-Hollande, leurs livres parleraient probablement de nos bœufs, moutons et chevaux, comme de bêtes très-singulières.

arrachés par la douleur que lui causerait le mouvement, ne sont rien moins que plaintifs. J'ai vu, sans pouvoir l'empêcher, tourmenter d'une manière barbare des animaux de cette espèce : la douleur ne leur arrachait aucun gémissement; les sons flûtés qu'ils font entendre la nuit, surtout lorsqu'il fait un beau clair de lune, sons qui rappellent les trois notes de l'accord parfait, ont, à la vérité, quelque chose de triste pour notre oreille, mais non pour celle des paresseux, chez lesquels ils sont un tendre appel.

Si nous avions vu en Europe des kangourous empaillés avant d'avoir rien appris des habitudes de ces animaux, en observant leurs petits bras presque inutiles pour la marche, nous aurions peut-être été portés à croire qu'ils ne pouvaient échapper que difficilement aux poursuites, et cependant les premiers voyageurs qui les ont aperçus surent à peine dans les commencements distinguer quelque chose de leurs formes tant ils fuyaient avec rapidité.

Pour revenir à notre sujet, c'est-à-dire aux édentés, nous dirons que l'ordre des édentés, en n'y comprenant point les *monotrèmes,* se divise en deux tribus, dont la première, celle des *tardigrades,* ne comprend que le genre des paresseux, lequel n'est composé lui-même que de deux espèces, l'*aï* et l'*unau*, l'une et l'autre habitantes des parties chaudes du continent américain.

Nous reviendrons peut-être plus tard sur leur histoire; pour le présent, nous nous contenterons de signaler une particularité que présente l'aï dans son squelette, particularité qui le distingue non-seulement de son congénère, mais de tous les édentés, de tous les mammifères même, et qui, par conséquent, a dû frapper beaucoup l'attention des anatomistes quand elle leur a été révélée.

Daubenton avait constaté que chez tous les mammifères sans exception, depuis la girafe dont le col est plus long que le corps, jusqu'au marsouin qui semble n'en pas avoir, les vertèbres comprises entre la tête et le tronc sont au nombre de sept, ni plus ni moins. Daubenton était très-circonspect et peu enclin à la précipitation quand il s'agissait de généraliser; cette fois, pourtant, les observations étaient si nombreuses, les résultats si constants, qu'il crut enfin pouvoir faire connaître la loi qu'il avait découverte; elle lui fit grand honneur parmi les anatomistes. Plus tard il regretta de l'avoir formulée, car il crut la voir démentie pour le cas de l'aï : chez cet animal, en effet, la cage de la poitrine ne commence qu'à la neuvième vertèbre. L'exception était d'autant plus surprenante que l'unau, si voisin de l'aï sur presque tous les points, rentre pour celui-ci dans la règle générale. Eh bien! l'exception n'était qu'apparente : l'aï n'a, comme tous les mammifères, que sept vertèbres cervicales; mais la première côte, presque rudimentaire, et la seconde, encore très-petite, avaient été enlevées avec les chairs dans la préparation du squelette. Celle qu'on avait prise pour la première était véritablement la troisième. Elle avait la forme arquée que nous considérons comme un caractère de ces os, et les deux premières, quand on a constaté leur présence, n'ont montré aucune courbure. Ce point curieux d'anatomie comparée a été très-bien éclairci par M. Thomas Bell dans un mémoire lu en 1833 à la Société zoologique de Londres.

La tribu des tardigrades, avons-nous dit, ne se compose que d'un seul genre; mais si l'on comprend dans le cadre zoologique les espèces perdues, il faut rattacher à ce premier groupe des édentés deux espèces d'animaux antédiluviens dont les débris ont été aussi trouvés en Amérique. Ils étaient l'un et l'autre de taille colossale, et comparable à celle de l'éléphant, tandis que le paresseux est à peine gros comme un chien. On leur a donné les noms de *mégathérium* et de *mégalonyx*. Leur système dentaire diffère d'ailleurs à certains égards de celui des paresseux.

Les édentés de la première tribu ont un régime purement végétal; ceux de la seconde, au contraire, se nourrissent principalement d'insectes et de cadavres. Les naturalistes les ont répartis, d'après la considération des dents, en deux groupes, dont l'un comprend les genres *tatou* et *oryctérope,* chez lesquels on trouve encore des dents mâchelières, l'autre les genres *fourmiliers* et *pangolins,* chez lesquels il n'y a plus aucune sorte de dents. Cette distribution ne semble pas complétement satisfaisante, car les oryctéropes ressemblent, à bien des égards, aux fourmiliers, tandis que les tatous se rapprochent des pangolins par la cuirasse écailleuse dont leur corps est revêtu, et par la faculté qu'ils ont presque tous plus ou moins de se rouler en boule lorsqu'ils sont menacés de quelque danger.

Les tatous et les fourmiliers appartiennent tous aux parties chaudes de l'Amérique; ayant eu occasion d'en observer plusieurs espèces dans leur pays natal, je m'arrêterai quelque peu sur leur histoire. Je serai court, au contraire, dans ce que je dirai des oryctéropes et des pangolins, les premiers exclusivement africains, les autres représentés à la fois dans la faune africaine et dans celle de l'Inde.

L'*oryctérope* qui, à raison de son genre de vie, a été d'abord confondu avec les fourmiliers, mais que son organisation en sépare bien nettement, n'a d'abord été connu que comme un animal du cap de Bonne-Espérance, où les colons hollandais l'avaient nommé cochon de terre, rappelant ainsi à la fois sa vie souterraine et sa taille comparable à celle du porc, fort supérieure, par conséquent, à celle des animaux fouisseurs d'Europe. On en a retrouvé depuis, d'abord au Sénégal, ensuite en Abyssinie et dans la région du Nil blanc. Les naturalistes sont disposés à y voir trois espèces distinctes, quoique très-voisines.

L'oryctérope du cap, le seul dont on connaisse bien l'organisation et dont on ait un peu étudié les habitudes a, comme on a voulu l'indiquer par le nom qui lui a été imposé, des pieds disposés pour fouir; ses ongles, aux membres antérieurs, sont peut-être moins propres que ceux du tamanoir à entamer la maçonnerie qui revêt, dans les pays tropicaux, la demeure des fourmis et des termites; aussi ne dit-on pas qu'il les démolisse en les attaquant par l'extérieur, et, suivant Kolbe, il se contenterait de se tenir auprès de la fourmilière, allongeant la langue et attendant que les insectes viennent s'y engluer; cela me paraît peu probable, et je suis porté à croire qu'il attaque la place par-dessous. Il est en effet très-habile mineur, et les ongles élargis qu'il porte aux pieds lui servant comme de pelle pour rejeter au dehors les matières meubles que ses mains ont détachées, il a très-promptement pratiqué une galerie. Sa demeure ordinaire est dans un terrier, et on rapporte de lui au Cap ce que j'ai entendu sur les bords de l'Orénoque conter du tatou cachicame, c'est-à-dire que si on le saisit par la queue lorsqu'il a le corps déjà entré dans son trou, les forces d'un homme ne suffisent pas pour l'en arracher. On rapporte aussi de lui ce qui se dit au Paraguay du tamanoir : qu'il suffit d'un coup de bâton sur la tête pour le tuer. J'aurai bientôt occasion de revenir sur ce sujet en parlant des fourmiliers et des tatous. Je commencerai par m'occuper de ces derniers.

DES TATOUS.

Le mot *tatou* nous vient des Indiens Guaranis, qui s'en servent pour désigner en commun toutes les espèces du genre, distinguant d'ailleurs chacune par une épithète, en général bien appropriée. Les tatous forment en effet un groupe très-naturel où l'on n'observe que des nuances. Il devra donc être conservé dans son intégrité, bien qu'on ait proposé, il y a quelques années, d'en détacher une espèce remarquable, à cause d'une particularité dans sa dentition restée jusque-là inaperçue.

Pendant longtemps on avait cru tous les tatous sans exception dépourvus d'incisives. M. Frédéric Cuvier cependant montra dans une espèce déjà connue, mais jusque-là mal observée, des dents qui, d'après leur position, devaient être considérées comme incisives, deux en haut et quatre en bas, de sorte que l'animal aurait dû sortir non-seulement du genre qui comprend les autres espèces, mais encore de l'ordre des Édentés. Cette séparation, comme le remarque très-justement M. Desmarest, « romprait une infinité d'autres rapports plus essentiels que celui qu'offre le système dentaire dans des animaux qui ne vivent que de substances molles, et qui ne paraissent pas faire un usage bien actif de leurs mâchoires[1]. » D'après ces considérations, il semble convenable de ne point rompre

1. Un caractère en zoologie ne conserve de valeur qu'autant que l'organe dont il est tiré conserve lui-même de l'importance pour la vie de l'animal. C'est une vérité que notre grand Cuvier ne perd jamais de vue et qui l'empêche de pousser au delà de ses limites légitimes l'application des règles qu'il a posées. S'agit-il, par exemple, de la distribution des oiseaux pour lesquels la forme du bec est ce qu'est pour les mammifères la disposition du système dentaire, il établira dans le grand ordre des Passereaux la famille des Dentirostres, caractérisée, comme le nom l'indique, par une échancrure du bec. Cette échancrure rappelle le crochet, en forme de dents, si remarquable dans le bec des faucons,

un groupe si naturel et de créer seulement un nouveau sous-genre qui aura pour type l'espèce dont s'est occupé M. F. Cuvier. Un individu de cette espèce a vécu au Jardin des Plantes : c'était un animal craintif, nocturne, qui cherchait toujours à échapper aux yeux et, pour cela, aplatissait son corps contre terre, de façon à présenter presque trois fois plus de largeur que de hauteur; monté sur de très-petites jambes comme tous ses congénères, il courait cependant avec beaucoup de vitesse. Il est connu des naturalistes sous le nom de *talou-encoubert*.

Ce nom ou du moins son correspondant espagnol, *encubertado*, a été appliqué d'abord non pas à l'espèce qu'il désigne aujourd'hui, mais à la première qui s'offrit à l'observation des conquérants du Nouveau-Monde, probablement à un cachicame. Le mot est, en son sens propre, un adjectif qui, appliqué au cheval, signifie *caparaçonné*, et on n'en pouvait trouver un mieux choisi. C'est celui dont s'est servi Oviédo lorsqu'il a eu à décrire l'animal dans son *Sommaire de l'Histoire générale et naturelle des Indes*; sa description, qui forme le chapitre XXIV du livre, est assez courte pour que nous puissions la reproduire en son entier.

qu'elle rend propre à diviser des chairs et à briser des os. Le crochet est encore assez marqué chez certains genres de passereaux, tel que celui des pies-grièches, où il est de même l'indice de mœurs querelleuses et d'appétits sanguinaires; dans le reste de la famille il tend de plus en plus à s'effacer, à perdre sa signification, de sorte qu'enfin notre naturaliste n'hésite point à comprendre dans un même genre deux espèces dont l'une montrera une échancrure au bec, tandis que l'autre en sera dépourvue.

« Les *caparaçonnés* sont des animaux très-curieux et d'un aspect fort étrange aux yeux de nos chrétiens, ne ressemblant à aucun de ceux dont il est parlé dans les livres ou qui ont été vus en Espagne. Ce sont des animaux à quatre pieds et dont le corps et la queue sont bien d'un quadrupède, mais dont l'enveloppe rappelle celle des lézards. Cette enveloppe est de couleur blanchâtre et disposée comme l'armure d'un cheval de guerre avec toutes ses pièces, de flancs, de croupe, de col et de tête. A le voir, on dirait un *destrier bardé*, la queue, les jambes, les oreilles sortant en leur lieu du dessous de cette cuirasse. Les caparaçonnés sont de la taille de nos petits chiens; ils sont incapables de nuire, timides et se cachant dans des trous qu'ils creusent en terre, à la manière des lapins d'Europe, se servant pour cela de leurs pieds de devant. Comme ils sont très-bons à manger, on en prend avec des filets, et quelquefois on les tue avec des arbalètes; mais le plus communément ils sont pris lorsqu'on met le feu aux prairies, ce qui se fait pour renouveler l'herbage dont se nourrit le bétail que nous avons introduit. »

Les *encouberts* ou *armadilles*, car on leur donna aussi ce nom qui fait également allusion à leur cuirasse, mais sans l'indiquer d'une manière aussi précise, ne tardèrent pas à être vus en Europe, s'ils ne l'avaient été déjà au moment où parut le livre d'Oviédo écrit en 1525, pendant un séjour de l'auteur en Espagne, et publié l'année suivante. C'est en effet à peu près vers cette époque que Cortez montrait à la cour de Charles V, parmi d'autres curiosités rapportées du Mexique, un tatou de ce pays. Gomara, qui rappelle le fait dans sa *Chronique de la Nouvelle-Espagne*, nous apprend que les Mexicains nommaient le tatou *Aiotochtli*, c'est-à-dire *lapin en calebasse,* indiquant à la fois la dureté de son enveloppe et son habitude de se creuser des terriers.

Rien de plus facile à trouver qu'une dépouille de tatou, rien de plus commode à transporter et qui se conserve mieux, n'ayant que très peu à souffrir des attaques des insectes ; aussi est-ce une de ces curiosités dont se chargent volontiers les voyageurs à l'époque du retour. Tout le monde en a vu, chacun connaît leurs formes générales et peut reconnaître qu'Oviédo n'en donnait pas une trop mauvaise idée. Il ne sera pas inutile cependant de présenter quelque chose d'un peu plus précis, et c'est au *Règne animal* de Cuvier que nous l'emprunterons en retranchant peu de chose du texte.

« Les tatous sont remarquables entre tous les mammifères par le test écailleux et dur, semblable à de petits pavés, qui recouvre leur tête, leur corps et souvent leur queue. Ce test forme un bouclier sur le front, un second très-grand et très-convexe sur les épaules, un troisième semblable au précédent sur la croupe, et entre ces derniers plusieurs bandes parallèles et mobiles qui donnent au corps la faculté de se ployer. Le queue est tantôt garnie d'anneaux successifs, tantôt seulement, comme les jambes, de divers tubercules. Ces animaux ont de grandes oreilles, de grands ongles, toujours au nombre de cinq, aux pieds de derrière, tantôt de quatre et tantôt de cinq aux pieds de devant; leur museau est assez pointu, leur langue lisse et peu extensible ; ils ont de chaque côté, en haut et en bas, sept à huit mâchelières, quelques poils épars entre leurs écailles ou sur les parties de la peau qui n'ont point de test. Ils se creusent des terriers et vivent en partie d'insectes et de cadavres... On peut les distinguer en sous-genres, d'après la structure de leurs pieds de devant et le nombre de leurs dents. »

Buffon avait pensé que l'on pouvait distinguer les espèces d'après le nombre des bandes qui couvrent la partie moyenne du corps ; mais d'Azara, dans son *Histoire des Quadrupèdes du Paraguay,* ouvrage qui renferme d'excellentes observations sur la conformation et les mœurs de ces animaux, a montré qu'un pareil caractère était absolument sans valeur, le nombre des bandes pouvant varier avec l'âge.

Quelques tatous, quand un danger soudain les menace, s'enroulent à la manière de notre hérisson, et dans cet état ne présentent à l'ennemi que les parties de leur corps revêtues de la cuirasse. D'autres, moins favorisés sous ce rapport, ne peuvent que se ramasser sur eux-mêmes et sans faire complétement la boule ; les plus souples, à ce qu'il paraît, sont ceux qui manquent d'un autre genre de protection, ceux qui ne savent pas creuser des terriers.

Un des meilleurs fouisseurs est sans contredit celui qui porte le nom de *cachicamo* dans la Nouvelle-Grenade et le Venezuela : j'ai eu assez souvent occasion de le voir; dans les plaines du Méta surtout, j'ai trouvé ses terriers très-nombreux. Comme il les creuse avec grande facilité, il paraît les abandonner de même aisément, et ils servent alors de demeure au *hibou à clapier,* qu'on voit souvent se tenir droit au-devant de l'entrée, rentrant dans les profondeurs dès que quelqu'un s'approche. J'ai voulu une fois introduire mon bras dans une de ces galeries, espérant prendre l'oiseau par la queue, et de n'avoir rien à craindre de son bec : j'en fus empêché par mon guide qui prétendit qu'une même demeure abritait souvent un hibou et un serpent à sonnettes. Ces serpents sont en effet très-communs dans le pays, et fort disposés à s'emparer sans façon du premier trou qui se présente; mais ce dont je doute fort, c'est que la chouette consente à faire avec lui ménage commun; le tatou, si je ne me trompe, ne le voudrait pas davantage; la chouette ira chercher quelque autre terrier abandonné, le tatou s'en creusera un nouveau.

Pour donner une idée de la facilité avec laquelle l'animal fouille la terre, on dit communément que, lorsqu'il est surpris en rase campagne et loin de son trou, il commence aussitôt à fouir, et de telle vitesse qu'on doit accourir bien vite si l'on veut avoir le temps de le saisir par la queue. Même dans ce cas on n'en est pas encore le maître, car en s'arc-boutant du dos et se cramponnant des quatre pieds il oppose une résistance invincible. On lui arracherait, dit-on, la queue plutôt que de l'obliger à céder. Mais où la force seule ne suffirait pas l'adresse réussit; pendant qu'une main le retient, l'autre, armée du bâton, le frappe vivement dans la partie qui se présente; par un mouvement instinctif le tatou replie ses pattes pour s'enrouler, comme il a coutume de le faire en cas de danger, c'est le moment qu'il faut prendre pour l'amener au dehors.

On a fait la même histoire à d'Azara et il la traite de conte ridicule; je me bornerai à remarquer que le conte est du moins fort répandu, puisque la province où je l'ai entendu pour la première fois est bien éloignée du Paraguay.

Les diverses espèces de tatous sont aisées à distinguer les unes des autres par la taille, les proportions, la couleur, la distribution des plaques, la forme des ongles, l'abondance ou la rareté des poils et autres détails d'organisation; toutes cependant se ressemblent tellement par les formes générales qu'on ne peut jamais hésiter dans l'application du nom générique. Il n'y a qu'une seule exception, c'est pour l'espèce, type du sous-genre chlamyphore, qui n'en compte pas une seconde. Elle s'éloigne assez de toutes les autres pour qu'on en puisse faire le type d'un genre distinct venant immédiatement après celui des tatous.

Le *clamyphore* n'est connu des naturalistes que depuis quelques années, et c'est une raison pour que nous en parlions un peu plus longuement. L'animal fut apporté du Chili à Philadelphie vers la fin de 1824, et décrit l'année suivante par M. Harlan dans les *Annales du Lycée de New-York*.

LE CLAMYPHORE.

Chez les tatous proprement dits, les diverses pièces de l'armure tiennent intimement à la peau, ou plutôt sont développées dans son épaisseur même; mais chez le clamyphore, cette cuirasse est séparée du corps dans presque toute son étendue; on peut introduire la main entre la face inférieure et la peau qui revêt le dos et les flancs de l'animal, de sorte que l'on serait presque tenté de croire que le clamyphore peut, suivant les besoins, revêtir ou quitter ce corselet.

Sa taille atteint à peine celle de la taupe, à laquelle on peut le comparer en raison de ses habitudes souterraines, et de certaines particularités de structure qui sont liées au reste avec ce genre de vie : telles sont l'extrême petitesse des yeux, organes en effet à peu près inutiles à des êtres qui vivent habituellement dans les ténèbres; une sorte de boutoir très-convenable à un animal fréquemment occupé à fouir; enfin des bras vigoureux pour exercer son rude métier de mineur, des mains larges pour enlever à la manière d'une pelle la terre remuée, et des ongles forts et tranchants, capables d'entamer le sol, quelque dur qu'il soit. Du reste, entre la main de la taupe et celle du clamyphore, il y a cette différence, que la première l'a dirigée en dehors et l'autre en dedans. Les membres postérieurs sont faibles chez les deux animaux, et à la surface du sol il est probable que le clamyphore ne se mouvrait pas avec plus d'agilité que notre taupe.

La tête du clamyphore est couverte d'un seul plastron à compartiments arrondis. La cuirasse qui revêt le corps résulte de l'assemblage de lames étroites dont chacune se compose elle-même, suivant le rang qu'elle occupe, de 15 à 22 plaques quadrangulaires. Cette enveloppe, qui dans aucun point n'a pas plus d'une ligne d'épaisseur, présente plus de consistance et moins de flexibilité qu'une semelle de cuir également épaisse. Elle est, comme nous l'avons dit, libre partout, excepté le long de l'épine et à la nuque ; elle est attachée au dos seulement par un prolongement de peau assez lâche, mais elle se fixe plus solidement à la tête sur deux protubérances qui s'élèvent de l'os frontal. Sans cette adhérence et sans la disposition de la queue, qui est fortement recourbée en arc, l'écaille serait facilement enlevée.

Les lames du dos ont la forme d'un busc arqué ; celles de la partie postérieure sont plates et ont la figure d'un fer à cheval. Dans l'échancrure qu'offre le bord inférieur de la dernière se loge la partie descendante de la queue qui bientôt après se recourbe pour se porter directement en avant, et se termine par une sorte de pelle ou de spatule.

Toute la surface du corps est couverte d'un beau poil soyeux aussi brillant et plus long que celui de la taupe, mais moins épais. On en voit sortir au-dessous de la dernière rangée des plaques du dos, garnissant ainsi d'une sorte de frange le bord de cette cuirasse. Les oreilles et les yeux sont aussi protégés par de longs poils, au milieu desquels ces organes sont comme cachés.

Le clamyphore porte, dans la langue du pays dont il est originaire, le nom de *pechichiago*.

ÉDENTÉS PROPREMENT DITS.

De tous les animaux compris par les naturalistes sous ce nom collectif d'Édentés, les pangolins, comme nous l'avons dit, sont, avec les fourmiliers, les seuls qui méritent véritablement cette qualification.

En voyant des êtres dont les mâchoires sont constamment aussi dégarnies que celles de l'enfant qui vient de naître, on a peine à concevoir comment ils peuvent se procurer leur subsistance, et on est disposé à les croire sans cesse exposés à mourir de faim; cependant, quand on les trouve, ils n'ont pas l'air d'avoir pâti. Ils ne peuvent à la vérité manger de la chair, comme les tatous, ou broyer des feuilles, comme les paresseux; ils ne peuvent même écraser des insectes un peu consistants, tels que les gros coléoptères, ainsi que le font dans notre pays les hérissons, et ils sont réduits à vivre de très-petits insectes, de fourmis et de termites. C'est un singulier genre d'aliment pour un animal de la taille du tamanoir; j'en ai pris un pourtant qui avait sur les côtés une couche de graisse épaisse de deux doigts. La petitesse de la proie est compensée par son abondance et par la facilité avec laquelle le chasseur peut se la procurer.

Nous avons en France un animal qui se nourrit aussi de fourmis, et qui se trouve fort bien de ce régime ; car il est souvent très-gras, surtout vers la fin de l'automne. Ce n'est pas un quadrupède, il est vrai : c'est un oiseau, le pic vert ; mais les moyens dont il a été pourvu pour attraper les insectes n'en sont pas moins comparables à ceux qui ont été accordés aux fourmiliers. Un bec conique et très-résistant, une grande force dans les muscles du cou, permettent à l'oiseau d'entamer l'écorce des arbres, sous laquelle les insectes ont cru trouver un refuge ; puis il fait pénétrer dans l'ouverture une langue étroite, démesurément longue et enduite d'une matière visqueuse, à laquelle s'attachent, bien malgré elles, les pauvres fourmis qui se trouvent sur le passage de ce dard vivant.

Le tamanoir entame les dures murailles des fourmilières et des buttes de termites avec ses puissants ongles, et quand l'ouverture est suffisante pour passer un doigt, il y enfonce profondément sa langue qui ressemble à un énorme ver de terre, et la retire toute couverte d'insectes pris à la glu. J'ai mesuré la langue d'un tamanoir récemment mort, et la partie que je faisais sortir hors de sa bouche, en tirant très-modérément, n'avait pas moins de 42 centimètres de longueur. La langue, chez les pangolins, est aussi très-extensible, mais pourtant pas au même degré ;

d'ailleurs, au lieu d'être cylindrique, elle est aplatie comme celle de presque tous les mammifères.

Cette langue longue et étroite qui s'introduit à travers la moindre fissure ; ces ongles puissants, propres à ouvrir la brèche, sont nécessaires à des animaux dont les mâchoires sont complétement dépourvues de dents. Avec les mêmes imperfections et les mêmes ressources dans les instruments mis au service de l'alimentation, les pangolins et les fourmiliers ne pouvaient guère manquer de poursuivre les mêmes proies, la conformité à cet égard était donc en quelque sorte attendue. Mais on observe entre les espèces appartenant à ces deux genres d'autres conformités dont la raison n'est pas aussi apparente. Ainsi, des trois espèces de fourmiliers, la moyenne et la petite passent presque toute leur vie sur les arbres, et la grande, qui dans l'état adulte ne quitte guère le sol, offre dans le jeune âge une tendance à grimper. La faculté de grimper existe aussi chez les pangolins ; du moins on l'a constaté pour les espèces qui ont été le mieux observées, et il y a apparence qu'elle est commune à toutes.

Remarquons en passant une autre conformité d'habitudes qu'on ne s'étonne point de trouver chez des animaux qui font leur séjour ordinaire sur les arbres, et qu'on s'explique fort bien, dans quelque genre et dans quelque famille qu'on la trouve : c'est l'habitude de la femelle de porter son petit ou ses petits sur son dos. On la connaît de temps immémorial chez les singes. Nous l'avons signalée pour les sarigues chez les Marsupiaux; elle existe parmi les Édentés chez les tardigrades ou paresseux : on l'a constatée chez le moyen fourmilier, et on ne peut guère douter qu'elle existe aussi chez le petit. On aurait pu douter qu'elle se retrouvât chez la grande, pour laquelle on n'en voit pas la nécessité, puisque l'animal cesse d'être grimpeur dès qu'il devient adulte; le fait cependant m'a été attesté par plusieurs des personnes qui ont pris part avec moi à une chasse du tamanoir dont je parlerai bientôt. Elles m'ont dit, et sans que je les provoquasse par des questions, avoir vu le jeune animal porté sur le dos de sa mère à califourchon, jambe de çà, jambe de là, protégé au besoin par la large queue qu'elle reployait sur lui, de manière à le couvrir entièrement.

LES PANGOLINS.

Les ressemblances qui viennent d'être indiquées entre les fourmiliers et les pangolins ne sont pas les seules, et l'on en trouverait encore d'autres assez remarquables si l'on poursuivait cet examen comparatif en l'étendant aux organes internes. Pour l'aspect extérieur, au contraire, on n'est frappé que par les différences : tous les fourmiliers sont couverts de poil, tous les pangolins d'écailles imbriquées et formant une armure. On pourrait être tenté à première vue de rapprocher ceux-ci des tatous. Mais en y regardant d'un peu plus près, on remarque que tandis que

chez ces derniers les pièces de la cuirasse sont disposées en plastron et en bandes transversales, chez les
autres elles se composent d'écailles imbriquées se recouvrant à la manière des feuilles d'un artichaut.
Ces pièces, d'ailleurs, sont de nature très-différentes.
Dans les tatous, c'est la peau qui s'ossifie, et chaque
plaque osseuse est revêtue de son épiderme; dans les
pangolins, les écailles sont de substance cornée, implantées dans le derme comme les ongles et poussant de même.

On croit assez généralement qu'Élien a connu
l'existence des pangolins de l'Inde, et que c'est d'eux
qu'il a voulu parler dans le passage que nous allons
reproduire :

« Il y a dans l'Inde une bête dont la forme rappelle celle du crocodile terrestre; sa taille est celle
d'un chien de Malte; sa peau est si dure et si rude
qu'on peut l'employer en guise de lime, car elle entame le bronze et use jusqu'au fer. Les Indiens
nomment *phattagen* cet animal. »

Il n'y a dans tout ceci, comme on le voit, pas un mot.
qui rappelle le trait le plus saillant dans la configuration du pangolin : ces larges écailles à bord tranchant
qui leur forment une armure à la fois si résistante et
si souple, armure que les Grecs n'eussent pas manqué
de comparer à celles qu'ils avaient vues, dans leurs
rencontres avec les barbares, portées par certains
cavaliers. Dans tous les cas, la vue des dépouilles de
l'animal ne saurait faire naître l'idée d'une râpe; le
rapprochement, au contraire, n'a rien d'invraisem

blable si l'on suppose pour un moment que l'animal comparé au *crocodile terrestre* (monitor d'Égypte) était lui-même un de ces grands lézards à peau chagrinée comme il en existe dans l'inde. Cette peau a bien pu être confondue avec le vrai *chagrin* qui vient du même pays et qui, s'il ne ronge pas le fer et l'acier, peut, comme notre *papier à polir*, être employé pour rendre aux métaux leur éclat. Ce chagrin, ou *galuchat*, n'est pas la dépouille d'un animal terrestre, mais est fourni par divers poissons cartilagineux, certains squales et surtout la raie Sephen.

D'Élien, mal à propos cité pour l'histoire des pangolins, il nous faut sauter jusqu'à de l'Écluse (*Clusius*) pour avoir sur cet animal un premier renseignement; mais ce renseignement est précis, exact. L'auteur décrit et figure très-bien une peau qu'il avait vue en 1604 chez un droguiste de Leyde et qui était donnée pour une peau de lézard. On n'en connaissait pas la provenance. L'Écluse avait déjà reçu d'un ami quelques écailles provenant de la dépouille d'un semblable animal: auparavant même il avait vu, chez un marchand de curiosités d'Amsterdam, une autre peau semblable, mais beaucoup plus petite et qui n'avait pas suffisamment fixé son attention.

Bontius, mort à Batavia en 1631, nous a laissé dans ses notes publiées plus tard par Pison (1658) une figure plus grossière, mais très-reconnaissable, d'une seconde espèce indienne que les matelots hollandais nommaient diable de Tajoan, parce que c'était dans cette île qu'ils l'avaient d'abord remarquée. La description est courte, mais remarquable par le rapprochement que fait notre auteur de l'édenté indien avec les édentés américains; il le rapproche du tamanoir, pour la longueur de trois des ongles qu'il porte aux pieds de devant, et remarque qu'il s'en sert comme le tamanoir américain pour fouiller dans les fourmilières, se nourrissant de même de fourmis. Comparant la tête à celle du tatou, il remarque qu'elle est moins grosse, finissant par un museau pointu comme celle d'un autre fouisseur, de notre taupe commune. Bontius mentionne les poils qui sortent entre les écailles et que n'avait point remarqués de l'Écluse; il ne dit rien de la manière dont l'animal pose à terre les pieds de devant, mais d'après la figure on pourrait supposer que le pangolin comme le tamanoir ménage les pointes de ses grands ongles, en appuyant sur le côté de la main plutôt que sur la paume; c'est ce qui mériterait d'être vérifié sur les lieux. Bontius dit en termes exprès que le pangolin irrité redresse ses écailles comme le porc épic ses piquants. Les naturalistes modernes nient le fait, mais une assertion de Bontius vaut bien la peine qu'on fasse un nouvel examen. De l'Écluse désignait comme un lézard l'animal dont il avait vu les dépouilles à Leyde et à Amsterdam; Bontius n'hésite pas à se servir du même terme, mais, comme il l'applique aussi au tatou, il devient bien évident que ce mot signifie seulement pour lui quadrupède à peau écailleuse, et rien de plus.

Les écailles, chez les pangolins, revêtent le dessus

de la tête, le dos, les flancs, l'extérieur des jambes et
la queue; le reste du corps est couvert, chez une
espèce au moins, d'un poil serré, et, chez d'autres,
d'une peau presque nue. Les écailles sont tranchantes
sur le bord; elles se relèvent quand le pangolin se
roule sur lui-même, ce qu'il ne manque jamais de
faire à l'approche d'un ennemi. « Ces écailles, dit
Buffon, sont si dures et si poignantes, qu'elles rebutent tous les animaux de proie : c'est une cuirasse
offensive qui blesse autant qu'elle résiste; les plus
cruels et les plus affamés, tels que le tigre et la panthère, ne font que de vains efforts pour dévorer ces
animaux armés; ils les foulent, ils les roulent, mais
en même temps ils se font des blessures douloureuses
dès qu'ils veulent les saisir; ils ne peuvent ni les
violenter ni les écraser en les surchargeant de leur
poids. Le renard, qui craint de prendre avec la gueule
le hérisson en boule, dont les piquants lui déchirent
le palais et la langue, le force cependant à s'étendre
en le foulant aux pieds et le pressant de tout son
poids : dès que la tête paraît, il la saisit par le bout
du museau, et met ainsi le hérisson à mort; mais
les pangolins, une fois enroulés, présentent de tous
côtés des lames tranchantes sur lesquelles la patte du
tigre n'appuierait pas impunément. »

Au reste, lorsque les pangolins s'enroulent, ils ne
prennent pas, comme le hérisson, une figure globu-
leuse et uniforme; leur corps en se contractant se
met en peloton, mais leur grosse queue reste en dehors et sert de cercle ou de lien au corps. Cette partie

extérieure, par laquelle on croirait que ces animaux pourraient être saisis, se défend d'elle-même, car elle est mieux armée encore que le reste.

Tous les pangolins ont le corps allongé, demi-cylindrique, la tête amincie vers le bout, les yeux petits, ronds et placés très-bas ; l'oreille n'a point de conque. Les membres sont courts et terminés dans toutes les espèces par cinq fortes griffes. On a cru qu'il n'y en avait que quatre dans un pangolin d'Afrique, mais c'est parce qu'on n'avait observé que des individus mutilés. Cette espèce se distingue principalement de celles d'Asie, par la longueur de la queue qui est plus que double de celle du corps. Dans l'espèce du Bengale, la queue au contraire est plus courte que le corps, mais à sa base elle est presque aussi grosse ; de sorte qu'en le prenant d'une extrémité à l'autre, l'animal a la forme d'un fuseau sans rétrécissement marqué au-devant des épaules ou en arrière de la croupe. Cette configuration, qui est aussi celle de beaucoup de sauriens, a contribué, avec l'armure écailleuse, à faire prendre le pangolin pour un lézard, et c'est sous ce nom qu'il a été longtemps désigné, même par des gens qui ne confondaient point les quadrupèdes ovipares avec les vivipares. Malgré l'apparence, c'est bien de tous points un vrai mammifère, c'est-à-dire un animal qui produit des petits vivants et les nourrit du lait de ses mamelles.

Dans toutes les espèces de pangolins, les écailles sont très-résistantes ; elles repoussent, dit-on, la balle, et on assure même qu'elles font feu sous le briquet. C'est sans doute à cause de l'extrême dureté de sa cuirasse que le pangolin a reçu dans la langue sanscrite un nom qui signifie reptile pierreux, ou plus littéralement reptile pierre de foudre. Le mot pangolin, ou plutôt *peng goling*, fait allusion à une autre particularité et signifie·animal qui s'enroule.

Les Indiens supposent de grandes vertus médicinales à plusieurs des parties du.pangolin; les Africains n'en font cas que comme d'un mets délicat. La chair, en effet, est tendre et blanche; mais elle conserve ordinairement une odeur musquée qui la rend répugnante aux Européens.

Le genre pangolin compte aujourd'hui plusieurs espèces réparties dans les parties chaudes et tempérées de l'Asie continentale et dans plusieurs de ses grandes îles. On en connaît aussi quelques-unes qui sont propres à l'Afrique, et c'est justement à une de ces espèces africaines que Buffon a appliqué, en l'altérant un peu, le nom qu'il croyait désigner un pangolin indien.

Les diverses espèces se distinguent non-seulement par les caractères déjà indiqués, c'est-à-dire par la forme du corps et les rapports de longueur du tronc à la queue, mais aussi par la forme des écailles et le nombre de rangées qu'elles présentent. Il se pourrait cependant que ce nombre ne fournît pas dans tous les cas un caractère aussi précis que le pensent aujourd'hui les zoologistes; et, d'après ce qu'a observé d'Azara sur le nombre des bandes chez les tatous, il y a quelque lieu de soupçonner que chez les pangolins le nombre des rangées d'écailles pourrait bien varier quelque peu avec l'âge.

LES TAMANOIRS.

Malgré les différences que nous venons d'indiquer, tous les pangolins, dans leur cuirasse écailleuse, se ressemblent tellement qu'on ne peut, au premier coup d'œil, hésiter à les réunir sous un seul nom. Il n'en est pas de même pour le groupe parallèle des fourmiliers, et les trois espèces connues diffèrent si fort par la taille, le port, les proportions des membres et la nature du pelage, qu'on s'attendrait à les trouver largement séparées les unes des autres dans les cadres zoologiques.

Le *fourmilier à deux doigts*, qui n'est guère plus grand qu'un rat, a le poil laineux très-fin et aussi doux que celui d'un agneau nouveau-né ; le *tamandua*, qui est de la grandeur d'un renard, a le poil assez gros, mais brillant et bien couché ; le *tamanoir*, dont la taille est égale à celle de l'ours, a un poil long, grossier, sans éclat, sans élasticité, et comparable à de l'herbe desséchée.

J'ai dit deux mots d'un tamanoir dont j'avais pu constater l'embonpoint. L'extrait suivant de mon journal de voyage montrera dans quelles circonstances je fis avec cet animal une connaissance qui faillit me coûter cher.

Je me trouvais alors (c'était au commencement de

l'année 1824) dans le village de San-Martin de los Llanos, chef-lieu de la province du même nom, me préparant à descendre le Meta, l'un des affluents de l'Orénoque.

« Le 3 février, dans la soirée, sortant pour promener avec le curé, j'aperçus au loin dans la plaine le petit pâtre qui était monté à cheval pour ramener les vaches au corral [1]; il galopait vers nous en chassant devant lui à coups de fouet un tamanoir qu'il avait trouvé un quart d'heure auparavant fouillant une fourmilière.

« Lorsque nous aperçûmes l'animal, il était déjà fatigué et galopait lourdement, presque à la manière d'une vache. Je courus vers lui, et, l'ayant atteint, je le saisis par la queue espérant l'arrêter. Je n'y aurais pas réussi, sans doute; mais je dus bientôt cesser mes efforts, en entendant le petit pâtre me crier, d'une voix effrayée, que j'allais me faire tuer.

« Quoique je ne visse pas bien en quoi pouvait consister le danger, comme déjà je m'étais attiré plus d'une fâcheuse aventure pour n'avoir pas voulu croire à l'expérience des gens du pays, je cédai cette fois au premier avertissement, et je reconnus, au moment même, que l'obstination m'eût coûté cher. A peine avais-je lâché prise, que l'animal, s'arrêtant brusquement, se leva sur ses pieds de derrière, comme l'eût pu faire un ours, et, se retournant vers moi par un

---

1. On nomme corral une enceinte formée de pieux et de clayonnage où l'on enferme pendant la nuit les vaches laitières.

mouvement rapide semblable à celui d'un faucheur, traça dans l'air, avec son bras étendu, un cercle dans lequel il s'en fallut de bien peu que je ne fusse compris : je vis passer à deux pouces de ma ceinture un ongle tranchant qui me parut alors long d'un demi-pied, et qui, si j'eusse fait un pas de plus, m'aurait infailliblement ouvert le ventre d'un flanc à l'autre. Un grondement de colère qui accompagnait cette démonstration, déjà par elle-même assez significative, me fit comprendre qu'il y aurait de la témérité à recommencer un engagement avec un ennemi dont les mains étaient beaucoup mieux armées que les miennes ; je continuai donc la chasse en simple spectateur. Le petit pâtre, qui maniait son cheval avec beaucoup d'adresse, parvint à conduire le tamanoir jusqu'au centre du village ; arrivé là, le pauvre animal, qui ne pouvait presque plus courir, se réfugia sous le portique de l'église ; on apporta bientôt, des maisons voisines, plusieurs lazos[1] au moyen desquels on s'en rendit maître et on l'amena, lié par la tête et les deux pattes de devant, au milieu de la place du village. Au bout de quelques instants, il parut avoir

---

1. *Lazo* ou *laço*, longue corde en cuir roulée, terminée par un nœud coulant et très-souple. Les gens de la campagne sont exercés dès l'enfance à s'en servir, et ne sortent jamais à cheval sans avoir un de ces lazos attaché à l'arçon de leur selle. Ils le lancent avec une telle habileté, qu'au milieu d'une course au galop ils enlacent presque à coup sûr un cheval ou une vache qui fuit. La vache doit être enlacée par les cornes et sans qu'une des oreilles soit prise. J'ai vu souvent enlacer ainsi des génisses qui n'avaient pas 8 centimètres de cornes.

renoncé à toute résistance, et je profitai de ce moment pour en faire un dessin[1]. Tant que je restais à une certaine distance, il se tenait complétement immobile ; s'il m'arrivait au contraire de m'approcher pour mieux voir quelque détail, il se mettait aussitôt en mesure de se défendre, non plus comme la première fois, en se levant debout et cherchant à me frapper, mais en se plaçant sur le dos et ouvrant ses bras pour me saisir. »

Cette attitude de défense, la meilleure peut-être que pût prendre l'animal, cerné de toutes parts comme il l'était en ce moment, n'est pas celle qu'il choisit quand il n'est menacé que d'un seul côté ; alors au lieu de se renverser il se contente de s'asseoir, et, faisant face à son ennemi, il le menace de ses terribles ongles.

« On prétend, dit d'Azara, que, lorsque le jaguar voit le tamanoir ainsi *sur ses gardes,* il n'ose pas l'attaquer, et que, lorsqu'il s'y hasarde, celui-ci le saisit et ne le lâche qu'après lui avoir fait perdre la vie en lui enfonçant ses griffes dans le corps ; de sorte qu'il arrive parfois que l'un et l'autre demeurent sur l'arène... Il est certain, ajoute notre auteur, que c'est de cette manière que se défend le tamanoir. Mais il

1. C'est d'après ce dessin qu'a été gravée la figure donnée dans la nouvelle édition du *Règne animal* de Cuvier. Toutes celles qu'on avait eues jusque-là étaient faites d'après des peaux bourrées. Notre ménagerie du Jardin des Plantes possède aujourd'hui un tamanoir vivant, et l'on peut voir que les anciennes gravures, à commencer par celle de Buffon, ne donnaient aucune idée du port de l'animal.

n'est pas croyable qu'elle lui suffise contre le jaguar qui peut le tuer d'un coup de patte ou d'un coup de dent, et qui est beaucoup trop agile pour se laisser saisir par un être aussi lourd. »

La première fois que j'ai entendu parler de ces étranges luttes qui ne finissent que par la mort des deux antagonistes (car l'histoire s'en raconte dans le Llanos de la Nouvelle-Grenade, comme dans les Pampas du Paraguay), je n'y ai pas ajouté plus de foi que d'Azara. Maintenant je ne les tiens plus pour impossibles : seulement, je crois qu'elles ne peuvent être que fort rares et qu'elles doivent s'engager tout autrement qu'on ne le dit.

Le jaguar ne donne guère à l'animal dont il veut faire sa proie le temps de se mettre sur ses gardes : il fond sur lui à l'improviste, l'atteint en deux ou trois bonds, et souvent le terrasse d'un seul coup. Il arrive pourtant parfois que ce premier coup porte à faux, et alors l'agresseur se trouve un moment dans une situation quelque peu critique, car il est comme prosterné aux pieds de son ennemi et pour ainsi dire à sa discrétion. Ce moment est, à la vérité, fort court; mais, convenablement employé, il peut changer la face du combat[1]; on a vu par exemple une mule frapper

---

1. Je ne puis résister au désir de conter ici un de ces combats où l'adversaire du jaguar, qui était un homme, sut mettre à profit l'instant critique; je le tiens de la bouche même du héros : c'était un batelier de Honda.

Honda est une petite ville située sur la rive gauche de la Madeleine, au point où les marchandises venant de la côte

du pied de devant le jaguar à la tête et lui fracasser
le crâne ; un tamanoir, en pareil cas, cherchera à lui

quittent les bateaux pour être chargées sur le dos des mules qui
doivent les transporter à Bogota. La position de Bogota est connue, je n'ai pas besoin de dire que pour s'y rendre en partant de
Honda il faut traverser la rivière ; il y a un passeur attitré, et
c'est le héros de mon histoire. J'avais remarqué plusieurs fois
sur ses bras de nombreuses cicatrices, et l'ayant un jour inter-
rogé pour en connaître l'origine, voici ce que j'appris :

Quelque dix ans auparavant mon homme avait, au milieu des
bois qui s'étendent sur la rive droite, son *conuco*, c'est-à-dire
un petit espace défriché où il cultivait le manioc et la patate.
Un beau dimanche, il revenait de sa propriété accompagné de sa
femme, qui portait sur le dos une hotte pleine de provisions
pour la semaine ; lui, suivant l'usage du pays, ne portait absolument rien, si ce n'est une lance qu'il avait prise pour le cas où
il rencontrerait dans les bois des pécaris. Ce qu'il rencontra, ce
fut un jaguar de belle taille ; c'était mieux que rien, car il espé-
rait vendre la peau et récolter, en promenant dans les fermes à
bétail la tête de l'animal, les quelques réaux qu'on ne refuse
guère en pareille occasion ; il n'en était pas à son coup d'essai.
Le jaguar, provoqué, se précipita sur notre homme, qui l'attendait de pied ferme et sa lance en arrêt ; mais, au lieu d'être
frappé en pleine poitrine, il ne fut qu'effleuré par le fer. Re-
tombé un instant sur ses pattes, il fut aussitôt debout, touchant
presque l'homme, qui ne perdit rien de son sang-froid en voyant
de si près l'ennemi. Il avait déjà jeté sa lance et saisi les deux
poignets de l'animal. La lutte ne fut que d'un moment, mais
affreuse, car le jaguar s'attaqua à l'un des bras qu'il mordit
cruellement ; ce bras, écarté par un suprême effort, l'autre revenait à la portée des terribles mâchoires et fut brisé d'un coup de
dent. L'homme était perdu, si sa femme, avertie par un seul
mot : — *La lance !* — n'eût saisi vivement l'arme tombée à terre
et frappé l'animal, qu'elle ne tua pas, mais qu'elle blessa assez
pour l'obliger de s'éloigner. La vérité de ce fait m'a été attestée
par plusieurs habitants de Honda qui en avaient eu connaissance le jour même du combat.

jeter les bras autour du corps, et, s'il parvient à le saisir, l'étreinte sera terrible.

On dit que lorsque le tamanoir est parvenu à se cramponner, au moyen de ses grands ongles, au corps de l'ennemi qui a eu la maladresse de se laisser saisir, rien ne peut lui faire lâcher prise, et que, même après la mort, ses bras conservent la position qu'ils avaient au moment de la dernière étreinte. M. Schomburgk[1], qui ne regarde pas le fait comme impossible, bien qu'il n'ait pas eu l'occasion de le constater par lui-même, suppose que dans ce cas la rétraction des phalanges unguéales se maintient en vertu de la rigidité qu'acquièrent après la mort tous les muscles, et en particulier les fléchisseurs des doigts. Mais, comme l'instant où le système musculaire cesse d'agir sous l'influence de la volonté est séparé par un long intervalle de celui où commence à apparaître le phénomène de la roideur cadavérique, il semble que le jaguar aurait plus que le temps suffisant pour se dégager; l'explication du savant voyageur me semble donc difficile à admettre, et j'en donnerai une que je crois plus plausible.

Les bras du tamanoir mort me représentent une ceinture qui serait fixée au moyen de deux agrafes engagées dans l'étoffe du pourpoint. Il est évident

1. Ce savant voyageur a conservé pendant son séjour à la Guyane plusieurs tamanoirs qui, étant devenus tout à fait familiers, avaient en quelque sorte repris leurs habitudes naturelles. C'est un avantage que n'avait eu jusqu'à ce jour aucun observateur, et dont il a profité, comme on pouvait l'attendre de lui.

que pour détacher une pareille ceinture il faudrait faire marcher l'une vers l'autre les deux agrafes qui ont leur pointe dirigée en arrière, c'est-à-dire rapprocher les deux bouts; justement ces deux bouts tendraient à s'écarter par suite des efforts que ferait le jaguar pour repousser le cadavre; la flexion des phalanges unguéales se maintiendra donc d'elle-même; d'ailleurs il se pourrait qu'elle fût favorisée par certaines dispositions organiques sur lesquelles je ne crois pas inutile de fixer un moment l'attention.

J'ai déjà eu l'occasion de signaler certains traits d'organisation qui se retrouvent chez des animaux très-divers, et fait remarquer que cette conformité de structure est en général l'indice d'une conformité dans le genre de vie. Ainsi, à l'occasion des sarigues et des phalangers, j'ai montré comment l'existence d'un pouce opposable aux pieds de derrière est en rapport avec les habitudes de ces êtres qui se promènent sur les arbres bien plus souvent que sur le sol. Je n'ai pas cru nécessaire de rappeler, à ce propos, les singes, les plus anciennement connus de tous les *pédimanes*; mais je n'aurais pas dû en oublier un autre qu'on voit plus rarement en Europe, le *quincajou*, espèce propre à l'Amérique tropicale, et constituant à elle seule un genre que les zoologistes ne savent trop où placer dans leur cadres. Quoique le pouce soit moins détaché chez le quincajou que chez les sarigues, il lui sert presque aussi bien, non-seulement pour assurer son assiette sur les branches quand il lui convient de s'y mettre debout, mais encore pour porter ses aliments à la bouche. J'ai donné dans la 2ᵉ édition du *Règne animal* de Cuvier une figure montrant cet emploi du *pied-main* tel que je l'avais souvent observé.

C'est principalement, on le voit, aux membres postérieurs que se montre la conformité de structure chez les animaux dont nous venons de parler; c'est aux membres antérieurs, au contraire, qu'elle se manifeste chez d'autres qui n'ont de commun avec les pédimanes que de passer une grande partie de leur vie sur les arbres.

Ce nouveau trait de conformité, qui, en ce moment, nous intéresse plus que l'autre, consiste dans l'étendue insolite des mouvements de flexion, soit du poignet, soit des doigts. Dans le premier cas, la main ou la partie qui y correspond, quoique bien solidement attachée, peut s'infléchir au point de s'appliquer contre l'avant-bras par sa face palmaire, à peu près comme la lame d'un couteau en se fermant prend une direction parallèle à celle du manche; et, de même que dans ce couteau la forme de la charnière et l'action du ressort suffisent pour maintenir la lame à sa position de repos, de sorte qu'il faut pour l'ouvrir un certain effort; de même, pour nos animaux, il y a dans la forme des surfaces articulaires et la disposition des ligaments quelque chose qui, une fois la flexion opérée, tend à la maintenir sans aucun effort de la part des muscles fléchisseurs; à ce point même que, pour vaincre cette résistance, il faut que les muscles extenseurs entrent à leur tour en jeu.

La patte ou la main se trouve donc ainsi transformée en une sorte de crochet par lequel l'animal peut rester longtemps suspendu presque sans fatigue. C'est un mécanisme analogue à celui qui chez les oiseaux maintient, pendant qu'ils dorment, leurs doigts fermement appliqués contre la branche sur laquelle ils sont perchés.

Dans l'orang, c'est surtout aux phalanges qu'existe cette disposition, et tant qu'elle n'avait pas été signalée, on ne comprenait guère comment ces animaux pouvaient rester des quarts d'heure entiers suspendus à un cordage par une seule main et par le bout des doigts, quand il ne tenait qu'à eux de prendre toute autre position.

Rien au premier abord ne rappelle moins la main d'un orang que celle d'un paresseux. On serait tenté d'y voir une sorte d'ébauche, un organe à peine dégrossi et resté inachevé, n'ayant que deux ou au plus trois doigts qui, même, n'en représentent guère qu'un seul, puisqu'ils sont comme privés de la faculté de se séparer les uns des autres et d'agir isolément, chaque doigt ayant, de plus, son extrémité libre complétement embrassée par un gros ongle qui le rend presque inutile comme organe de tact. Ce membre cependant, en apparence si imparfait, est en parfaite harmonie avec la destination de l'animal auquel il permet de se mouvoir aisément le long des arbres et de s'y tenir suspendu, comme l'orang [1], au moyen de sa main ; son

1. Ce n'est pas seulement aux membres antérieurs que s'observent chez les orangs et les paresseux ces conformités de

crochet même a quelque chose de plus complet, car tandis que, par son angle rentrant, il prend un appui sur les branches horizontales, par sa pointe il peut agir à la manière d'un grappin favorisant l'ascension de l'animal le long du tronc ou modérant sa course quand il se laisse glisser, l'arrêtant quand il le faut et profitant pour cela de la moindre aspérité de l'écorce. Cette pointe, qui est maintenue dans la flexion par un mécanisme analogue à celui qui tient relevées les griffes des chats, peut garder presqu'indéfiniment sa position. Ainsi, j'ai vu un paresseux qu'on avait accroché par son grand ongle à la moulure d'une porte qui n'avait pas en saillie plus d'un centimètre, rester ainsi deux grandes heures plutôt que de se laisser tomber à terre; ses pieds cependant n'en étaient pas distants d'un demi-mètre.

Il y a quelque chose d'analogue chez les fourmiliers, non-seulement dans les deux espèces qui passent constamment leur vie sur les arbres, mais encore dans la grande espèce, le tamanoir, qui à l'état adulte ne quitte guère le sol ; il est vrai que, dans son

structure en rapport avec un même genre de vie. Chez les uns et les autres, le pied est joint à la jambe de telle façon que les deux plantes se regardent mutuellement, ce qui est évidemment la position la plus favorable quand les animaux grimpent le long du tronc ou des maîtresses branches d'un arbre. A terre, où ils ne sont qu'exceptionnellement, cette disposition est peu favorable à la marche; le pied, au lieu d'appuyer à plat sur le sol, ne le touche que par son bord externe. C'est ce qu'on a pu observer chez les orangs et chimpanzés qui ont vécu au Muséum. Notre ménagerie a reçu en 1864 un paresseux vivant.

jeune âge, l'animal, ainsi que l'a constaté M. Schomburgk, n'est pas dénué de la faculté de grimper.

Cette tendance des ongles à rester repliés, indépendamment de toute action musculaire, expliquerait jusqu'à un certain point ces embrassements du tamanoir persistants même après la mort.

Dans les circonstances ordinaires, le tamanoir, à ce qu'il paraît, se laisse tuer sans opposer aucune résistance efficace. « J'en ai tué plusieurs, dit d'Azara, en leur donnant des coups d'un gros bâton sur la tête, et j'y allais sans plus de précautions que si j'avais frappé sur une souche. »

Je suis très-porté à croire que ces *glorieux exploits* sont, en effet, sans danger pour l'homme qui connaît les habitudes de l'animal; mais je ne suis pas bien sûr qu'il en soit tout à fait de même pour un chasseur inexpérimenté tel que je l'étais en 1824, et tel que l'était en 1537 le capitaine Jean Tafur, un des officiers de l'expédition de Quesada.

Cette expédition, qui amena la découverte et la conquête du plateau de Bogota, fut environnée de dangers de toute sorte, et, à plusieurs reprises, la famine menaça d'une destruction complète la petite troupe, dont les flèches empoisonnées des sauvages avaient déjà fort éclairci les rangs. Ce fut à l'une de ces époques de disette, que Tafur fit rencontre d'un tamanoir : le voir de loin dans la plaine, galoper vers lui, l'atteindre et le frapper d'un coup de lance, ce fut l'affaire d'un instant. Cependant, le bois de la lance s'étant rompu dans le choc, l'animal, blessé, au lieu de songer à fuir, se jeta sur la croupe du cheval dans laquelle il enfonça ses ongles redoutables. Percé d'un second coup de lance par un piéton qui était accouru à l'aide du cavalier, le fourmilier se laissa glisser en bas ; mais ce fut pour embrasser les deux jambes du cheval qui ne put s'en débarrasser en ruant qu'après que Tafur eut pris le parti de sauter à terre. A ce moment même, les deux chasseurs crurent que leur proie allait leur échapper. Un troisième coup de lance, pourtant, atteignit l'animal et le jeta sur le flanc ; mais, jusqu'au dernier moment, il continua à se défendre [1].

La seconde espèce de fourmiliers, le *tamandua*, se trouve dans le canton où j'ai vu le tamanoir, mais ne s'est jamais présentée à moi ; voici de quelle manière j'ai constaté son existence dans ce pays : on verra que ce n'a pas été sans peine et sans beaucoup d'hésitation.

A peine arrivé dans le premier village des Llanos, j'avais essayé de faire une liste des noms de tous les animaux sauvages connus des habitants. J'en trouvai trois désignés par le nom d'ours, *osso*, accompagné

---

1. J'ai trouvé ce récit, auquel je n'ai rien voulu changer, dans un ouvrage très-intéressant et peu connu : les *Noticias historiales de tierra firme* du père Simon. Le premier volume seulement a été imprimé ; mais il existe plusieurs copies manuscrites des deux autres. C'est dans le second, au chapitre xxiv, que se trouve le combat de Tafur et du tamanoir. Ce second volume, dont je possède une copie fort ancienne que l'on m'a donnée à Bogota, est beaucoup plus précieux que le premier, pour lequel l'auteur n'avait pas eu d'aussi bons renseignements.

pour chacun d'un qualicatif : 1° l'*osso frontino*, le
seul qui soit véritablement un ours; son nom rappelle
la tache blanche que porte au milieu du front, au
moins dans le jeune âge, l'ours noir des Cordilières;
2° l'*osso palmero*, ours à palme, ainsi nommé à
cause de sa queue comparée, non sans quelque raison, à une branche de palmier, et dans lequel je
reconnus sans peine le tamanoir; 3° l'*osso melero*
passant sa vie sur les arbres, et cherchant dans leur
creux le miel qu'y déposent souvent les abeilles sauvages. Ce goût qui lui a valu son nom ne me désignait
pas suffisamment l'animal, puisqu'on le connaît également à beaucoup d'autres, et qu'il est même commun
à tous les ours de l'ancien comme du nouveau continent. Un autre trait, plus caractéristique, parmi ceux
que l'on m'indiquait, était la faculté que possède
le *melero* de se suspendre par la queue; mais cela
pouvait convenir à plusieurs espèces de sarigues et
tout aussi bien au quincajou; pour ce dernier surtout,
j'y trouvais d'autres points de ressemblance avec le
portrait qui m'était fait, dans la taille assignée au
melero, sa couleur et la nature de son pelage. Le curé
de San-Martin ajouta que l'animal était connu, dans
quelques missions, sous le nom de *Dominus vobiscum*,
à cause de l'habitude qu'il a d'ouvrir les bras comme
le fait le prêtre à l'autel au moment où il prononce ces
paroles. C'est, me disait-il, une attitude de défense, et
l'animal la prend, même quand il est sur un arbre, en
voyant approcher un chien; seulement alors il se tient
d'ordinaire par une de ses mains. Je ne savais que

faire de toutes ces données, quand il me vint l'idée de peindre l'animal, tel que je pouvais me le figurer ; je présentai successivement cette image à plusieurs personnes, réformant à chaque fois ce qui m'était indiqué comme défectueux, et enfin quand la ressemblance fut déclarée satisfaisante, je reconnus moi-même le *tamandua* que je n'avais jamais vu qu'empaillé.

La troisième espèce de fourmiliers, grosse à peu près comme un écureuil, mais bien moins alerte est, comme la précédente, pourvue d'une queue susceptible de s'enrouler, et au moyen de laquelle, dit-on, elle peut se suspendre aux branches des arbres sur lesquels elle fait constamment sa demeure. Elle est assez commune dans les bois de la Guyane, mais ne paraît point s'étendre aux provinces plus méridionales que j'ai visitées.

SEBA ET SON THESAURUS.

Buffon n'avait pas eu peu de peine à débrouiller l'histoire des trois espèces de fourmiliers, rendue confuse comme à dessein par plusieurs auteurs et particulièrement par Seba[1] ; aussi exhale-t-il sur celui-ci sa colère dans les termes les moins ménagés :

1. Tout riche amateur qui tient à posséder dans sa collection des pièces uniques et qui a la réputation de les bien payer, est sûr qu'on lui en fabriquera de toutes pièces. Seba a sans doute été trompé ainsi plus d'une fois par les marchands de curiosités, mais moins souvent qu'on n'aurait pu s'y attendre, et Buffon lui-

« J'ai cru, dit-il, devoir citer ces descriptions, non-seulement pour prouver ce que je viens d'avancer, mais pour donner une idée de ce gros ouvrage de Seba, et pour juger de la confiance qu'on peut accorder à cet écrivain. »

Il ajoute un peu plus loin :

« Il est fâcheux que la plupart des gens qui font des cabinets d'histoire naturelle ne soient pas assez instruits, et que pour satisfaire leur petite vanité, et faire valoir leur collection, ils entreprennent de publier des descriptions toujours remplies d'erreurs et de bévues qui demandent plus de temps pour être réformées qu'il n'en a fallu pour les écrire. »

Buffon, en vieillissant, était devenu plus indulgent envers ceux qui commettent des erreurs involontaires; mais Seba ne s'est pas relevé de l'anathème dont il l'avait frappé. On a continué à maltraiter le pauvre homme, et l'on n'est pas encore las de le conspuer. Je suis loin de prétendre que les reproches qu'on lui adresse soient mal fondés, je crois en avoir parlé moi-même en termes assez sévères; cependant comme les défauts et les mérites de son livre sont aujourd'hui

---

même qui le traite si mal, Buffon, à l'occasion de ce même genre *fourmilier,* s'est laissé prendre au piége que ces faussaires avaient tendu pour un autre. Dans le troisième volume de ses *Suppléments,* il a donné la figure d'un animal passé du cabinet du duc de Caylus au cabinet du roi (Muséum), et il s'est efforcé d'y montrer « une simple variété du *tamandua* de Marggraf, peut-être même celle dont parle Barrère. » Or, son prétendu fourmilier n'est autre qu'un *coati* un peu défiguré à dessein par le marchand, mais encore très-reconnaissable.

bien appréciés, on pourrait se dispenser, quand on parle de l'ouvrage, de traiter l'auteur d'*ignorant apothicaire;* entendant bien par là lui faire une double injure.

C'est, dans tous les cas, une injure rétrospective qui ne peut plus s'adresser qu'aux morts et n'a pas d'action sur les vivants. Le pharmacien de nos jours peut, sans sourciller, entendre parler de *parties d'apothicaire,* comme l'avoué de *comptes de procureur.* Au temps passé, cependant, et l'époque n'est pas assez éloignée pour que je ne me la rappelle encore, l'apothicaire, malgré les quolibets, jouissait d'une certaine réputation; sa *boutique* était, pour beaucoup de petites villes, le seul cabinet d'histoire naturelle; c'était dans sa collection, faite à ses propres frais, que les curieux pouvaient venir examiner suspendus au plancher, ornant les frises, ou renfermés dans des bocaux, bien des animaux étrangers qu'ils n'eussent su trouver ailleurs.

Seba employa une partie de la fortune acquise dans son commerce à se former une collection des plus riches. Son séjour à Amsterdam et ses voyages dans les deux Indes lui donnèrent pour cela des facilités merveilleuses. Cette importante collection achetée à la mort de Seba par Pierre le Grand, mais bientôt après dispersée, aurait perdu pour nous toute son utilité, si Seba n'avait entrepris de la faire connaître par des images; il consacra encore à cela de très-grandes sommes, n'épargnant rien pour avoir de bons dessinateurs et de bons graveurs. Sans doute, ces dessinateurs ne se croyaient pas astreints à la scrupuleuse exactitude qui est aujourd'hui obligatoire, mais dont on ne s'inquiétait guère alors. Ils voulaient représenter de beaux spécimens, et quand la peau bourrée qu'on leur donnait pour modèle semblait incomplète en quelque partie, ils cherchaient à réparer le mal en empruntant quelque chose aux animaux qui leur semblaient se rapprocher de celui dont il s'occupaient. Malgré toutes ses imperfections, cette série d'images a formé une base sur laquelle on a pu s'appuyer; la figure d'un animal est-elle inexacte en un point, on signale ce point, et dès lors la planche rend aux naturalistes presque le même service que si elle était complétement fidèle. Dans la plupart des publications à images, de date antérieure, il eût été difficile de reprendre un détail, quand dans tout le dessin il n'y avait rien à approuver. Pour le texte, il était certainement mauvais, mais il nous a conservé les planches qui, publiées sans explications auraient difficilement trouvé des acheteurs, et se seraient perdues comme tout ce qui semble inachevé. Avec ses défauts, le *Thesaurus* de Seba n'en est pas moins un de ces ouvrages qui doivent trouver place dans une grande bibliothèque et qu'on consulte encore avec fruit.

Seba était dépourvu de critique, mais non de bonne foi ; un de ses principaux torts est d'avoir rattaché à un même nom, ou rapporté à une seule pièce de sa collection, des renseignements qui devaient aller chacun à un animal différent. Cette mauvaise habitude de réunir des choses qui devraient être disjointes a été et est encore l'origine d'une multitude d'erreurs, non-seulement dans la partie descriptive de l'histoire naturelle, mais encore dans sa partie anecdotique.

L'anecdote, quand elle se rapporte à un sujet important, ne doit point être dédaignée ; elle en orne l'histoire et souvent la complète, mais elle n'a de valeur qu'autant qu'elle est authentique et c'est ce qu'on oublie trop souvent. Je n'en citerai qu'un seul exemple, quoique j'en aie beaucoup à ma disposition, et cet exemple, je le choisis, parce qu'il est tout nouveau et qu'il est fourni par un homme en général très-bien informé.

LE CÈDRE DU JARDIN DES PLANTES.

La *Revue d'Édimbourg,* dans son numéro d'octobre 1864, contient un article fort intéressant consacré à l'examen de quelques ouvrages récents sur la culture des conifères. L'auteur passe en revue successivement les différentes espèces qui ont été introduites avec plus ou moins de succès dans la Grande-Bretagne, et donne sur presque toutes des détails que j'ai lieu de croire exacts. Arrivant au *cèdre du Liban,* il discute l'époque de son introduction en Angleterre et cite les lieux où se trouvent aujourd'hui les plus beaux arbres, remarquables soit par la hauteur de leur tige, soit par l'étendue de leurs rameaux.

Il n'entrait pas dans son plan de parler des cèdres cultivés sur le continent, et il n'en mentionne qu'un seul qu'il aurait pu même rattacher à l'Angleterre, puisque c'est de ce pays qu'il nous est venu ; mais, sur ce point même, il joue de malheur, et, depuis le commencement jusqu'à la fin, il ne dit pas un mot qui ne soit à côté de la vérité.

Ayant à le reprendre sur tous les points, je suis obligé de reproduire fidèlement son texte, et je le reproduirai *in extenso,* encore qu'il soit un peu long. Le voici traduit aussi exactement qu'il m'a été possible.

« Un des cèdres les plus connus *était* celui du Jardin des Plantes, célèbre surtout par l'anecdote qui se rattache à son arrivée dans ce pays en l'an 1737. M. Bernard de Jussieu, le fameux botaniste, avait dans un voyage à la Terre Sainte apporté du Liban un cèdre, un faible plant, et n'ayant pas d'autre moyen de le transporter commodément, il avait fait de son chapeau un pot à fleur pour l'y déposer. Il put le conduire en bon état au vaisseau sur lequel il s'embarquait pour revenir en France ; mais des gros temps, des vents contraires écartèrent le vaisseau de sa route et prolongèrent la traversée. L'eau devenant rare, tous ceux qui se trouvaient à bord, marins et passagers, furent mis à la ration. Les matelots, qui travaillaient, avaient un verre d'eau par jour ; les passagers, qui ne faisaient rien, eurent seulement un demi-verre. C'était bien peu et M. de Jussieu eut à vaincre, sans doute, plus d'un combat intérieur pour ne pas boire toute l'eau qui faisait sa ration journalière et en réserver un peu pour la chère plante. Tout autre qu'un naturaliste n'eût pas même rêvé la possibilité d'un pareil sacrifice, mais sa passion le soutint et pendant tout le voyage, sous le chaud soleil de la Méditerranée, il partagea avec la plante son demi-verre d'eau. Cette privation longtemps continuée eut son effet prévu : mais si les forces physiques baissèrent, la force morale ne fléchit pas. L'homme en arrivant à Marseille était dans un triste état de santé, le cèdre était bien portant. Arrivée à ce point, l'histoire me paraît avoir reçu une petite *broderie* due à l'imagination des narrateurs qui en nous peignant le temps passé songent trop au présent. On dit donc que notre botaniste, qui était à demi mort en débarquant, fut sur le point de perdre tout le fruit de ses sacrifices, parce que les employés de la douane, ne pouvant comprendre l'inquiétude qu'il manifestait quand on s'approchait de son précieux fardeau, voulaient l'obliger à vider l'étrange pot qui contenait la plante, supposant qu'ils trouveraient au fond des dentelles ou des bijoux qu'on voulait faire entrer en fraude. Cependant ses prières étaient si vives et son visage si honnête, qu'il finit par leur toucher le cœur. Il put donc apporter à Paris sans nouveau contre-temps cette précieuse relique des cèdres du Liban et en enrichir le Jardin des Plantes. Le petit arbre grandit rapidement et devint bientôt le favori des promeneurs, son histoire s'étant répandue et ajoutant encore à l'intérêt qu'il eût déjà inspiré à raison de sa lointaine patrie. Dans le siècle suivant, il avait atteint des proportions gigantesques, et chaque jeudi, jour où le jardin était ouvert au public, le peuple se pressait en foule autour de lui. Il était le centre vers lequel on voyait se diriger les aveugles sortis de leur hospice, les sourds-muets de leur asile et les convalescents des hôpitaux. Son sommet verdoyant s'apercevait du dernier étage de la prison de Sainte-Pélagie, située alors assez près du jardin, et les détenus, qui avaient quelque argent, payaient volontiers une petite rétribution pour la permission d'occuper les cellules d'où l'on pouvait voir les plus hautes branches du cèdre. Il continua à croître et à prospérer jusqu'à atteindre cent ans d'âge et quatre-vingts pieds de hauteur. Dans sa centième année enfin (1837), il fut jeté à bas pour faire place à un chemin de fer, et maintenant la locomotive passe en sifflant sur la place où il se dressait. »

Ne voilà-t-il pas une histoire bien touchante! Malheureusement elle est fausse presque d'un bout à l'autre, tout en réunissant nombre de circonstances dont chacune prise à part est à peu près vraie. ·

Je ne chicanerai point sur la date de l'arrivée de l'arbre à Paris, quoique l'auteur donne, au lieu de la véritable, qui est 1734, celle de 1737 ; il a cru piquant de le faire abattre cent ans juste après qu'il avait été planté. Avant de passer aux autres inexactitudes, commençons par dire ce qu'il y a de réel dans ce récit.

Il est vrai que le cèdre du labyrinthe au Jardin des Plantes a été dans le chapeau de M. de Jussieu, qui même en contenait un second ; mais c'est un détail insignifiant. Nous dirons bientôt combien de temps il y resta.

Il est encore vrai que pour doter son pays d'un végétal précieux un homme de bien s'est soumis pendant une longue traversée au tourment de la soif, tourment qui ne peut être bien apprécié que par ceux qui l'ont éprouvé; mais cet homme se nommait le capitaine *Duclieux,* et non Bernard de Jussieu; la plante n'était point amenée de la Terre Sainte à Paris, elle partait de Paris pour les Antilles : c'était le *caféier* qui, transporté par les Hollandais de Mocka à Batavia, puis à Amsterdam, de là amené au Jardin des Plantes où il fut longtemps cultivé à titre de plante rare, partait enfin pour la Martinique qu'il allait enrichir.

Il est encore vrai qu'un des chemins de fer qui convergent aujourd'hui vers Paris, le chemin d'Orléans, s'avance presque jusqu'au Jardin des Plantes, mais il s'arrête avant d'en avoir touché l'enceinte dont il est séparé par un large boulevard.

Il est vrai cependant que les chemins de fer parisiens ont emporté un cèdre, et même plusieurs; mais ces cèdres croissaient sur la rive opposée de la Seine, à l'ouest et non à l'est de la ville; ils ombragèrent longtemps les hauteurs du quartier de Tivoli, et tombèrent successivement à mesure que s'étendaient les dépendances des chemins de Saint-Germain et de Rouen. Le cèdre du Jardin des Plantes vit encore et ne mourra, je l'espère bien, que de vieillesse. Il est encore l'ornement de ce jardin, ouvert au public *le jeudi* comme *les six autres jours de la semaine.*

Je reviens à l'histoire du chapeau, et je confesserai d'abord qu'elle est d'ordinaire, même en France, assez mal racontée; quoique la version courante soit du moins conforme à la vérité en faisant partir notre botaniste d'Angleterre et non de la Terre Sainte, où il n'est jamais allé.

Cette version me paraissait invraisemblable à plusieurs égards, et un jour que j'étais assis sur le banc circulaire dont l'arbre est entouré, côte à côte avec le dernier botaniste qui ait porté ce glorieux nom de Jussieu, je pris cette occasion pour lui communiquer mes doutes.

« Avez-vous pu croire, me dit-il, que mon grand-oncle, pouvant obtenir si aisément un pot de terre du jardinier qui lui fournissait le plant, ait été assez simple pour employer son feutre à cet usage, et se soit exposé de gaieté de cœur à un gros rhume qui ne lui eût pas manqué s'il eût fait la traversée tête nue ? C'est bien dans un pot de terre que le cèdre a traversé la Manche ; il y était encore à son arrivée dans Paris, et jusqu'au moment où mon oncle, qui demeurait rue des Bernardins, près le Marché aux Veaux, le prit pour le porter au Jardin des Plantes. Dans ce court trajet le pot, qui avait été fêlé, se sépara en plusieurs morceaux, et c'est alors qu'il fallut le recevoir dans ce fameux chapeau où il a séjourné dix minutes. »

LE TAPIR.

DÉCOUVERTE D'UNE ESPÈCE NOUVELLE ET HISTOIRE DE L'ANCIENNE ESPÈCE.

Le tapir fut connu en Europe dès le commencement du xvi⁰ siècle, mais il le fut très-mal jusqu'au temps de Marggraf, qui en donna une description plus complète, et remarquable surtout par son élégante concision. Cette description fut trouvée si satisfaisante, que pendant longtemps on se contenta de la copier textuellement, et Buffon même, après avoir reçu de Cayenne un tapir, qui fut disséqué au Jardin du Roi, laissa subsister l'erreur qu'il avait commise sur la foi du naturaliste saxon, en donnant à cet animal dix incisives à chaque mâchoire. De nos jours, ces inexactitudes ont été relevées, et nous avons eu enfin une bonne histoire du tapir, c'est-à-dire de la seule espèce qui nous ait été connue pendant plus de trois siècles.

On avait quelque sujet de s'étonner qu'une famille si bien tranchée, si nombreuse en individus, et répandue sur une si vaste étendue de pays, fût ainsi bornée à une seule espèce ; les plus grands pachydermes en comptaient au moins deux par famille, et ceux de la taille moyenne en présentaient bien davantage.

Mais si l'on ne se bornait pas aux espèces vivantes, si l'on envisageait à leur tour ces animaux d'une autre époque, dont les admirables travaux de M. Cuvier nous avaient révélé l'existence, l'anomalie devenait bien autrement frappante. La famille des *palæotherium*, si voisine de celle des tapirs par tout l'ensemble de ses caractères, présentait jusqu'à onze espèces. .

Enfin, deux naturalistes auxquels la science doit une foule d'importantes observations, MM. Diard et Duvaucel, vinrent nous apprendre que la famille du tapir ne s'écartait point autant qu'on l'avait cru de la règle générale, et qu'il en existait dans l'Inde une seconde espèce. J'en ai moi-même découvert une troisième dans les hautes régions de la Cordilière des Andes.

Bien longtemps avant d'avoir rien de certain sur cette seconde espèce du tapir américain, j'avais été conduit à en soupçonner l'existence, moins, je l'avoue, par des considérations générales, que sur la foi des vieux chroniqueurs espagnols. Plusieurs, comme Oviédo, Pedro de Agueda, et autres, donnent au tapir un poil épais et d'un brun tirant sur le noir, caractères qui ne conviennent point au tapir des naturalistes modernes, à celui que j'avais vu moi-même dans les plaines et les grandes vallées à l'est et à l'ouest de la Cordilière orientale. Je crus pendant quelque temps que cet animal pouvait, comme le chien indigène, le couguar, le coati brun, exister à diverses hauteurs, et que le séjour dans les régions froides de la Cordilière expliquait suffisamment le rembrunissement de la couleur et la plus grande épaisseur de la fourrure ; mais plus tard, lorsque je levai la carte d'une portion de la province de Mariquita, ayant eu à parcourir pendant six mois les forêts qui recouvrent la pente orientale de la Cordilière moyenne, je remarquai que, dès que je m'élevais au-dessus de 5 à 600 mètres, je ne trouvais plus ces chemins battus par les tapirs qui m'étaient quelquefois si commodes, plus de foulées, plus de fumées ; il était évident que nos animaux ne montaient pas jusque-là, et, si l'on en trouvait sur les sommets de la Cordilière, ils devaient appartenir à une espèce nouvelle. Il n'y avait rien dans cette supposition qui répugnât à ce que j'observais journellement, et les cerfs m'offraient un exemple tout semblable.

Je savais qu'un tapir avait été tué dans la même Cordilière, à une très-grande hauteur, sur le *Paramo de Quindiù*. A la rigueur, ce pouvait être un individu égaré, lancé par des chasseurs et éloigné de son canton ; mais, lorsque je traversai moi-même cette montagne pour me rendre à la vallée du Cauca, je vis sur le sommet de nombreuses traces de tapirs ; j'en trouvai de même à mon retour. J'appris des *cargueros*[1] qui

1. On nomme ainsi les porteurs qui, dans la belle saison, portent à dos une partie des marchandises d'Ibagué à Carthago, et qui, dans la saison des pluies, où le chemin devient impraticable aux mules, portent marchandises et voyageurs. Ceux-ci vont à reculons assis sur une petite chaise en bambou très-solide,

fréquentent ce chemin, qu'ils voyaient souvent de ces animaux, et toujours dans les mêmes parages, c'est-à-dire dans les parties les plus élevées de la montagne ; leurs descriptions s'accordaient avec celles d'Oviédo. Je ne doutai plus dès lors de l'existence d'une espèce nouvelle ; mais il me manquait encore de l'avoir vue.

En 1827, me trouvant à Bogota, j'appris que deux tapirs avaient été tués à une journée de cette ville, dans le *Paramo* de *Suma-Paz,* plus élevé encore que celui de *Quindiù.* Je partis sur-le-champ ; et, favorisé par une circonstance toute particulière [1],

très-légère, et qui ne pèse pas 150 grammes. On trouvera figurés dans le *Magasin pittoresque,* année 1848, page 233, un voyageur du Quindiù et sa monture humaine. Cette vignette (et non les autres qui sont, ainsi que la notice, dues à M. Delattre) est tirée d'un dessin représentant un campement sur le Quindiù, que j'avais fait pour M. de Humboldt.

Quelque pénible que semble le métier de carguero, il est fort recherché par les hommes du peuple de Carthago et des environs. Il fut question, il y a une quarantaine d'années, de refaire le chemin de manière à le rendre en tout temps praticable pour les bêtes de somme : les cargueros crièrent qu'on voulait les priver de leur pain. Il y eut presque une émeute.

1. C'est un usage général dans toute la Nouvelle-Grenade, qu'à l'octave de la Fête-Dieu on dresse devant l'église principale une sorte de bosquet, dans lequel on place des oiseaux à couleurs brillantes, des animaux remarquables par leur grosseur ou par quelque monstruosité, des bêtes fauves, mortes ou vivantes. Dans les villages, les chasseurs se mettent en quête longtemps d'avance, et chaque paroisse cherche à surpasser les autres dans cette exhibition. C'est une excellente occasion de voir des animaux rares, et l'octave ne se faisant pas, comme en France, à temps fixe, on peut, dans l'espace de deux mois que durent ces fêtes, visiter un grand nombre de villages.

j'arrivai assez à temps pour les voir encore entiers.

Je reconnus, au premier coup d'œil, l'animal que m'avaient décrit les cargueros ; c'était celui d'Oviédo, un tapir propre aux hautes régions de la Cordilière. une espèce nouvelle et bien nettement séparée du tapir commun.

Les deux individus que j'avais sous les yeux étaient deux mâles, l'un à peine adulte, et l'autre déjà assez vieux ; ce dernier avait les dents usées et même cariées en plusieurs points : il était d'un sixième environ plus grand que le premier.

. A la taille près, ces deux animaux étaient parfaitement semblables.

J'aurais désiré en faire transporter un à Bogota pour pouvoir le décrire à loisir, mais on refusa de me les vendre ; ainsi, je dus me contenter d'en faire sur la place une description abrégée, et d'en prendre au crayon un simple trait. Cependant j'obtins la tête et les pieds du plus grand, et le lendemain, à l'aide de ces pièces, je pus terminer ma première esquisse.

La tête du nouveau tapir diffère de celle de l'espèce commune par l'ensemble des lignes aussi bien que par les détails. Le mufle est de forme un peu différente, et la trompe ne présente point des deux côtés ces rides qui montrent que l'animal la tient habituellement contractée. Le menton a une tache blanche qui se prolonge à l'angle de la bouche, et revient jusqu'à la moitié de la lèvre supérieure. L'oreille manque du liséré blanc qu'elle présente dans le tapir commun [1] : on ne voit point non plus cette crête si remarquable qui commence sur le front, à la hauteur des yeux, et se prolonge vers le garrot. Le cou de la nouvelle espèce est parfaitement rond, et les poils n'y ont, sur la ligne médiane, ni plus de longueur que dans les autres parties, ni une direction différente. Le poil sur tout le corps est très-épais, long, d'un brun noirâtre, plus foncé à la pointe qu'à la racine, et il donne à la robe cette couleur qu'on nomme zain chez les chevaux.

Sur la croupe, vers le point correspondant à l'articulation du fémur, on voyait de chaque côté une place nue, deux fois large comme la paume de la main ; cette place n'était point calleuse ; le jeune la présentait aussi symétrique que le vieux, et d'une grandeur proportionnée.

1. Une des oreilles était déchirée chez le plus grand des deux individus soumis à mon observation. La blessure était ancienne, et provenait sans doute des combats que se livrent les mâles. Il paraît que le tapir en colère cherche plutôt à mordre qu'à frapper. La manière dont on dit qu'il se défend contre les chiens m'a été confirmée par les cicatrices que j'ai vues à ces animaux, et par le témoignage unanime des chasseurs. Communément, le tapir, lorsqu'il est poursuivi, cherche à gagner l'eau avant de se retourner et faire tête ; il y trouve bien plus d'avantage que sur la terre, car, quand il est plongé seulement jusqu'au poitrail, les plus grands chiens sont déjà à la nage : ils ne peuvent donc approcher de lui qu'assez lentement, sans se lancer ; ils ne peuvent reculer pour éviter une morsure, mais sont obligés de se retourner, ce qui cause une grande perte de temps. Le tapir peut ainsi résister à plusieurs ennemis à la fois ; élevé au-dessus d'eux, il les saisit facilement à la nuque, puis, s'en débarrassant par un brusque mouvement de tête, il garde entre ses dents un lambeau de leur peau.

Au-dessus de la division des doigts se voyait, comme dans l'espèce commune , une raie blanche dégarnie de poils.

La comparaison des caractères extérieurs ne sépare point encore aussi nettement que celle des têtes osseuses les deux espèces de tapirs.

Comparée aux têtes des deux autres espèces, la nouvelle rappelle plus le tapir de Sumatra que celui de Cayenne. La ressemblance se montre surtout dans la direction du front, dans sa largeur, dans le défaut de saillie de la crête bipariétale, dans la dimension des os du nez, enfin dans la forme de la mâchoire inférieure, dont le bord libre est droit dans l'un et dans l'autre, tandis que, dans le tapir de Cayenne, il est fortement arqué.

Si l'on ne jugeait que sur les dimensions de la tête, on croirait la nouvelle espèce de tapir américain bien inférieure à l'ancienne sous le rapport de la taille : elle est réellement un peu plus petite, mais pas autant qu'on serait porté à le supposer. Le plus grand des deux individus avait de longueur, depuis l'extrémité du museau jusqu'à la pointe de la queue, 1^m,80; debout il devait avoir, du garrot jusqu'à terre, 0^m,89. Les jambes de devant avaient, de longueur, 0^m,43 à partir du coude; elles étaient très-fortes à leur partie supérieure; elles n'avaient pas moins de 0^m,43 de contour. Les jambes de derrière, un peu plus longues, étaient beaucoup plus grêles; l'articulation tibio-tarsienne permettait aux deux os articulés de venir exactement dans le prolongement l'un de l'autre. Je ne mesurai point la grosseur du corps. Pour faciliter le transport de l'animal de la montagne au village, on l'avait vidé sur place, et tout l'abdomen, et même le thorax, étaient affaissés. Ainsi sans viscères, l'animal me parut peser encore bien près de 110 à 120 kilogrammes.

Je regrettais de ne pouvoir examiner l'estomac, afin de voir de quoi cet animal se nourrit sur les hauteurs qu'il habite. Un des chasseurs me tira de peine, et me dit que, lorsqu'il avait aperçu les deux tapirs, ils étaient occupés à manger du *chusque,* sorte de mince bambou dont on trouve une espèce à de très-grandes hauteurs. Il m'assura aussi que ces animaux mangeaient du *fraylejon* (*espeletia*); c'est une plante que le gros et menu bétail, les chevaux, mulets et ânes rebutent à cause de la quantité de résine qu'elle contient; les cerfs même de la montagne n'y touchent pas, mais il n'est pas surprenant que le tapir en mange; c'est un animal très-glouton et d'un goût qui n'est nullement délicat[1]. On n'en tue guère dans les bois qu'on ne trouve dans leur estomac des morceaux de bois, de l'argile, de petites pierres, et quelquefois jusqu'à des os.

Le père Simon, dans ses *Noticias historiales de*

---

1. D'Azara, qui a observé le tapir dans un état de demi-domesticité, confirme à cet égard les observations qu'on a faites en Europe sur quelques individus qui ont vécu dans nos ménageries. « Pris jeune, dit-il, il s'apprivoise dès les premiers jours, il se laisse toucher et gratter par le premier venu, sans d'ailleurs s'attacher ou obéir à personne. Si on veut le faire sortir contre son gré d'une chambre où il est entré, il faut le pousser de

Tierra-Firme, a consigné ce fait. « Le tapir, dit-il,
« a deux estomacs, un dans lequel se trouvent les
« aliments, l'autre dans lequel il n'y a jamais que
« des bois pourris. Jusqu'à présent, ajoute-t-il, on ne
« connaît pas l'utilité de cette disposition ; mais, ce
« qui est certain, c'est que la nature ne fait rien de
« superflu. »

Quelquefois, en effet, ces corps, auxquels le pylore
refuse le passage, s'arrêtent dans une dilatation de
l'estomac, sorte de *cul-de-sac* devant lequel les aliments passent sans y pénétrer ; on parle même d'un
second rétrécissement qui fait paraître l'estomac divisé en trois poches. C'est ce qui causa l'erreur de
Bajon, qui crut voir trois estomacs distincts, et en
conclut que l'animal était un ruminant.

On sait que, dans le tapir commun, la femelle a
dans son pelage beaucoup de poils blancs mêlés ; j'ai
vu même ces poils si nombreux, qu'ils donnaient à la
robe cette couleur que dans les chevaux on nomme
rouan clair. J'aurais voulu savoir si dans le tapir des
montagnes la même chose aurait lieu ; mais les chasseurs ne purent jamais s'accorder sur ce point. Je ne
pus savoir non plus d'une manière positive si la fe-

force ; pour se défendre, alors, il ne cherche point à mordre
et pousse seulement un cri aigu, une sorte de sifflement qui
ne paraît pas naturel pour un si gros animal. Il boit à la
manière du cochon et mange de la viande crue ou cuite, tout
ce qu'on lui donne et tout ce qu'il trouve, sans excepter les
chiffons de laine, de coton ou de soie, de manière qu'il paraît
encore plus glouton que le porc et avoir un palais qui ne sait
rien distinguer.

melle était plus grande que le mâle [1], et si le jeune portait la livrée de la même manière que l'espèce commune [2].

Il paraît que le tapir des montagnes n'a pas tout à fait les mêmes habitudes que celui des plaines, qui dort tout le jour, et ne sort que la nuit pour prendre sa nourriture. Ceux qui furent tués à *Suma paz* étaient occupés à manger lorsque les chasseurs les aperçurent, et c'était vers dix heures du matin. Moi-même j'ai trouvé à neuf heures, dans le chemin de *Quindiù*, des fientes fumant encore; or, la forme des foulées indiquait que l'animal marchait sans inquiétude, et qu'ainsi ce n'était pas la peur qui

1. Les plus grandes peaux que j'aie vues dans l'espèce commune appartenaient toutes à des femelles; elles étaient d'une épaisseur remarquable : au dos 16 millimètres, et sur les joues jusqu'à 18 et 20.

2. A propos de la livrée du jeune tapir, on a fait dire à d'Azara, dans l'édition française, une sottise dont le traducteur seul est coupable. « Cet animal, dit-il, porte jusqu'à sept mois la livrée du jeune chien. Je n'avais pu, à l'époque où ces recherches furent imprimées dans le *Recueil des Savants étrangers*, me procurer l'original espagnol; mais dès lors je ne craignis pas d'affirmer que l'erreur venait de ce que M. Moreau de Saint-Merry n'avait pas connu la valeur du mot *cachorro*. Ce mot, qui répond tout à fait au *catulus* des Latins, s'applique à tous les jeunes quadrupèdes, excepté au veau et au poulain. Je disais donc : « Le manuscrit porte probablement *de cachorro tiene librea*, dans le jeune âge il porte la livrée; et le traducteur, retournant la phrase, a dit : *Tiene librea de cachorro*, il porte la livrée du jeune chien. » Ma restitution n'était pas tout à fait exacte et ne pouvait l'être, tant la traduction s'écarte de l'original, où se trouve d'ailleurs le mot *cachorro* pris dans le sens que je lui assignais, et y reparaissant même deux fois à

l'avait chassé de son gîte à une heure inaccoutumée.

On sent qu'une espèce qui habite seulement les sommets des hautes montagnes doit être moins nombreuse en individus que celle qui habite les plaines et les grandes vallées; mais, comme la Cordilière s'étend d'un bout à l'autre de l'Amérique méridionale, il serait possible que la nouvelle espèce atteignît les mêmes parallèles que l'ancienne; je n'ai pu arriver à rien de satisfaisant sur ce point; je sais seulement qu'on la trouve jusque vers le 2ᵉ degré de latitude nord, et il est probable que, du côté de l'Équateur, elle s'écarte jusqu'au 13ᵉ degré; en effet, lorsque Oviédo en a parlé, les Espagnols n'avaient exploré

cinq lignes d'intervalle. D'Azara en effet reproche à Barrère d'abord d'avoir dit que la livrée du jeune tapir est celle du jeune chevreuil (*corzo*), puis d'avoir donné à l'animal une couleur qui est celle du jeune âge, montrant par là qu'il n'a point connu l'adulte. Moreau Saint-Merry ne paraît pas plus avoir compris le sens de *corzo* que celui de *cachorro* et l'a laissé de côté.

Le mot latin *pullus*, comme nom générique, a aussi son équivalent en espagnol dans celui de *pollo*, qui sert à désigner tout oiseau dans le jeune âge; quelquefois, pour ceux de petite taille, on se sert du mot *pichon*, qui, au propre, s'entend d'un jeune pigeon. Notre mot *pigeon*, du reste, paraît avoir eu anciennement un sens plus général, puisque dans quelques cantons (où il se prononce *pingeon*) il s'applique à des oiseaux qui n'ont rien de commun avec les colombes. On conte à ce propos que dans un hameau de Normandie un voyageur affamé à qui on offrait un pingeon rôti pour son souper déclara qu'il se sentait de force à en manger deux, et comme l'hôtesse hésitait, représentant que ses pingeons étaient gros, il en exigea quatre, et ne fut pas peu surpris en voyant apparaître une heure après sur sa table quatre oisons rôtis, chacun grand comme père et mère.

de la Terre-Ferme que les parties les plus voisines de la côte.

La distribution géographique des tapirs de l'espèce commune présente une singularité sur laquelle on a passé légèrement, et qui mérite bien qu'on s'y arrête. On doit se demander quelle est la cause qui a empêché ces animaux de s'étendre vers le nord, au delà du 13e degré. Serait-ce le décroissement de température? Non, sans doute, puisque, de l'autre côté de la ligne, on les trouve par delà le 40e degré. Sont-ce de grands fleuves qui leur barrent le passage? Mais de la rive gauche de l'*Atrato*, où ils sont assez nombreux, jusqu'au Rio de Chagres, où l'on n'en voit point, il n'y a aucun cours d'eau considérable. D'ailleurs, le tapir est un animal qui craint si peu l'eau, qu'il y cherche son refuge lorsqu'il se voit poursuivi. De hautes montagnes pourraient à peine être comptées comme obstacles, puisque la triple chaîne des Andes n'a point empêché l'animal de pénétrer dans les deux grandes vallées de la Madeleine et du Cauca, et de se répandre sur le littoral de la mer du Sud. La petite Cordilière de l'isthme, qu'on a voulu représenter comme la barrière qui l'avait arrêté, a probablement moins de hauteur que le fonds de la vallée de la Madeleine, dans la province de Neyba.

Le tapir est si commun à *Murindo* (sur la rive droite de l'*Atrato*, et non loin de son embouchure) qu'il y fait une partie importante de la nourriture des gens de couleur. On le suit jusqu'au pays habité par les Indiens indépendants du *Darien,* et de l'autre côté de leur territoire, qui est fort peu étendu, du côté de Panama et de *Porto belo* on ne le voit jamais. Peut-être, dira-t-on, il ne trouve plus en ces lieux l'espèce d'aliment qui lui convient; mais, outre que la végétation de l'un et de l'autre côté de l'isthme est très-sensiblement la même, le tapir est un animal qui s'accommode de tout.

On trouverait peut-être une meilleure explication en considérant le fait comme un résultat de cette action que l'homme exerce sur la nature animée partout où il existe à un certain état de civilisation. A mesure que la population augmente, le pays change de face, les forêts tendent à disparaître, les animaux qui les habitaient disparaissent aussi, s'éteignant ou allant chercher plus loin la tranquillité qui leur est refusée.

Depuis l'établissement des colonies anglaises et françaises dans l'Amérique du nord, le *bison* a reculé devant l'homme blanc, et déjà il a commencé à franchir les montagnes rocheuses qui furent longtemps pour lui une barrière impénétrable. Quand les conquérants du Nouveau-Monde pénétrèrent dans le pays auquel ils donnèrent le nom de Nouvelle-Espagne, ils y trouvèrent une population très-serrée; mais cette population, on le sait, avait eu dans quelques siècles un accroissement très-rapide, et rien n'empêche d'admettre qu'à l'époque où elle était clair-semée sur la surface du pays, les tapirs n'aient pas existé en même temps qu'elle et en aient été plus tard bannis.

Il est assez remarquable que les chasseurs, qui notent les moindres différences dans les animaux qu'ils

poursuivent habituellement, et pèchent bien plus par
excès que par défaut en établissant des espèces [1],
n'aient pas séparé les deux tapirs, si aisés à distinguer par les caractères extérieurs. Ils leurs donnent
indifféremment à l'un et à l'autre le nom de *danta,*
et ce nom est celui par lequel on désigne généralement l'espèce commune dans tous les pays où l'on
parle espagnol.

Je me suis occupé de l'étymologie de ce nom, et
je vais exposer le résultat de mes recherches, parce
qu'elles font connaître un système de nomenclature
singulier qui a induit en erreur plus d'un écrivain
européen, et a fait faire aux naturalistes voyageurs
beaucoup de recherches dans une fausse direction.

Lorsque les Espagnols arrivèrent en Amérique, ils
y trouvèrent une nature entièrement nouvelle, et,
comme Adam, ils eurent à nommer *toutes les bêtes des
champs et tous les oiseaux des cieux.* Dans l'impossibi-
lité d'embrasser à la fois tant d'objets, ils durent
écarter d'abord tous ceux qui n'étaient pas pour eux
d'un intérêt immédiat. Ainsi, les oiseaux trop petits
pour être mangés furent tous réunis, confondus sous
le nom vague de *paxaritos* [2], tous les insectes à élytres
écailleuses furent des *cucarrones, cucarachas,* ceux à

1. Ils comptent, par exemple, jusqu'à cinq espèces de *pecaris.*
Je ne sais pas s'ils ont raison ; mais je suis sûr au moins qu'il
existe, sinon une troisième espèce, du moins une variété bien
tranchée dont j'ai vu et dessiné un individu.

2. Ce mot *paxarito* ou *paxaro,* bien qu'évidemment dérivé de
passer, ne veut pas dire passereau, mais s'applique à tous les
oiseaux de petite et de moyenne taille.

ailes transparentes des mouches, *moscas, moscos, mosquitos, moscarrones.*

Quant aux animaux, ou nuisibles ou utiles, comme on avait fréquemment à s'en occuper, il fut nécessaire de les désigner d'une manière plus spéciale. Les conquérants ne pouvaient guère adopter les noms indigènes qui, en raison de la multiplicité des dialectes, variaient d'une province à l'autre, et le besoin d'une nomenclature commune les conduisit tout naturellement à transporter aux espèces américaines des noms européens. Dans l'application qu'ils en firent, ils ne furent pas guidés, comme on aurait pu s'y attendre, par des ressemblances de forme, de taille ou de couleur; de telles ressemblances ne leur importaient guère; ils ne considéraient toutes ces espèces que sous le rapport de l'utilité dont elles étaient pour eux, ou des dommages qu'elles pouvaient leur causer, et ainsi ils leur donnèrent le nom des animaux qui, en Espagne, leur rendaient des services semblables ou leur nuisaient de la même manière.

On trouve, par exemple, en Amérique, pour une foule de quadrupèdes, le nom de *zorro* accompagné d'une épithète qu'on néglige encore bien souvent: *zorro gatuno, perruno, collarejo, zorro hediondo* ou *zorilla* [1]. Peu importait aux colons qu'ils appartins-

---

1. Les noms de *zorro hediondo* et de *zorilla* s'emploient tous les deux en parlant des mouflettes; mais le premier, qui signifie renard puant, s'applique aussi aux grandes espèces de sarigues dont l'odeur est en effet très-désagréable. J'ai déjà dit que le nom de *chucha*, employé pour cet animal, n'est que le féminin

sent aux familles des *felis*, des *canis*, des *gulo*, des *mephitis*, le chien indigène, le yaguarundi, le tayra et le mapurito, mangeaient également leurs poules, ils durent tous s'appeler des renards.

Quant aux animaux plus petits qui saignaient les poulets, les pigeons, chassaient les petits oiseaux, les souris, poursuivaient celles-ci jusque dans leurs trous, le nom se présentait naturellement : qu'ils eussent les doigts réunis ou un pouce opposable, que leur queue fût prenante ou non, velue ou dégarnie de poils, les ennemis des rats ne pouvaient être que des belettes (*comadrejas*).

Le lama ressemble plus au chameau qu'à tout autre animal de l'ancien continent ; Balboa même s'y méprit

du mot espagnol *chucho*, nom générique des oiseaux de proie nocturnes. Il n'y a pas trop lieu de s'étonner qu'on ait transporté à un quadrupède le nom d'un oiseau. Tous les deux viennent dans les ténèbres, on ne les voit presque jamais, et on ne les connaît guère que par leurs ravages. De là résulte que quelquefois on n'a aucun nom particulier pour les désigner. J'ai souvent entendu dire dans les hameaux américains : « Nous ne pouvons ici avoir des poules, l'*animal* n'en laisse pas une en vie. » Cela se dit même en quelques parties de la France, témoin ce vers de La Fontaine :

> Dans mon pailler rien ne m'était resté ;
> Depuis deux jours *la bête* a tout mangé.

Le tapir, lorsqu'il s'approche des habitations humaines, est aussi d'ordinaire un visiteur nocturne, et l'on pourrait être tenté de rattacher à cette idée un nom vague en apparence qu'on lui donne presque par toute l'Amérique : mais ce nom, *la gran bestia*, correspond à celui de *magnum animal*, qui était depuis longtemps en Europe le nom de l'élan. C'est donc, comme on le verra bientôt, un simple synonyme de *danta*.

quand il en vit les premières figures et se confirma par là dans l'idée qu'il était arrivé aux Grandes Indes. Ajoutez à cela que les Péruviens l'employaient aussi comme une bête de somme ; cependant les Espagnols, qui dédaignèrent de l'appliquer à cet usage, n'en firent point un chameau ; mais comme ils se servirent de son poil en guise de laine, ils lui donnèrent le nom de *brebis* [1]. Le nom de *llama* ou *llacma*, s'est, il est vrai, conservé au Pérou ; mais c'est qu'il appartenait à une langue beaucoup plus parfaite que tous les

[1]. *Oveja del Peru, oveja de la Tierra, carnero de la Tierra.* Wafer a entendu *cornera* au lieu de *carnero*, et il a supposé que ce nom indiquait un animal cornu. Il prétend avoir vu à l'île de Mocha des lamas qui, sellés et bridés, portaient sur leur dos deux des hommes les plus robustes : « *These sheep are so tame that we frequently used tho bridle one of them, upon whose back two of the lustiest Men would ride at once round the island, to drive the rest to the fold.* » Il ne dit pas à la vérité leur avoir vu des cornes sur la tête, et il suppose que ces bêtes les perdent chaque année comme les cerfs, de sorte qu'elles n'en avaient point à l'époque où les flibustiers étaient à Mocha. « *They had no horns when we were there; yet we found wery large horns much twisted in the form of a snail shell wich we suppos'd they had shed : they lay many of them scattering upon the sandy bay.* » Le traducteur français, Montirat, s'est contenté de dire : « Ses cornes sont torses comme les coquilles d'un limaçon. » C'est ce même M. de Montirat qui a contribué à faire croire à l'existence d'une nation d'albinos au Darien. Wafer avait dit : « Il y a des gens (*people*) dans ce pays qui ont une couleur si singulière, etc... » Et le traducteur ne comprenant pas le sens du mot *people*, l'a rendu par *peuple*.

Il existe une autre traduction moins mauvaise du livre de Wafer, c'est celle qui a été publiée avec la relation du voyage de Dampier. Du moins celle-là ne contient que les mensonges qui se trouvent dans l'original, et il y en a encore bien assez.

autres idiomes de l'Amérique du Sud, langue qui se parlait dans une vaste étendue de pays, et qui même avait été cultivée depuis la conquête.

Je ne suivrai point dans ses détails cette nomenclature; j'espère qu'on ne se méprendra point sur le mot de système que j'ai employé. Je suis loin de croire que les noms aient été donnés d'après un plan formé d'avance, j'ai voulu dire seulement que les hommes qui les imposèrent se trouvant dans des circonstances semblables, durent être guidés par une même idée dominante. Cela posé, voyons comment ils purent être conduits à donner au tapir le nom de *danta*.

Quelques naturalistes ont supposé que ce mot était une altération du mot portugais *anta*[1]; mais ne serait-il pas bien étrange que les Espagnols eussent été emprunter à la langue portugaise un nom pour désigner un animal dont ils avaient eu connaissance bien avant leurs voisins de la Péninsule.

Les mots de *danta* et *anta*, auxquels il faut joindre celui d'*ante*, existaient dans les langues espagnole et portugaise à une époque où l'existence de l'Amérique n'était pas même soupçonnée. Ils s'employaient indifféremment tous les trois en parlant de divers ani-

---

1. « Les Péruviens, dit Sonini, nomment cet animal *uagra;* les naturels de la Nouvelle-Espagne *beori;* ceux de la Guyane *maipouri;* les Espagnols la *grande bête;* enfin, les Portugais du Brésil *anta*, d'où sont venus les mots de *ent*, de *dante*, de *ante*, employés par divers auteurs. » (*Nouv. Dict. d'Hist. nat.*, t. XXXII, Paris, 1819.)

maux, tels que le buffle, l'élan et certains grands ruminants de la côte d'Afrique dont on ne connaissait que les dépouilles apportées par les gens qui faisaient le commerce avec la côte de Guinée. Chacun de ces noms s'appliquait à tous ces quadrupèdes indistinctement, soit qu'on les trouvât dans les pays tempérés, soit qu'ils vécussent dans les régions voisines du tropique ou dans celles qui touchent le cercle polaire; mais il ne leur était donné que lorsqu'on le considérait sous un certain point de vue ; c'est-à-dire comme fournissant des cuirs épais, que l'art du chamoiseur transformait en *buffle*, ou, comme disaient les Espagnols, en *ante* [1].

L'art de donner aux grosses peaux la souplesse nécessaire pour les usages de la buffleterie ne fut longtemps pratiqué que dans les pays du Nord. En Suède, en Norvége et dans certaines parties de la Pologne, on préparait de cette manière les peaux d'élan qui se répandaient ensuite dans tout le reste de l'Europe où elles se vendaient fort cher. On disait alors de l'*élan*, comme on a dit plus tard du buffle, lorsque les Ita-

1. Le mot *ante* s'emploie encore aujourd'hui pour désigner une peau passée, une peau épaisse; mais il n'a pas tout à fait la même signification qu'autrefois. L'usage des armes à feu étant devenu général, le collet de buffle ne suffit plus pour protéger la poitrine d'un homme, et il n'a plus pour usage que de protéger les vêtements du frottement de la cuirasse; il n'était pas nécessaire, par conséquent, qu'il eût la même épaisseur. Aussi, quoiqu'on continuât à donner le nom de buffle à cette partie de l'équipement, on le fit en *daim*, et ce que depuis cette époque on a appelé, en effet, du daim (*gamuza* dérivé de *gamo*, daim), est ce que dans la mégisserie française on nomme *chamois*.

liens s'étant approprié ce genre d'industrie, y employèrent comme matière première la peau du buffle. Au xv⁰ siècle, la Péninsule tirait encore ce produit du Nord et le recevait par l'intermédiaire des Flamands, qui le nommaient dans leur langue *eelendt*, *elandt* et *elant*. Les Espagnols, prenant la première syllabe du mot pour un article, dirent : *el ant*, et, en mettant à la fin une voyelle, conformément au génie de la langue, *el ante*. Le féminin *anta* devint quelquefois *danta* par l'adhésion du signe du génitif.

Comme le mot flamand s'écrivait aussi avec le double *l*, on en eût pu faire *el lent* ou *el lant*, cependant je n'ai jamais vu cette forme employée par les auteurs espagnols.

A l'époque de la conquête du Nouveau-Monde, une partie nécessaire de l'équipement d'un homme de guerre était la *cuera* ou *coleto de ante* [1], ce qu'en fran-

---

1. Dès le temps de Pline, la peau d'élan était employée pour faire des corselets. » Le *tarandus*, dit notre auteur, livre VIII, chap. LII, a la taille du bœuf... Son cuir est si dur qu'on en fait des cuirasses... » Quoique le nom de tarandus ait fini par demeurer au renne, il est bien évident qu'ici son histoire se complique de celle de l'élan, et que c'est à ce dernier seul qu'on peut attribuer avec quelque apparence de raison la taille du bœuf et le cuir épais.

Pline avait dans ce même livre, au chap. xvi, parlé de l'élan sous le nom d'*alces*, le désignant avec l'achlis comme habitant la Scandinavie. On a pris beaucoup de peine au siècle dernier pour déterminer le sens précis de ces trois noms dans Pline et dans les écrivains latins des bons temps. Comme ce débat pourrait bien être renouvelé prochainement à l'occasion des ossements de renne que l'on découvre pêle-mêle avec des ossements humains dans plusieurs cavernes de France, il ne sera peut-être

çais on nommait *collet de buffle,* bien que ce fût un pourpoint complet, et que, par abréviation, on nommait encore plus souvent un *buffle.* Quand les Espagnols pénétrèrent dans l'intérieur de l'Amérique du Sud, en s'écartant du rivage de l'Atlantique, ils n'y trouvèrent plus des peuples doux et inoffensifs comme les insulaires de Guanahani, mais des hordes vail-

pas hors de propos de faire remarquer qu'il y a ici une double question.

S'agit-il en effet de savoir quels noms, dans les langues du Nord, correspondent aux mots latins? On le peut, pour l'un d'eux au moins; pour l'élan, dont le nom scandinave *elg* est trop voisin d'*alces* pour donner lieu à un doute raisonnable; pour *tarandus* même, bien qu'on ne trouve pas un nom tout fait qui y corresponde, sa syllabe *ran* ou *rand* semble bien caractériser le *ren* ou *renn* qui, dans toutes les langues du Nord, forme le mot caractéristique du nom composé de l'animal: avec un peu de bonne volonté on a suppléé au reste, mais j'en laisse la responsabilité à qui a voulu s'en charger.

Voilà donc la première question à peu près résolue; pour la seconde, qui consisterait à déterminer l'animal désigné sous l'un ou l'autre de ces noms par Jules César, Pline ou Solin, il n'y a pas de solution possible, puisqu'à chaque nom chaque auteur rattache des traits qui se rapportent à plusieurs espèces.

Nous avons vu Pline attribuer à son *tarandus* deux indications qui ne sont vraies que de l'élan; mais plusieurs autres, dans la même description, conviennent au renne et à lui seul. De même, au chapitre XVI déjà mentionné, en parlant de l'*achlis,* il lui avait assigné un caractère vrai appartenant à l'élan et un autre fabuleux, mais qui rappelle la conformation du même animal. L'élan est remarquable par un développement excessif de la lèvre supérieure; ses jambes, très-longues pour son corps, sont presque droites, de sorte que, représenté grossièrement, il peut sembler avoir des membres tout d'une seule pièce. L'*achlis* de Pline a un renflement du museau considérable et qui le force de paître à reculons, *retrograditur in pascendo,* ses jambes sont sans arti-

lantes, exercées à la guerre et dont quelques-unes connaissaient jusqu'à l'art des fortifications. Dans plusieurs de ces tribus, les guerriers faisaient usage d'armes défensives. Ils employaient le cuir du tapir[1], au Brésil pour faire des boucliers, au Paraguay ·pour faire des heaumes[2]; enfin, dans certaines provinces de la Nouvelle-Grenade, ils fabriquaient avec cette peau une espèce de dalmatique à l'épreuve des flèches

culations, de sorte qu'il ne peut se coucher et dort appuyé contre un arbre. Ces points de conformité ont fait depuis longtemps naître l'idée d'assimiler aussi les deux noms et de ne voir dans *achlis* que. le mot *alces* défiguré par la transposition de la liquide L et l'aspiration de la gutturale C. On a même été jusqu'à dire que l'altération avait été faite à dessein par des gens qui savaient mal le grec (Pline était du nombre), et qui ont cru que le nouveau nom exprimerait l'idée que l'animal ne peut se coucher. Hardoin se rit de cette supposition, mais il y en a de plus invraisemblables encore qui ont été reconnues pour vraies.

1. « Il se trouve davantage en l'Amérique grande quantité de ces bestes qu'ils nomment *tapihire*, désirées et recommandables pour leur difformité. Aussi les sauvages les poursuivent à la chasse, non-seulement pour la chair qui est très-bonne, mais aussi pour les peaux dont ces sauvages font boucliers, desquels ils usent en guerre; et est la peau de cette beste si forte, qu'à grande difficulté un trait d'arbaleste la pourra percer. » (Thevet, *Singul. de la France antarct.*, chap. XLIX.)

« Au reste, ils estiment merveilleusement cet animal à cause de sa peau ; car, quand ils l'escorchent, coupant en rond tout le cuir du dos, après qu'il est bien sec, ils en font des rondelles aussi grandes que le fond d'un moyen tonneau, lesquels leur servent à soutenir les coups de flèche de leurs ennemis quand ils vont en guerre. Et de fait, cette peau ainsi seichée et accoustrée, est si dure que je ne crois pas qu'il y ait flesche, tant roidement décochée fust-elle, qui la sceut percer. » (Lery, *Voyage fait en la terre du Brésil*, chap. X.)

2. Martin del Barco centenera, dans sa relation rimée de la

et des javelots [1] ; c'était là leur buffle, et il fut naturel de donner à l'animal, dont la peau était ainsi employée, le nom d'*ante* ou *danta*.

Oviédo, qui devait bien savoir quelles raisons avaient eues ses compagnons pour appliquer au tapir le nom de *danta*, dit expressément que c'est à cause de l'épaisseur du cuir : « *Los christianos llaman danta a un animal que los Indios le nombran Beori a causa que los cueros de estos animales son muy gruesos, pero no son dantas.* » (*Sumario*, etc., cap. XII.)

Buffon a bien vu que ces noms, avant d'être appliqués au tapir, avaient servi à désigner des quadrupèdes de l'ancien continent, mais il n'a pas su à quelle espèce ils avaient appartenu originairement, ni pour quels motifs ils avaient été transportés au pachyderme américain. Suivant lui, *ant* ou *lant* est le nom africain du zébu [2]. Si on l'a donné ensuite au tapir,

Conquête du Rio de la Plata, dit, en parlant d'un indien *charrua*, qui vint en canot défier les Espagnols :

> El salvage se estira i endereça.
> Y un escudo grandissimo ha embraçado.
> Por *ielmo* un cuero de Anta en la cabeça...

(La Argentina, cant. XIII, str. XVI.)

1. P. Simon, *Conquest. de Tierra-Ferme*, 2e partie, inédite.

2. Pour arriver à cette conclusion, que *dant* est le nom africain du zébu, Buffon est obligé, d'une part, de reconnaître un bœuf dans l'animal décrit par Belon (*Observ.*, fo 118 et 119), et de l'autre, d'admettre l'identité entre cet animal et le *lant* de Jean Léon et Marmol. Pour établir le premier point, il est forcé d'exagérer certains traits et d'en dissimuler d'autres ; ainsi, il suppose une bosse, lorsque Belon dit seulement que « les épaules sont quelque peu élevées et bien fournies ; et il ne tient aucun

c'est seulement parce que la taille de cet animal est la même à peu près que celle du petit bœuf bossu. Buffon n'a pas remarqué que le mot *lant* qui apparaît pour la première fois chez des écrivains du xvie siècle, Léon l'Africain et Marmol [1], désigne un animal des régences barbaresques, du désert de Barca et de la Nubie, c'est-à-dire des provinces voisines de la Méditerranée et de la Mer-Rouge; tandis que dès le milieu du siècle précédent, le nom d'*anta* est appliqué par les Portugais à un ruminant différent probable-

compte d'un caractère sur lequel l'auteur avait insisté, « *les cornes noires et beaucoup cochées comme celle d'une gazelle.* » Relativement au second point, on peut remarquer : 1° que l'animal, vu par Belon, avait été « apporté au Caire du pays d'Azamie » (Inde au delà du Gange), tandis que celui de Marmol et de Jean Léon habite les régions sablonneuses situées à l'ouest et au sud de l'Égypte; 2° que le premier a des formes pesantes comme celles du bœuf « le col gros et court, les jambes trapues et courtes, » le poil brun ou fauve, tandis que, dit Léon, les jambes du *lant* sont plus élégantes que celles du bœuf, et son pelage presque blanc; il ajoute que les ongles du pied sont très-noirs, particularités que Belon n'eût pas manqué de signaler si elle eût existé dans l'individu qu'il décrivait.

1. Jean Léon ne dit rien qui puisse faire présumer que les mots *lant* et *dant* soient ceux qu'emploient les indigènes en parlant de l'animal. En général, pour toutes ses descriptions, il ne fait usage des noms africains que lorsque la langue italienne ne lui en fournit pas d'à peu près équivalents; or, il trouvait, dans des livres qui avaient alors très-grand cours en Italie, le nom *anta* ou *danta*, donné à une antilope de la côte orientale d'Afrique, dont la peau servait à faire des rondaches, il était assez naturel qu'il l'appliquât à une antilope de la côte septentrionale dont les dépouilles étaient recherchées pour le même usage. « *Del cuoio di questo si soglion fare alcune targhe fortissime per modo che altra cosa non le puo passare, che un*

ment du premier, et qu'ils rencontrent sur les côtes de l'Océan méridional. Il y a même lieu de penser qu'à cette époque, et beaucoup plus tard encore, le mot ne s'appliquait pas à la bête, mais seulement à sa peau [1] qui était devenue un objet de trafic assez important.

En appliquant le nom d'*anta* ou *danta* au tapir, les Espagnols et les Portugais voulurent assimiler cet animal, non à l'antilope africaine, mais à l'anta qui leur était le premier connu, à l'*élan*. Ce qui le prouve

schioppo, ma molto care si vendono. » (*L'Afrique* de Jean Léon, dans Ramusio, t. I, p. 92.)

Le paragraphe porte pour titre : *lant* ou *dant,* et ni l'un ni l'autre de ces mots n'est répété dans le cours de la description.

Marmol, il est vrai, dit expressément que l'un des deux noms est africain; mais Marmol est un écrivain très-peu scrupuleux, copiant sans cesse Jean Léon qu'il ne nomme jamais. S'il n'a pas reconnu le mot *lant* pour un mot employé par les Européens, il n'aura pas hésité à le donner comme africain.

1. Cadamasto dit, en parlant des habitants de la côte comprise entre l'embouchure du Sénégal et le cap Blanc : « *Intende ti che loro non hanno arme de vestirse per difesa, ne hanno otra difesa che la tarcha che e de un cuoio che se chiama Anta che e durissimo.* »

Dans la relation du voyage de Lopez au Congo, publiée en 1591, il semble aussi que c'est aux cuirs et non aux animaux qui les fournissent que s'appliquent le mot *dante,* du moins c'est dans ce sens que ce passage est entendu par un traducteur contemporain. Le texte italien dit : « *Le pelli loro sono molto pregiate pero che si portano in Portogallo e d'indi in Lamagna per acconciarsi, e l'appelano Dante.* » (*Relat. du roy. de Congo,* Rome, 1591, p. 31) Voici maintenant la traduction de Purchas : « *Their skins are of great estimation, and therefore they are carried into Portugall and from thence into Germanie to be dressed and ther they are called Dantas.* » (T. I, lib. VII, cap. iv.)

sans réplique, c'est que lorsqu'ils ont écrit en latin c'est sous le nom d'*alce* qu'ils ont désigné le tapir[1].

Le mot *élan* a été quelquefois employé chez nous comme terme générique pour les cuirs épais. De là vient que le *canna,* dont la peau sert à faire des ceintures, a reçu de nos réfugiés établis au Cap le nom d'élan[2]. Le mot *buffle* étant devenu plus tard le terme ordinaire, ceux de nos français qui passèrent à Surinam nommèrent buffle le tapir[3].

Le *danta-élan* était renommé dans la médecine sympathique du moyen âge; porté au cou, son ongle guérissait de l'épilepsie[4]. Il n'y avait pas de raison pour refuser cette vertu au *danta-tapir.* Le père Simon, Ruiz, Gumilla, et plusieurs autres écrivains, nous apprennent que cette opinion régnait de leur temps, et l'on voit qu'eux-mêmes la partageaient; d'Azara dit qu'elle existe au Paraguay, et moi-même je l'ai trouvée

1. Laët, *Novus orbis,* lib. XV, cap. v.
2. Kolbe, tome III, page 36 et suivantes.
3. « Dans nos colonies américaines on donne le nom de buffles aux tapirs, et je ne sais pourquoi : ils ne ressemblent en rien aux animaux qui portent ce nom. » (Allamand, *Additions à l'article Tapir,* édit. d'Amst., t. XV, p. 70.)
4. Gesner parle des propriétés attribuées à l'ongle du véritable élan, et il en parle avec sa raison accoutumée : « *Scio id non raro profuisse ; sæpius tamen frustra tentatum : causam alii in morbi discrimen rejiciunt; ego animi persuasionem superstitiosis rebus magis minusve aut nullo modo confisam effectus rerum maxime variare crediderim.* »

On en pourrait dire autant de bien d'autres remèdes qui opèrent dans les premiers temps des prodiges, et qui deviennent impuissants dès que les esprits ont cessé d'être frappés de ce qu'ils avaient d'insolite ou de mystérieux.

en Colombie [1] généralement établie chez les paysans, aux foyers desquels il est commun de voir suspendu un pied de tapir [2].

La Condamine parle dans son voyage à l'Amazone, du tapir, sous le nom d'*élan*, car il savait que c'est là le mot français qui correspond au mot espagnol *ante* ou *anta*. Il ajoute que les Indiens du Pérou donnent à cet animal le nom de *uagra*, mais ici il commet évidemment une erreur, puisque l'articulation *g* ne se trouve point dans la langue du Pérou. Il est probable qu'on lui a dit huaca-racu, composé de *racu*, qui désigne toute chose remarquable par sa grosseur, et de *huaca* qui ici veut dire un monstre par excès, un animal qui a plus de doigts qu'il ne faut [3], et cela convient très-bien au tapir qui est le plus gros quadrupède de l'Amérique méridionale, et qui, au lieu d'être *bisulcus* comme les cerfs et tous les animaux à

1. Toute la partie merveilleuse de la matière médicale et de l'histoire naturelle, aujourd'hui rejetée en Europe, semble s'être réfugiée en Amérique. On y trouve tous les anciens contes plus ou moins modifiés. Quelquefois il y a différentes versions pour les diverses localités; ainsi, sur la Cordilière orientale, c'est un carabe qui se transforme en un arbuste dont j'ai oublié le nom, tandis qu'au Choco, c'est une grosse fourmi qui se change en palmier.

2. Le canna qui, comme je l'ai dit, porte au Cap le nom d'élan, a aussi été gratifié de la même propriété.

3. Le mot de *huaca*, dans la langue du Pérou, entre dans la composition de beaucoup de noms, mais il n'y a pas toujours la même signification. En général, *huaca* sert à désigner toute chose qui l'emporte sur celles de la même espèce, par sa grandeur ou sa bonté et aussi par le nombre de ses parties, comme une couche de deux jumeaux, un œuf à deux jaunes, etc. On nom-

sabot connus des Péruviens, est *trisulcus* et *quadrisul-cus,* de sorte qu'il a dû leur paraître un écart de l'état normal. Il n'y a pas lieu, au reste, de s'étonner que La Condamine ait entendu *uagra* ou *huacra* pour *huaca-racu;* il a altéré exactement de la même manière le nom d'une montagne bien connue qu'il a écrit *cayambur* au lieu de *cayambé-urcu.*

On trouverait aussi un nom très-convenable pour le tapir, dans le mot *huac kra,* par contraction pour *huaca kara* (cuir ou peau extraordinaire); nous trouvons en effet une composition tout à fait analogue dans le nom d'où nous avons fait celui du tapir. Ce mot, emprunté à un des dialectes du guarani, s'y présente sous plusieurs formes, telles que *tapii*[1], *tapiierete*[2], *tapiroussou*[3]. *Ta* est une contraction de *tata* ou *tatai* (contraction qui a lieu toutes les fois qu'on fait entrer dans un mot composé cet adjectif, qui signifie gros, fort, épais, résistant), et de *pi* ou *pii,* signifiant peau, cuir. *Pi,* suivi d'un autre mot

mait aussi *huaca-runa* l'homme qui naissait avec six doigts aux pieds ou aux mains.

Il ne faut pas confondre le mot de *huaca* avec un autre mot que les Espagnols écrivent de la même manière, mais dont la prononciation est un peu différente. Celui-ci signifie toute chose sacrée : une statue de divinité, un temple, un sépulcre. Comme ces sépulcres contenaient souvent des vases et des idoles en métaux précieux, les Espagnols nomment *huaca* ou *guaca* un trésor enfoui.

1. Ruiz, *Tesoro de la langua guarani,* page 355.

2. Marcgraff, *Hist. rerum nat. Brasil,* lib. VI, cap. VI.

3. Leri, *Histoire d'un voyage fait en la terre du Brésil,* chapitre X.

dans un nom composé, prend à la fin la liquide *r*,
et devient, suivant les cas, *piier, piira, pir*, etc.
Ainsi, peau épaisse, peau dure, se dit *pirana, pira-
qua* et *pirata;* mais lorsque le mot signifiant *grosse
peau* doit désigner l'animal qui est remarquable par
cette particularité, le tapir, afin de prévenir la confusion, on met l'adjectif d'abord, de sorte que le nom
devient *tapii.* Pour exprimer la chose plus fortement,
on ajoute le mot *été* qui signifie par excellence; la
liaison de ce qualificatif exige l'introduction de l'*r*
euphonique et le mot devient *tapiierete.*

Quelques autres animaux de l'Amérique méridionale, tels que certains petits cerfs à cornes non bran-
chues, ont aussi la peau fort épaisse, du moins relativement à leur taille, mais le Tapir est beaucoup plus
grand qu'eux tous, et ainsi lorsque l'on dit *le grand
animal à grosse peau*, il n'y a pas lieu de se méprendre. C'est ce qu'exprime le mot *tapiroussou* (de *oussou*
grand).

Le tapir étant le plus gros animal connu des indigènes de l'Amérique du Sud, son nom leur servit à
désigner le bœuf quand ils le virent pour la première
fois; cette double application du mot, qui se fait encore chez diverses peuplades, a jeté du doute sur le
vrai sens de quelques expressions composées. Ainsi,
La Condamine nous apprend que les Indiens établis
près de l'embouchure du Coari appellent les Hyades
ou la tête du Taureau, *Tapiera Rayouba*, d'un nom
qui, dit-il, signifie *aujourd'hui* en leur langue mâchoire de bœuf. En ne faisant aucune réflexion sur

l'accord de ces deux noms, *tête du taureau* et *mâchoire de bœuf*, le savant écrivain semble admettre que les Indiens auraient emprunté aux missionnaires le nom par lequel ils désignent ce groupe d'étoiles ; l'emprunt ne me paraît pas évident, mais j'aurai occasion de revenir sur ce point en terminant l'histoire du tapir.

Les Galibis de la Guyane, qui parlent un dialecte du guarani, connaissent notre animal sous le nom de *maypouri*, et ce nom ne rappelle plus une particularité de son organisation, comme ceux dont il vient d'être parlé, mais semble faire allusion à ses habitudes. Quand le tapir s'approche des habitations, c'est ordinairement la nuit, de sorte que si on le rencontre on ne peut bien distinguer ses formes ; dès qu'il sent qu'un homme approche, il regagne le fourré où il rentre avec grand bruit. C'est à ces deux circonstances que fait allusion le nom *mae* ou *mbaé*, qui en galibi signifie *chose* en général, chose dont le nom ou la nature sont indéterminés, mal connus, et, par extension, fantôme[1] ; *puru* veut dire bruit.

Dans le guarani du Paraguay, tapir se dit *mborebi*. En supposant ce nom dérivé de *mbae rabi*, il signifierait chose velue, fantôme velu, ce qui se rapprocherait du sens du nom précédent, et, comme on le verra bientôt, de celui d'un autre mot en usage parmi les indiens de Popayan (Nouvelle-Grenade) ; cependant il semble plus naturel de le faire dériver de *mbo*, pied,

---

1. Ruiz, *Tesoro, etc.*, page 211 recto.

et du verbe *raba,* séparer, disjoindre, faisant allusion à la division multiple du pied ou à l'écartement des doigts qui a lieu lorsque le pied presse le sol. Le mot *mborebi* aurait ainsi pour le sens quelque analogie avec ce que j'ai dit du composé péruvien *huaca raca.*

Quant au mot *beori* qu'on ne trouve dans aucune relation, hors celle d'Oviédo[1], peut-être faut-il n'y voir autre chose qu'une faute d'impression. D'Azara croit que c'est une altération du mot *mborebi,* et cette conjecture n'a aussi rien d'inadmissible.

Le mot de *tapir* est devenu en français le nom du genre, et il faut aux espèces des noms qui les distinguent. On connaît déjà celle de l'Inde par le mot de *maiba,* qui est son nom vulgaire dans le pays, et il paraît convenable de désigner également les deux espèces du nouveau continent par des noms empruntés aux idiomes américains. Ainsi, l'espèce anciennement connue peut être appelée *tapir maypouri.* Pour la nouvelle, je propose de la nommer *tapir pinchaque;* le mot de *pinchaque* étant le nom d'un animal fabuleux dont l'histoire se fonde principalement sur l'existence de notre tapir dans une haute montagne de la Nouvelle-Grenade.

Les animaux fabuleux ne figurent plus dans les

---

1. Gmelin dit, et plusieurs auteurs répètent après lui, que Laët appelle le tapir *beori animal.* Il est vrai que ces deux mots se trouvent ainsi accolés dans sa table des matières, de même qu'on y lit *mandiuca planta, magdalena fluvius,* parce qu'après chaque nom nouveau pour le lecteur il a soin de dire si ce mot désigne un peuple, un oiseau, une plante ou une rivière.

traités de zoologie et on a eu raison de les en faire disparaître; mais leur histoire se lie si intimement à celle des sciences naturelles qu'on ne saurait la négliger dès qu'il s'agit de rattacher le présent au passé. Il est impossible de suivre dans les temps anciens l'histoire des animaux, sans avoir à chaque instant à dépouiller les faits réels des fables qui les entourent. Si cela est moins évident pour l'histoire naturelle du Nouveau-Monde, c'est que cette histoire a été écrite de nos jours et par des Européens qui se sont rarement enquis des croyances des indigènes : c'est d'une de ces croyances que nous avons à parler.

Les Indiens de plusieurs villages voisins de Popayan parlent, sous le nom de *pinchaque,* d'un animal énorme qui, suivant eux, existe dans les montagnes par lesquelles leur vallée est bordée du côté de l'est.

Cet animal est pour eux un objet de crainte et de respect à la fois; car, mêlant à la religion chrétienne qu'ils professent des souvenirs de leur ancienne religion, ils croient à une sorte de métempsycose. L'âme d'un de leurs anciens chefs est passée dans le pinchaque, et quand il leur apparaît, c'est pour les avertir d'un malheur prochain qui les menace [1].

Suivant eux cette apparition a lieu d'ordinaire à la chute du jour, ou même à la nuit close, le plus souvent sur la lisière d'un bois dans lequel l'animal rentre bientôt avec un grand bruit. Il ne se montre

1. Le mot *pinchaque,* dans la langue de ces Indiens, veut dire fantôme, spectre, loup-garou, toute apparition surnaturelle et effrayante.

point en tous lieux ; ceux où on l'a vu le plus souvent se trouvent aux environs du Paramo de Polindara, haute montagne à deux lieues du volcan de Purace, à huit de Popayan.

Les rapports des Indiens, conformes sur tous ces points, ne diffèrent que par rapport à la taille du pinchaque, qui pour les plus modérés dépasse un peu celle du cheval, tandis que pour d'autres elle atteint une hauteur démesurée.

Quelques habitants de Popayan se persuadèrent qu'il existait réellement dans cette montagne un animal très-grand ; même un érudit affirma que c'était l'éléphant carnivore, désignant par là le mastodonte à dents étroites. On trouve en divers lieux de la Nouvelle-Grenade des dépouilles de ce pachyderme et principalement des dents, dont les collines pointues, parfaitement conservées ont entretenu l'idée que l'animal se nourrissait de chair.

Des chasseurs résolurent d'aller à la poursuite du pinchaque, et, guidés par les Indiens du village le plus voisin du Paramo, ils traversèrent les bois dont le flanc de la montagne est couvert, et arrivèrent à la région des graminées. Là ils trouvèrent, près du sommet, de nombreuses foulées de 25 à 27 centimètres de largeur, et, dans un endroit où il paraissait que plusieurs animaux avaient passé la nuit, des amas de crottes dont quelques-unes, dit-on, n'avaient pas moins de 130 millimètres dans leur plus grande dimension.

Étant rentrés dans le bois vers lequel les pas semblaient se diriger, un des guides, qui s'était écarté de la troupe, entendit parmi les branches un grand bruit qui ne pouvait provenir, disait-il, que d'un animal de taille gigantesque. Enfin, l'un des chasseurs ayant trouvé accrochée à l'écorce d'un arbre une touffe de poils longs et brunâtres, jugea qu'ils avaient été laissés par un animal qui passait sous cet arbre, et ne pouvait pas avoir moins de 2 mètres et demi à 3 mètres de haut.

On envoya à Bogota plusieurs des crottes qui avaient été trouvées dans le Paramo : la plus grande partie se brisa en route ; cependant il en restait une entière, que j'examinai avec soin. Elle avait 85 millimètres de large sur 72 environ de haut ; elle était moins sphérique que celle de l'éléphant, et moins anguleuse que celle du cheval, lisse, comme vernie à la surface, excepté la partie supérieure, d'où un petit morceau semblait s'être détaché. En ce point je pus reconnaître, parmi les parties qui avaient échappé à la digestion, des débris de feuilles de *fraylejon,* et des fragments de tiges de *chusque,* plantes qui, comme nous l'avons vu, font partie de la nourriture de notre tapir. Il est vrai que toutes les fumées du tapir que j'avais vues jusque-là étaient molles et s'écrasaient en tombant ; mais Bajon dit positivement qu'à Cayenne elles ont la même consistance que celles du cheval. Pour ce qui est de leur grosseur, elle me parut proportionnée à la taille de l'animal, puisque celles du cochon ont souvent plus de 55 millimètres de diamètre.

Les foulées sans doute étaient très-grandes ; mais

j'ai vu sur des terrains résistants et humides seulement à la superficie, des empreintes très-nettes qui n'avaient guère moins d'un empan ; car le pied du tapir s'écrase en pressant. Maintenant, si l'on songe que sur le sommet des montagnes, assez près même du point culminant, le terrain est souvent imprégné d'eau, tremblant comme dans les tourbières, et qu'en même temps toute sa surface, à plus de 5 ou 6 centimètres de profondeur, est formée d'une couche feutrée de mousses et de racines de petites graminées, on concevra comment un pied, déjà très-grand, peut laisser une empreinte beaucoup plus grande encore. On ne pourrait donc baser une conclusion sur la dimension des foulées qu'autant qu'on eût mesuré de plus la longueur du pas, chose que ne pensa à faire aucun des chasseurs, et qui les eût sans doute détrompés.

Quant au poil trouvé sur l'arbre à cette hauteur, il n'avait pas été laissé par un tapir ; il n'appartenait pas non plus à un singe, comme le faisaient très-bien observer les chasseurs dans la lettre qui accompagnait leur envoi, car ces animaux ne s'élèvent jamais à une pareille hauteur ; mais ce pouvait être le poil d'un ours, puisque la Cordilière centrale en a aussi bien que les deux Cordilières latérales : moi-même je les y ai vus et poursuivis [1].

---

1. Il existe en Colombie deux ours habitants des Andes, un tout noir, qui paraît être assez rare, l'autre à front blanc (*Ursus ornatus*), *l'osso frontino* des habitants. A une certaine hauteur dans la Cordilière centrale, j'ai trouvé à chaque pas la trace de ces ours ; des palmiers fendus, de longues et profondes égrati-

On voit comment un grand nombre de signes, tous vrais en eux-mêmes, venant à se grouper autour d'un premier fait grossi par la frayeur, ont dû confirmer parmi les Indiens la croyance à un être tel que le pinchaque ; ils auraient pu même douer cet animal d'une force prodigieuse, et en raconter des choses extraordinaires sans s'écarter en rien de la vérité, du moins si en ce point le tapir des montagnes ressemble au tapir des plaines , qui, dit-on, rompt d'un premier

gnures sur les arbres, surtout près de l'ouverture des ruches des abeilles sauvages, enfin, ce que mes guides m'indiquèrent comme des restes de *bauge*, sorte de claie grossière, à 5 et 6 mètres d'élévation au-dessus du sol.

Il paraît que dans la Cordilière de l'ouest cet ours se trouve bien plus nombreux encore que dans les autres.

J'ai observé à Bogota un jeune ours de l'espèce à front blanc, qui avait été pris peu de temps après sa naissance. A neuf mois, la tache en Y, qui caractérise cette espèce, n'était guère encore qu'indiquée. Jusqu'à cet âge l'animal avait vécu uniquement de fruits, de racines et de pain, refusant la viande crue ou cuite qu'on lui présentait. Un jour je lui jetai un *Vultur papa* qui, ayant reçu en l'air un coup de bec, était tombé étourdi dans la ville, et venait de mourir d'un épanchement. D'abord l'animal, très-effrayé, fut près de deux heures avant d'oser arriver jusqu'à l'oiseau ; enfin, s'étant approché, il le flaira, le toucha de la patte, puis l'emporta, de la cour où il était resté, dans le coin le plus reculé d'une chambre obscure ; m'étant avancé comme pour le lui reprendre, il fit entendre un cri de colère qu'il n'avait jamais poussé auparavant, même quand on le tourmentait le plus. Depuis ce moment il devint méchant, et j'appris bientôt qu'on avait été forcé de le tuer. Les gens de la campagne m'ont dit qu'habituellement cet ours se nourrit de végétaux ; mais que, quand une fois poussé par la faim, il a mangé de la chair, il y prend tellement goût qu'il ne veut plus d'autre nourriture et devient bientôt la terreur de toutes les fermes du canton.

effort le *laço* de cuir avec lequel on arrête le taureau le plus vigoureux.

Ce n'est pas seulement dans le nouveau continent que l'histoire du tapir se lie à celle d'animaux fabuleux. Le merveilleux *Mé* des auteurs chinois, à la trompe d'éléphant, aux yeux de rhinocéros, aux pieds de tigre, qui ronge le fer, le cuivre, et mange les plus gros serpents, cet animal, comme l'a très-bien jugé M. Abel Rémusat, est un *tapir*; mais je ne crois pas comme lui que ce soit un tapir habitant de la Chine.

Qu'un animal qui se dérobe aux recherches par sa petitesse, et quelquefois encore par le dégoût ou la crainte qu'il inspire; qu'un petit rongeur, une salamandre, une vipère, soient, dans la province qu'ils habitent, mal connus et l'objet de fables ridicules, cela se conçoit jusqu'à un certain point; mais un quadrupède de la taille du tapir, dans un pays aussi peuplé que la Chine, ne pourrait manquer d'être mieux connu et mieux décrit. L'histoire du *Mé* me paraît fondée sur quelque description incomplète du tapir de Malaca et sur quelque représentation grossière de cet animal. Ceux des Chinois qui sortent de leur pays sont des gens de la lie du peuple : on n'a donc point lieu de s'étonner qu'au retour ils mêlent dans leurs récits des erreurs, et même quelques mensonges.

Pour les figures, elles seront venues gravées sur quelque ustensile, imprimées sur une étoffe, sculptées en amulette dans un morceau de jade. On conçoit que dans ces représentations peu fidèles, le gros pied du

17.

tapir, divisé en doigts, a bien pu être pris pour le pied d'un *felis;* les taches du jeune auront été arrangées de manière à figurer celles de la panthère. La trompe déjà exagérée dans l'image originale, car c'est le propre de tout dessinateur peu habile de charger le trait saillant, aura encore été allongée par le copiste, qui ne connaissait de trompe qu'à l'éléphant. Ce même copiste enfin, ne voyant point de queue, aura suppléé à l'omission prétendue en lui en donnant une qui ressemble à celles des quadrupèdes les plus communs. qui ont la taille attribuée au mé.

Le mé ronge le fer, le cuivre et le bois; le tapir américain avale du bois, et celui des Indes a probablement des habitudes semblables. D'Azara a vu le premier mâcher une tabatière d'argent, peut-être aura-t-on vu de même le mayba promener entre ses dents un morceau de cuivre ou de fer. S'il ronge ce métal, c'est qu'il a les dents plus dures; donc, si l'on frappe ces dents avec un marteau, c'est le marteau qui doit se rompre[1].

1. Le texte chinois ajoute que non-seulement les dents sont aussi dures que nous l'avons dit, mais encore que les os résistent au fer et au feu; de sorte que certains charlatans, qui s'en étaient procurés, les faisaient passer pour des reliques, pour des os du divin Boudha.

Je soupçonne que ceci est un conte surajouté, et emprunté à un animal autre que le tapir.

J'ai vu plusieurs fois, entre les mains de gens ignorants et amis du merveilleux, des corps d'apparence osseuse, qui, disait-on, résistaient également au fer et au feu : ils soutenaient en effet asséz bien la percussion; mais, quant à l'épreuve du feu, les propriétaires de ces pièces, dans la crainte, disaient-ils, de

Le mé mange des serpents ; mais qu'y aurait-il d'étonnant à ce que le tapir, qui est très-glouton, en mangeât ; le cochon, avec lequel il a tant de rapports, poursuit en France la vipère et la dévore, et, sous les tropiques, il s'attaque à des reptiles encore plus venimeux.

Supposons l'*histoire* du mayba pénétrant plus loin que la Chine, arrivant par exemple jusqu'au centre de l'Asie, elle ne pourrait manquer d'y être encore plus défigurée ; toutefois il y aurait quelque chance pour que l'*image* eût conservé encore certains traits caractéristiques de l'original ; de sorte que ce serait seulement sur les formes et non plus sur les mœurs attribuées à l'animal qu'on pourrait fonder des conjectures.

Admettons, pour un moment, que dans une de ces *images* transportées au loin l'animal au lieu de nous être montré, comme le *Mé* des livres chinois, marchant

les ternir, n'ont jamais voulu les y soumettre en ma présence.

C'étaient le plus souvent de petits corps irrégulièrement ovoïdes, déprimés sur un côté, qu'on trouve à la tête de certains poissons ; d'autres étaient des fragments de la portion pierreuse de l'oreille d'un mammifère, et, autant que je pus le reconnaître, appartenaient au lamantin. Je vis une de ces pièces entre les mains d'un matelot espagnol, qui disait l'avoir eue aux Philippines. Si cet homme ne mentait point, pour donner plus de valeur à son amulette, en lui supposant une origine lointaine, il serait très-possible que les Chinois, qui vont jusqu'à ces îles, en eussent rapporté dans leur pays. La prétendue indestructibilité de ces os eût ensuite suffi pour que les savants chinois, qui ne nient pas le merveilleux, mais seulement lui refusent une origine divine, les aient attribués au *Mé*, dont les dents jouissaient déjà dans leur opinion de propriétés toutes semblables.

et la trompe relevée, eût été représenté assis[1] et la trompe pendante, ce museau de forme insolite eût réveillé presque nécessairement l'idée d'un bec semblable à celui de l'aigle ou du vautour, et la tête entière eût été prise aisément pour une tête d'oiseau, conservant d'ailleurs comme témoignage de son origine les oreilles d'un quadrupède. Cette fusion de deux natures différentes n'avait alors rien qui répugnât absolument à l'esprit, et l'on a bien pu croire à l'existence d'un être conforme à l'image que nous supposons, image qui serait à très-peu près celle du griffon si souvent reproduite depuis par la sculpture.

Il paraît que telle fut en effet la figure du griffon quand elle arriva d'abord en Grèce ; du moins Hérodote, le plus ancien des auteurs qui en parle, ne dit point que l'animal eût des ailes, et son silence sur un point aussi important me semble une preuve suffisante.

Cet écrivain a pris soin de nous faire connaître de quelle manière l'histoire du griffon était parvenue dans son pays. Les Grecs, qui trafiquaient vers le Pont-Euxin, la reçurent des Scythes ; et ceux-ci, à leur tour, l'avaient apprise des Argipéens, peuples tartares à long menton, à nez épaté, à tête rasée, habitant non loin de la chaîne des monts Ourals.

Ces marchands mêlèrent à l'histoire des griffons les

---

1. Nous savons par les observations du professeur Alamand qu'il n'est pas rare de voir le tapir prendre cette posture, et c'est à une habitude semblable que je serais tenté d'attribuer l'usure du poil aux hanches, que j'ai notée chez les individus de la nouvelle espèce décrite dans ce Mémoire.

notions confuses qu'ils avaient reçues des mêmes
Scythes sur les riches mines de leurs montagnes,
et la manière dont ils lièrent les deux traditions est
tout à fait conforme à l'esprit et aux croyances de
leur temps.

Alors, en effet, c'était une chose reconnue, que tout
trésor avait son gardien ; un animal non moins redou-
table par sa force qu'effrayant par sa figure, un serpent ailé, un dragon. Le griffon des monts Ourals,
au bec d'aigle, aux griffes de lion (car la division des
doigts dut produire la même erreur qu'à la Chine)
fut naturellement le gardien de l'or de ces montagnes.

Mais les dragons des cavernes de la Grèce étaient
presque tous ailés ; le griffon ne tarda pas à l'être, et
l'on conçoit qu'il ne fallut pas grand effort pour accorder les ailes de l'aigle à l'animal qui en avait déjà
la tête.

D'ailleurs, une fois dans la bouche des Grecs, l'histoire ne manqua pas de s'embellir, et il est curieux
de voir comme chaque écrivain à son tour y ajouta
quelque chose ; comment on y rattacha successivement tous les contes qui arrivaient par la voie de
l'Orient[1].

1. Tel est le conte des fourmis qui tirent l'or. D'abord, on dit
que ces insectes existaient dans l'Inde (nom qui n'avait pas alors
une signification précise comme aujourd'hui) ; puis, Élien les
plaça chez les Issedons, c'est-à-dire dans les monts Ourals, dans
le pays où l'on croyait qu'existaient les griffons. Il ne serait pas
impossible que cette histoire des fourmis mineuses reposât sur
un fait réel. Il est bien connu en Colombie que Juan Diaz décou-

Les sculpteurs, qui ne considérèrent le griffon que sous le point de vue pittoresque et l'employèrent dans leurs ornements, contribuèrent encore à en altérer la forme primitive. Pour donner plus de grâce à son cou, ils le surmontèrent d'une crête semblable à celle dont ils ornaient leurs chevaux, en tenant courts et droits les poils de la crinière. Quelques-uns même, afin de rendre plus fantastique un être qui tenait déjà du quadrupède et de l'oiseau, donnèrent à cette crête la forme de la nageoire dorsale de certains poissons. Quant à la queue, on voulut aussi y suppléer : les uns lui en donnèrent une d'après la considération des pieds pris, comme en Chine, à cause de la division des doigts, pour des pieds de lion ; les autres la firent toute de fantaisie, l'enroulèrent en spirale et l'ornèrent de feuilles d'acanthe.

vrit une mine très-riche sur l'indication que lui donnèrent des fourmis *harrieras*, qui, en creusant leur demeure souterraine, amenèrent à la surface, parmi les petits cailloux qui les gênaient, de nombreux grains d'or. La tâche n'est pas au-dessus des forces de certaines fourmis de ce pays, et on les voit souvent porter hors de leur demeure des grains de silex bien plus pesants que ne le sont communément les grains de poudre d'or. Il faut observer d'ailleurs que dans beaucoup de lieux la couche aurifère (*cinta de oro*) est très-superficielle ; j'ai trouvé des fourmilières qui y pénétraient, quoique, je l'avoue, je n'aie jamais vu d'or amené à la surface.

APPENDICE A L'HISTOIRE DES NOMS DU TAPIR.
TAPIERA RAYOUBA.

J'ai dit que La Condamine, en choisissant entre deux
traductions également admissibles du nom par lequel
certains Indiens de l'Amérique du Sud désignent un
groupe d'étoiles, semblait admettre que ces sauvages
avaient reçu des missionnaires le nom qu'ils employaient, et que pour eux l'expression *mâchoire de
bœuf,* appliquée aux Hyades, correspondait à *tête du
Taureau,* désignation de ce groupe familière aux astronomes. Je dois dire ce qui me porte à différer d'opinion
avec le savant voyageur.

Plus d'une fois pendant mon séjour en Amérique,
lorsque pour déterminer la latitude d'un lieu je
prenais des hauteurs méridiennes de quelque étoile
brillante, le missionnaire qui m'avait reçu sous son
toit et qui suivait mes opérations a été amené à m'en-
tretenir des merveilles du ciel étoilé. Presque toujours
il connaissait les noms vulgaires des principales con-
stellations, jamais leur nom scientifique. Dans le choix
qu'on fait des missionnaires, on a égard communément aux différentes aptitudes qu'exigent les différents pays : en Chine, on enverra des astronomes et
des géomètres ; aux solitudes américaines, on des-
tinera des hommes d'un grand zèle, acceptant toutes
les privations et propres à les supporter : je ne suis
pas sûr qu'un seul des missionnaires du Haut-Ama-

zone ait connu cette expression : *Tête du taureau;* celle de *Tapiera rayouba,* que je traduirai par *mâchoire de tapir,* me semble d'origine indigène, les deux branches de la mâchoire inférieure de l'animal s'unissent en avant, de manière à figurer une sorte de V, comme les cinq étoiles des Hyades ε, δ, γ, θ et *Aldébaran.* Je suis au contraire très-porté à considérer comme le résultat d'une communication le nom d'une autre constellation qu'on trouve à l'extrémité opposée de l'Amérique, chez certaines tribus qui errent non loin du cercle polaire. Chez elles, la Grande Ourse se nomme le *Traîneau,* nom qui me paraît être la transformation du nom vulgaire de la constellation, le *Chariot,* si général dans l'ancien monde.

J'admets, en effet, qu'il ait existé, bien avant Colomb, des relations entre les deux continents ; c'est, je le sais, une thèse qui a été souvent soutenue ; mais, comme je la comprends tout autrement que la plupart de ceux qui la défendent aujourd'hui, je demande la permission d'entrer à ce sujet dans quelques détails.

RELATIONS ENTRE L'ANCIEN ET LE NOUVEAU CONTINENT.

La conjecture que je viens d'énoncer, relativement à un des noms américains de la Grande Ourse, manque, je le sais, de la confirmation la plus nécessaire ; j'aurais dû d'abord montrer que le mot *traîneau* reçoit sur l'ancien continent la même application que je viens d'indiquer pour le nouveau. C'est une recherche que je recommanderais aux voyageurs qui pénétreront dans ces contrées ; mais je ne fonde pas sur cette supposition la preuve d'une communication de peuple à peuple [1], j'en prends seulement occasion de remarquer que le traîneau est en usage sur la côte nord-ouest de l'Amérique, comme sur la côte nord-est de l'Asie. Le traîneau a bien pu être inventé de l'un et de l'autre côté ; j'en conviens, et ne fais que constater le fait sans en tirer aucune conséquence. Sur la côte d'Asie et sur la côte d'Amérique, ce sont des chiens qu'on attelle à ce traîneau ; je n'en veux encore rien conclure relativement à une communication. Mais un point sur lequel j'appelle l'attention, c'est qu'au delà de ces Asiatiques, qui ne savent atteler à leurs traîneaux que des *chiens*, se trouvent d'autres peuples, appartenant suivant l'opinion commune à la même

---

1. Parmi les preuves de communication d'un continent à l'autre, on a cité un certain nombre de faits qui auraient besoin d'être mieux constatés. On mentionne, par exemple, certaines verroteries trouvées chez des Américains et dans des circonstances telles qu'ils semblaient ne pouvoir les avoir reçues que de la côte asiatique ; et d'autre part, chez certaines des tribus qui errent sur cette côte, on dit avoir vu des fils, des objets grossièrement tissés, qui ne pouvaient guère provenir que des dépouilles de l'antilope lanigère des montagnes rocheuses. Mais il est un fait général et incontesté qui me semble beaucoup plus concluant, c'est qu'on trouve chez certains Indiens voisins de l'océan Pacifique, au sud et au nord de la rivière Colombia, une arme d'origine indubitablement asiatique, l'arc à double courbure avec le dos renforcé par un nerf d'animal.

race, mais un peu plus avancés en civilisation, et ces peuples attellent des *rennes* à leurs traîneaux.

Je dis que ces Asiatiques n'ont jamais envoyé de colonies en Amérique, car les colons y eussent trouvé le renne à l'état sauvage, et n'eussent pas manqué d'en faire, comme cela leur était facile, un animal domestique.

Voilà un premier fait qui tendrait déjà à prouver que la communication, si elle a eu lieu, et je n'en doute guère, n'a été qu'une communication de barbares à barbares[1], de sorte qu'on ne peut la faire intervenir

1. Je ne prétends pas dire qu'avant Colomb les côtes du Nouveau-Monde n'aient pu être visitées par des navires partis de pays plus ou moins civilisés ; il paraît bien établi maintenant qu'il y a eu des rapports entretenus, même pendant d'assez longues années, entre l'Islande et certaines parties du littoral de l'Amérique du Nord. Je regarde comme beaucoup moins prouvés les voyages des Chinois admis par de Guignes. Cependant on pourrait citer à l'appui de cette croyance ce qui est raconté dans la relation d'une expédition faite par ordre de Cortez en Californie. On vit, dit-on, à la côte, certains vaisseaux portant à la proue des oiseaux aux ailes dorées ou argentées, qui paraissaient être venus dans des intentions commerciales. On ajoute que les hommes qui montaient ces navires firent entendre par signes qu'ils avaient eu une traversée de trente jours : on supposa qu'ils venaient du Cathay, c'est-à-dire de la Chine (Gomara, *Hist. des Indes*, chap. ccxiii). Je n'ai pas besoin de faire remarquer tout ce qu'il y a de suspect dans ce récit qui fait mention des figures de poupe des navires, et ne dit rien de la figure des hommes, de leurs habillements, de tout ce qui devait attirer l'attention des espagnols. Quoi qu'il en soit, pareil fait ne s'est pas reproduit depuis lors, et il y a tout lieu de penser que l'histoire a été imaginée pour donner de l'importance aux pays situés sur la mer du Sud ; car c'était cette mer qui devait conduire aux Indes, c'est-à-dire au but vers lequel on tendait depuis Colomb.

.pour rendre compte des ressemblances souvent très-curieuses qui peuvent s'observer dans certains traits de la civilisation de l'Ancien Monde et du Nouveau. Ces traits de ressemblance ont été mis en relief fort habilement, et appuyés de savantes recherches par des hommes qui ont su faire partager leur conviction à bien des gens : ils ont gagné à leur cause quelques bons esprits, auxquels du reste ils n'ont pu montrer qu'un des côtés de la question ; ce que je me propose, c'est de montrer l'autre côté. Je crois être en mesure de prouver que l'Amérique a toujours ignoré certaines choses essentielles que n'auraient pu manquer d'y introduire des étrangers qui en auraient une fois connu les avantages.

Je serai court, je me bornerai à une simple énumération de cinq ou six faits tous incontestés, hors un seul qui me parait du reste aussi bien établi que les autres.

Premier fait. — Je l'ai déjà signalé et je le répète, parce qu'il est important : les Américains, connaissant le traîneau et ayant le renne, n'ont jamais eu l'idée d'atteler le *renne* au *traîneau* [1]. Ils n'ont point fait du *renne* un *animal domestique.*

Deuxième fait. — Ils n'ont jamais connu le *chariot*, ils n'ont jamais su ce que c'était qu'une *roue.*

---

1. Le renne, pour les Lapons, n'est pas seulement une bête de trait, une bête de boucherie; c'est aussi une bête laitière. Les Américains n'ont jamais connu l'usage du *lait*, même ceux qui ont eu, comme les Péruviens, un animal domestique, le lama. Ce n'est pas, d'ailleurs, un argument à faire valoir contre toute communication avec des peuples déjà civilisés; puisque bien des peuples de race mongole n'ont jamais fait usage du lait.

Troisième fait. — Ils n'ont jamais connu la *monnaie*[1].

Quatrième fait. — Ils n'ont jamais connu l'usage des *lumières artificielles* proprement dites, ni la lampe, ni la bougie, ayant partout abondance de cire. Un tison, une branche de bois résineux servait au besoin à guider leurs pas dans les ténèbres ; mais l'empereur du Mexique et l'Inca du Pérou, entourés l'un et l'autre de tant de luxe, n'ont jamais su ce que c'était que maintenir une lumière constante dans leurs palais,

1. Garcilasso qui, par sa mère, appartenait à la famille royale du Pérou, dit, en termes exprès (*Commentarios reales del Peru,* liv. Ier, chap. xxxviii) : que du temps des Incas l'or et l'argent n'entraient point dans le trésor du prince, et n'étaient employés que pour ornements. Il paraît bien qu'il en était de même à Mexico, et que ce fut une cruauté toute gratuite de la part de Cortez quand il fit donner la torture à Guatimozin afin de l'obli-ger à révéler le lieu où devaient être cachées les richesses métalliques qu'on supposait avoir existé dans les caisses impériales. Guatimozin et Montezuma n'avaient jamais reçu les impôts qu'en nature. Il se peut que pour des achats considérables l'or en lingots ait servi de moyen d'échange ; mais alors on estimait la valeur du lingot d'après ses dimensions, on n'avait pour garantie ni le poids ni la marque du prince. Il y avait, d'ailleurs, sur le marché de Mexico une sorte de monnaie de convention pour les menus achats ; c'était le grain de cacao.

J'ai vu de même, il y a une quarantaine d'années, dans le Vénézuela (où l'on n'avait, comme dans toutes les possessions espagnoles, que de la monnaie d'argent), l'œuf employé en guise de billon ; trois œufs équivalaient à un quartillo (16 centimes et demi). Vous pouviez acheter pour deux œufs d'herbes à une marchande, qui vous rendait un œuf en recevant de vous un quartillo, et cet œuf trouvait à se placer immédiatement dans le compte du marchand avec lequel vous aviez ensuite affaire.

condamnés à l'obscurité depuis le coucher du soleil
jusqu'à son lever.

Cinquième fait. — Les Américains n'ont jamais
connu la *mesure par poids*; cela est dit expressément
pour le Mexique, et c'est un juste sujet d'étonnement
pour tous les chroniqueurs, qui ne manquent pas d'in-
sister sur ce point, quand ils parlent du mouvement
commercial si actif qu'offraient les foires et les mar-
chés de ce pays. Cela n'est pas moins constant pour
le Pérou. A la vérité, « on dit que Pizzare trouva à
Tumbez une romaine avec laquelle on pesait l'or et
qu'il en fit très-grand cas. » Il ne paraît pas malgré
l'ambiguïté de la phrase que ce fût aux indigènes
qu'elle servît; quoi qu'il en soit, on n'en a jamais
trouvé une seconde dans leurs mains. On a dit encore,
c'est Gomara qui nous fournit également ce renseignement, que dans les environs de Carthagène les Indiens avaient *une manière de poids.* Je demande ce
que signifie cette expression : les Indiens dont parle
notre auteur étaient de vrais sauvages ; on ne peut
supposer qu'ils aient connu la balance, ignorée des
habitants du Mexique comme de ceux du Pérou, et l'on
concevrait encore moins qu'ils eussent renoncé à s'en
servir au moment où ils entrèrent en rapports tant
soit peu pacifiques avec les Espagnols. Ceux-ci, en
effet, faisaient usage de la balance pour l'or qu'ils
obtenaient par voie d'échange de ces indigènes ; car
ils commencèrent à acheter l'or dès qu'il ne leur fut
plus aussi facile de le prendre.

OBSERVATIONS SUSPECTES

DES ANCIENS CONFIRMÉES PAR DES OBSERVATIONS RÉCENTES.

Pendant bien des siècles, le témoignage des anciens dans les questions relatives aux sciences naturelles fut mis si fort au-dessus du témoignage des sens, que, lorsqu'un fait nouveau venait à être signalé, le premier soin était, non de chercher à le constater par de nouvelles observations, mais de s'assurer s'il était conforme aux opinions émises par les savants grecs et romains. L'entêtement sur ce point était si grand, que plus d'une fois l'auteur d'une découverte utile dut, pour la faire accepter à ses contemporains, l'attribuer à Galien, à Pline ou à Aristote, et soutenir cette étrange imposture, en torturant le sens de quelque passage obscur, parfois même en forgeant un texte. On ne prend pas aujourd'hui plus de peine pour s'assurer les honneurs de l'invention, qu'on n'en prenait alors pour s'y soustraire.

A une époque plus rapprochée de nous et lorsque déjà dans les sciences on avait commencé à secouer le joug de l'autorité, lorsque déjà la physique, l'anatomie, la physiologie, etc., étaient presque émancipées, l'histoire naturelle proprement dite continuait à jurer par la parole du maître. Le moment arriva pourtant où la réaction fut complète sur tous les points, et les naturalistes, avec la ferveur ordinaire à de nouveaux convertis, brûlèrent ce qu'ils avaient adoré. Dès lors tout ce qui, dans les écrits des anciens, parut, je ne dis pas contraire, mais seulement différent de ce qu'avaient appris les observations modernes, fut rejeté avec dédain comme entaché d'erreur ou de mensonge. Il y eut un luxe de scepticisme, comme il y avait eu un excès de crédulité, et il serait difficile de dire lequel de ces deux travers était le plus impertinent.

Aujourd'hui, l'on revient vers un juste milieu, et l'on reconnaît que, si, pour tout ce qui tient à l'organisation interne, les observations des anciens méritent en général peu de confiance, il n'en est pas de même pour celles qui concernent l'habitude extérieure et les mœurs des animaux. Déjà plusieurs faits étranges indiqués par eux, et relégués longtemps au rang des fables, ont été constatés de nouveau, et trouvés vrais jusque dans leurs moindres détails. On a trouvé dans leurs écrits la preuve qu'ils avaient eu des notions très-justes et très-étendues, non seulement sur les animaux de nos pays, mais encore sur plusieurs espèces remarquables des contrées lointaines: j'ai entendu M. Cuvier déclarer que l'histoire de l'éléphant est beaucoup plus complète dans Aristote qu'elle ne l'est dans Buffon.

Il reste cependant encore, dans les écrits des naturalistes anciens, un grand nombre de faits suspects, et il serait à souhaiter que quelqu'un prît la peine de les recueillir et de les classer. Si on les avait présents à la pensée, quand on lit les relations des voyageurs modernes, on verrait que plusieurs d'entre eux doivent passer dans la classe des faits confirmés, tandis que d'autres mettraient sur la voie pour des recherches ultérieures, et deviendraient l'occasion de quelques découvertes.

On pourrait mettre à part, mais il faudrait se garder de rejeter entièrement, les faits dont l'inexactitude serait évidente, parce que, même dans ce cas, il y aurait à chercher d'où a pu provenir l'erreur. Je dis l'erreur et non pas le mensonge, car, en ces sortes de matières, les récits, même les plus extravagants, reposent presque toujours sur quelque chose de réel. Dans bien des cas, on trouvera qu'il n'y a eu que l'exagération pardonnable à des hommes peu accoutumés à peser la valeur des mots, et qui, en parlant, sont encore sous l'influence d'une vive impression. Quelques-uns auront été dupes de leur propre imagination, et ayant rêvé les mœurs d'un animal d'après ce qu'ils connaissaient de ses formes, ils auront exprimé d'une manière aussi positive ce qu'ils *croyaient* que ce qu'ils *savaient*. Dans d'autres circonstances enfin, l'identité ou seulement la ressemblance des noms aura fait attribuer à un animal ce qui appartenait à un autre.

M. Cuvier, dans les notes qu'il a jointes à la partie

zoologique de Pline[1], nous a laissé un admirable
modèle de ces recherches critiques sur la partie merveilleuse de l'histoire naturelle. Malheureusement, il
n'a pu s'occuper que d'un seul écrivain, et il est à
craindre qu'il ne trouve pas de longtemps un conti-
nuateur. Pour réussir en effet dans cette entreprise, il
faudrait, comme lui, unir à une extrême sagacité une
prodigieuse variété de connaissances, être en même
temps très-savant et très-érudit. Il faudrait être familier avec les langues anciennes, pour pouvoir restituer
un texte, et dans des cas où les seules données philo-
logiques seraient insuffisantes, avoir même présentes
à la mémoire les productions les moins sérieuses de
la littérature grecque et latine, de manière à établir
au besoin la synonymie d'un poisson sur une épi-
gramme dirigée contre un poète d'Athènes et celle
d'un oiseau sur un vers burlesque de Plaute.

En attendant qu'il se présente quelqu'un pour continuer ce grand travail, il n'est pas interdit, même aux
plus humbles amis des sciences, d'essayer quelques
pas dans la même direction. Je crois, à vrai dire, que
bon nombre de personnes le tentent et souvent avec
succès; mais ce qui arrive, c'est que chacun garde
pour soi sa petite découverte[2], ne la jugeant pas assez
importante pour être présentée isolément. C'est un

---

1. Édition latine faisant partie de la collection des *Classiques
de Lemaire*, et traduction du même ouvrage par M. Ajasson, dans
la bibliothèque latine-française publiée par Panckoucke.

2. C'est la seule manière de comprendre comment il se fait
que les connaissances des anciens en histoire naturelle soient si

tort; les petits ruisseaux font les grandes rivières. Je reconnais que j'ai été moi-même retenu mal à propos en diverses occasions où la découverte d'un naturaliste moderne m'eût pu servir à élucider un passage mal compris d'un naturaliste ancien; je ne le serai plus aujourd'hui qu'il m'est possible, en produisant

rarement rappelées à l'occasion de découvertes modernes. Si Aristote aujourd'hui n'a plus autant de lecteurs qu'autrefois, il ne manque pourtant pas de gens qui l'admirent, qui le connaissent par une longue fréquentation, et sont heureux, quand ils font quelque observation intéressante, de lui en rapporter, s'il y a lieu, le premier honneur. C'est à quoi ne manquent guères MM. Spratt et Forbes dans les notes de leur intéressant *Voyage en Lycie.*

Quand en 1852 M. Vogt fit connaître la vraie nature des Hectocotyles, c'était une belle occasion de citer un passage de l'*Histoire des animaux* qui dut revenir en mémoire à tous ceux qui avaient lu le livre; tous cependant gardèrent le silence.

Après douze années écoulées, il ne sera pas superflu de redire en deux mots en quoi consiste cette découverte, doublement appréciée par ceux qui y virent comme moi la confirmation d'un fait connu il y'a deux mille ans de tous les pêcheurs des côtes de la Grèce.

Les zoologistes admettaient l'existence de vers parasites qui tantôt se montraient attachés à certains poulpes et tantôt se rencontraient séparément, mais sans vie; ils les désignaient sous le nom d'*Hectocotyles* et en distinguaient plusieurs espèces. M. Vogt les raya du nombre des êtres vivants; il prouva qu'on n'y devait voir qu'une partie du corps même de ces poulpes, un organe temporaire qui tombe lorsqu'il est devenu inutile, pour se reproduire plus tard quand besoin en sera.

Maintenant, qu'on remonte jusqu'à Aristote, on y trouvera, *Histoire des animaux,* livre V, chap. XII, une phrase qui montre que les pêcheurs connaissaient le fait et donnaient à l'organe temporaire un nom qui ne permettait pas de se méprendre sur la fonction à laquelle ils l'attribuaient.

une observation recueillie dans mes voyages, de confirmer une allégation d'Aristote regardée longtemps comme douteuse.

ASSOCIATION DE L'HOMME ET DES ANIMAUX SAUVAGES POUR LA CHASSE ET LA PÊCHE.

« Dans cette partie de la Thrace nommée autrefois Cédropolis, il se fait, dit Aristote, dans le voisinage des marais, une chasse aux oiseaux, en commun entre l'homme et le faucon. Les hommes battent avec des perches les roseaux et les buissons, et font partir les petits oiseaux ; les faucons se montrent en l'air, et poursuivent ces oiseaux, que la crainte force à se rabattre vers la terre où les hommes les tuent à coups de perche. Le gibier pris, on en abandonne une part aux faucons. »

Le livre *de Mirabilibus auscultationibus*, attribué à Aristote, reproduit ce fait avec quelques différences, et en y joignant une circonstance qui le rend encore plus invraisemblable. Voici ce passage :

« Dans la partie de la Thrace qui est au-dessus d'Amphipolis, on conte qu'il se fait une chasse étrange, et qui semble tenir du prodige. Les enfants, dit-on, sortent des bourgs pour chasser à l'oiseau. Arrivés au lieu convenable, ils appellent les faucons qui arrivent aussitôt à leur voix, et rabattent le gibier dans les buissons, où les enfants le tuent à coups de gaule. Ce qui semblera plus singulier encore, c'est que, lorsque les faucons ont pris eux-même un oiseau, ils le jettent aux petits chasseurs : ceux-ci, à leur tour, leur laissent une part de butin. »

On a pensé que ces deux passages n'étaient que l'expression défigurée des procédés de la fauconnerie, sorte de chasse qui était en usage dans la Perse et dans plusieurs parties de l'Asie, plus de dix siècles avant qu'elle ne fût connue dans notre Occident. Il se pourrait bien cependant que le fait fût exactement tel que le rapporte Aristote et l'auteur du traité *de Mirab. Ausc.* Voici, en effet, ce qui se pratique encore aujourd'hui dans un pays de l'Amérique méridionale.

Sur le plateau de Santa-Fé de Bogota (Nouvelle-Grenade), on trouve plusieurs lacs et marais qui, pendant une grande partie de l'année, sont couverts d'une multitude de canards de trois ou quatre espèces différentes. Ces oiseaux affectionnent surtout certaines pièces d'eau situées dans les environs du petit village de Suacha, et ils y nagent en troupe de plusieurs milliers. Tout près de là sont quelques rochers escarpés, sur le sommet desquels on voit presque toujours perchés des faucons, un seul sur chaque cime.

Tant que les canards restent sur le lac, le faucon demeure immobile, mais si la troupe, effrayée par l'approche d'un chien ou d'un homme, prend sa volée pour gagner un autre lac, le faucon s'élance avec la rapidité de la foudre, passe et repasse au milieu de la bande, et à chaque fois abat un oiseau. Il continue de la sorte jusqu'à ce qu'il ne passe plus de canards. C'est alors seulement qu'il descend vers la terre pour manger le gibier qu'il a tué.

Les Indiens du plateau ont su mettre à profit ces habitudes du faucon, et comme les enfants de Thrace, ils vont battre les roseaux pour faire lever les canards. Comme ces enfants aussi, ils sentent la nécessité de laisser une part dans les profits à l'animal qui les a aidés dans l'entreprise ; aussi, quoiqu'ils s'empressent de saisir les canards tombés, si le faucon, que leur présence n'intimide guère, s'est abattu sur un des oiseaux et a déjà commencé à le dévorer, il est rare qu'ils le troublent dans son repas.

L'homme n'est pas, dans cette affaire, le seul qui connaisse les avantages de l'alliance, et qui cherche à en profiter ; le faucon lui-même s'en aperçoit également, de sorte que, s'il voit qu'on se dirige vers une lagune éloignée de celle sur laquelle il veillait, il change aussitôt de poste, et va se placer en un point d'où il soit prêt à se lancer sur les premiers canards qui partiront.

On demandera peut-être comment il se fait que le faucon ait ainsi besoin de l'assistance de l'homme, et pourquoi il ne cherche pas à saisir le canard posé ? C'est que sa rapidité, quand il s'élance sur une proie, est telle, qu'il ne peut modérer son vol. S'il fondait sur un oiseau à terre, il se briserait infailliblement contre le sol ; s'il tombait sur un canard nageant, il s'enfoncerait profondément dans l'eau, et courrait le risque de se noyer.

Déjà, au temps d'Aristote, on avait fort bien vu que certains oiseaux rapaces ne saisissent leur proie qu'au vol, et en même temps on avait remarqué que cette allure n'est pas commune à toutes les espèces qui constituent le genre Faucon. C'est ce qui se trouve exprimé très-clairement au livre IX, chapitre xxxv de l'*Histoire des Animaux*.

« Suivant quelques personnes, dit-il, il n'y a pas moins de dix espèces de faucons[1], et ces espèces se distinguent entre elles jusque dans la manière de chasser. Dans certaines espèces, l'oiseau attaque et enlève le pigeon posé à terre, et ne le touche point quand il vole. Dans d'autres, il fond sur le pigeon perché, et ne le touche, ni quand il est à terre, ni quand il vole; dans d'autres enfin, il ne l'attaque ni posé ni perché, et le poursuit seulement quand il vole. Les pigeons, ajoute-t-il, savent, à ce qu'on assure, reconnaître chacune de ces espèces de faucons. S'ils voient celui qui ne les attaque que quand ils volent, ils restent posés où ils se trouvent; si c'est celui qui les attaque à terre, ils s'envolent sans l'attendre. »

Parmi les aigles qui se nourrissent de poissons, il en est qui, de même que les faucons dont j'ai parlé plus haut, craignent de plonger, et, ne pouvant saisir leur proie qu'en l'air, ont aussi besoin d'un auxiliaire. L'aigle à tête blanche est de ce nombre. On le voit

---

1. Aristote prend ici le mot *Faucon* dans un sens très-général, correspondant à très-peu près à celui qu'il a dans nos classifications ornithologiques, c'est-à-dire comprenant, outre les faucons proprement dits qui comptent déjà plusieurs espèces, presque tous les oiseaux de proie diurnes, à l'exception des vautours.

près des grands lacs de l'Amérique du Nord, perché sur la cime d'un arbre, comme notre faucon sur le sommet de son roc, attendant, non pas que les carpes s'envolent, mais que le faucon pêcheur les tire pour lui hors de l'eau. A peine celui-ci a-t-il saisi un poisson, que l'aigle à tête blanche le poursuit, l'oblige à laisser tomber sa proie, et la saisit avant qu'elle ait atteint la surface du lac.

Dans les mers tropicales on voit se reproduire quelque chose de semblable chez les *frégates,* qui, avec un goût aussi décidé pour le poisson, ont une même répugnance à plonger. A la vérité, les poissons volants s'élèvent pour elles du sein de l'eau ; mais, quand cette ressource leur manque, elles se servent des fous comme pourvoyeurs, et les contraignent, par des coups, à dégorger le poisson qu'ils ont déjà avalé. Enfin les mêmes scènes ont lieu dans les mers du Nord entre les labres et certaines petites espèces de mouettes. Comme le poisson que celles-ci rejettent quand elles se voient poursuivies est le plus souvent à demi digéré, et réduit en une masse pulpeuse, il en est résulté, pour les matelots hollandais, une erreur qui leur a fait donner au labre le nom de *strund-jager,* nom que quelques naturalistes ont rendu par celui de *stercoraire.*

D'autres mouettes, dans les parties chaudes de l'Amérique, se voient en butte aux poursuites d'un tyran du dernier ordre, du *caracara,* le plus poltron peut-être et en même temps le plus impudent de tous les oiseaux rapaces. J'ai été souvent témoin de cette chasse de brigands, et il m'est arrivé une fois de recueillir en définitive le fruit du vol.

Je me trouvais alors sur l'Orénoque, dans l'île de Pararuma, où devait se faire bientôt la fameuse récolte des œufs de tortue. Les Indiens, qui viennent de tous les côtés pour recueillir cette manne, étaient déjà en partie arrivés et avaient établi leur bivouac dans l'île. Tous étaient occupés de quelques préparatifs, et déployaient une activité fort éloignée de leur manière d'être habituelle. Pour moi, qui n'avais rien à faire, je m'amusais à voir un marsouin [1] qui poursuivait des bandes de petits poissons semblables à des brêmes, et qui tantôt s'enfonçait à leur suite dans la profondeur du fleuve, tantôt les ramenait devant lui jusqu'à la surface.

Si j'étais attentif à suivre les mouvements de l'animal, les mouettes ne l'étaient pas moins que moi. De quelque côté qu'il se dirigeât, elles volaient en troupe

---

1. Ces cétacés, que M. de Humboldt regardait déjà comme une espèce différente de ceux qui habitent les mers, sont très-communs dans l'Orénoque, où on les connaît sous le nom de *toninas*. On en trouve de même dans plusieurs de ses affluents; M. de Humboldt les a observés dans la rivière Temi, et moi j'en ai vu en 1823 dans le Meta aussi haut que Guanapalo. Quelques années plus tard le dauphin fluviatile a été signalé par M. Alc. d'Orbigny, puis par MM. de Castelnau et E. Deville dans divers cours d'eau des provinces de Moxos et de Chiquitos. Les observations de M. d'Orbigny ont montré qu'il devait former le type d'un genre distinct qu'on a nommé *Inia*, d'un des noms vulgaires de l'animal. M. de Blainville, qui en avait trouvé au Muséum une peau bourrée rapportée de Lisbonne par M. Geoffroy Saint-Hilaire sans indication d'origine, l'avait reconnu pour une espèce distincte qu'il nomma dauphin de Geoffroy.

au-dessus de lui; chaque fois qu'il ramenait le poisson à leur portée, deux ou trois se laissaient tomber comme des masses de plomb, et il était rare qu'une d'elles au moins ne fît pas prise. J'en vis une qui venait d'enlever un poisson de taille assez raisonnable, poursuivie par un caracara, et obligée, pour échapper, de se dessaisir de son butin. Ce poisson tomba sur le sable; mais, au moment où le voleur allait s'en emparer, un chat appartenant à un des Indiens le saisit. Moi, à mon tour, je courus après le chat, et, grâce à quelques secours de la part des assistants, j'obtins le poisson qui était un petit pimelode; j'aurais souhaité le conserver dans l'eau-de-vie; malheureusement mes bateliers ne m'en avaient pas laissé une goutte, de sorte que je n'eus rien de mieux à faire que de le frire pour mon souper. Seulement, j'en fis un dessin, que je conserve encore comme souvenir de ce fait singulier.

Le marsouin dont je viens de parler ne servait de pourvoyeur qu'aux oiseaux; mais, s'il en faut croire Pline, ses pareils ont, dans certains pays, rendu aux hommes le même genre de service. Voici ce qu'il dit à ce sujet, livre IX, chap. ix.

« Dans la province narbonnaise, au territoire de Nîmes, est un étang nommé *Latera,* où les dauphins s'associent avec l'homme pour la pêche. A certaine époque de l'année, les muges profitent d'un reflux pour s'élancer vers la mer par l'étroite embouchure de l'étang. On ne peut tendre alors les filets, qui ne résisteraient pas à la double pression exercée par le

courant et par les efforts de cette troupe innombrable
de poissons. Ces animaux, d'ailleurs, ont l'adresse,
non-seulement de choisir l'instant favorable, mais
encore de se diriger vers le large par un point où il
y a des gouffres profonds et de quitter au plus tôt le
seul lieu propre à tendre des filets; mais les gens du
pays qui connaissent l'époque de cette migration, et
pour qui la pêche des muges est une véritable fête,
sont déjà sur le rivage et font retentir l'air du nom de
Simon[1]. Les dauphins entendent promptement qu'on a

1. Chez les Romains, le peuple donnait aux dauphins ou
marsouins le nom familier de *Simon*, dérivé du mot *simus* (qui a
le nez retroussé), peut-être parce qu'ils comparaient à un nez la
protubérance placée au-dessus du museau, peut-être à cause de
la position de leurs narines ou évents qui sont placées au-dessus
de la tête. Il paraît que, depuis les temps les plus reculés, le
peuple s'est toujours plu à appliquer certains noms d'hommes à
quelques espèces d'animaux; c'est ainsi qu'en France, aujour-
d'hui, on donne à la pie le nom de Margot, au perroquet celui de
Jacquot; en Angleterre le nom de Neddy se donne à l'âne, et
celui de sir Bruin à l'ours. Notre mot de *renard* n'est, comme on
le sait, qu'un nom burlesque, qui a fini par se substituer au nom
propre *goupil*, dérivé de *vulpes*. La vogue prodigieuse qu'obtint
le roman du *Renard* contribua principalement à favoriser cette
substitution, mais je suis porté à croire que déjà auparavant,
dans les contes que l'on faisait des fourberies du renard, il était
commun de le désigner sous le nom ironique de *reinhart*, cœur
simple.

Le mot de pierrot, employé communément dans plusieurs parties de la France pour désigner le moineau domestique, ne doit
pas être mis au nombre de ces noms familiers; c'est un des
anciens noms de l'oiseau, dérivé du saxon *sparva* (en anglais
sparrow). Cette racine s'est aussi conservée dans le mot d'*épervier*, que les Anglais nomment encore aujourd'hui *sparrow-hawk*,
faucon à moineaux.

besoin d'eux si c'est le vent du nord qui souffle ; s'il fait, au contraire, un vent du midi, la voix leur arrive plus tard. Dans tous les cas, ils ne font pas longtemps attendre leur secours. On croirait voir accourir une armée qui prend à l'instant même ses positions dans le lieu où l'action va s'engager. Ils ferment la mer aux muges qui, dans leur épouvante, se rejettent vers les bas-fonds. Alors les pêcheurs, pour leur barrer le retour, étendent des filets qu'ils tiennent soulevés à l'aide de fourches. Les muges néanmoins sautent par-dessus, mais ils sont arrêtés par les dauphins, qui, se bornant pour l'instant à les tuer, attendent pour les manger que la victoire soit achevée. Tout pleins de l'ardeur du combat, ils ne s'effrayent point d'être cernés par les filets, et afin que leur présence ne soit pas une cause de fuite pour l'ennemi, ils se placent entre les barques et entre les nageurs, de manière à boucher toutes les issues. Quoique se plaisant d'ordinaire à sauter, aucun d'eux n'a recours à ce moyen pour s'échapper, et tous attendent qu'on baisse le filet devant eux. Quand la pêche est finie, ils mangent ce qu'ils ont tué ; mais, sentant que le salaire d'un jour n'a pas acquitté leur service, ils se présentent le lendemain, et se rassasient non-seulement de poissons, mais encore de pain trempé dans du vin qu'on a soin de leur jeter. »

Le récit que fait Mucien d'une semblable pêche dans le golfe d'Iassus diffère en ce que, suivant lui, les dauphins viennent d'eux-mêmes et sans être appelés, qu'ils reçoivent leur part de la main des hommes, et que chaque barque a le sien qui l'accompagne, quoique la pêche se fasse de nuit et aux flambeaux.

Cette pêche des muges, dit M. Cuvier, dans les notes dont nous avons parlé plus haut, se fait encore dans l'étang de Lattes, sur les côtes du Languedoc, comme au temps de Pline, et on en peut voir la description dans les Mémoires d'Astruc sur l'histoire naturelle de cette province ; mais les dauphins n'y sont plus pour rien. D'ailleurs, la même histoire est rapportée par Élien et par Oppien, qui chacun la placent dans un lieu différent. Albert (*de Anim.*, lib. XXIV) prétend que ce moyen était en usage de son temps sur les côtes d'Italie, et Rondelet dit qu'il l'avait été autrefois sur les côtes d'Espagne près de Palamos. Peut-être, ajoute M. Cuvier, le fait se réduit-il (comme l'ont pensé Belon et Astruc) à ce que les dauphins, en poursuivant les troupes de muges, les contraignent quelquefois à se jeter dans les anses et les étangs salés, ce qui, en certaines circonstances, a pu en rendre la pêche plus abondante.

Je ne trouve rien d'invraisemblable à ce que cette poursuite des muges par les dauphins ait été sur plusieurs côtes un fait si habituel, que les hommes aient pu en tirer parti régulièrement pour accroître les produits de leurs pêches. Ils devaient naturellement ménager leurs pourvoyeurs, et l'on conçoit fort bien que ceux-ci, s'apercevant des égards qu'on avait pour eux, soient devenus plus familiers que nous ne les voyons aujourd'hui.

Si cette alliance tacite, qui était également favorable aux deux parties, a été rompue, je penche à
croire que les premières infractions sont venues de la
part de l'homme. J'avouerai pourtant, car je veux
être impartial, qu'il se pourrait bien que les dauphins
eux-mêmes eussent été gâtés par un excès d'indul-
gence et fussent devenus insolents. Chacun sait avec
quelle inconvenance se conduisent les singes dans les
parties de l'Inde où on les traite comme des êtres sa-
crés: peut-être les dauphins, placés dans des circonstances analogues, ne feraient-ils pas preuve de plus
de modération. Au reste, quoiqu'ils aient pu s'oublier
en quelques lieux, ils n'ont pas entièrement perdu la
confiance des pêcheurs de la Méditerranée; M. Cuvier
lui-même en convient : Voici, en effet, ce qu'il dit à
l'occasion de la pêche des thons dans l'Adriatique :

« Les bancs sont ordinairement précédés par des
sardines, et il arrive souvent que les dauphins les
poursuivent et les forcent en quelque sorte d'entrer
dans les thonaires : les pêcheurs se figurent que c'est
par amitié pour eux ; ils disent même que le dauphin
attire les thons dans les filets, qu'il y entre avant eux
pour les mieux tromper, et, lorsqu'ils en aperçoivent
un, ils crient *fora dolfin !* pour qu'il se hâte d'en
sortir... » (Cuvier-Valenciennes, *Hist. nat. des Poissons*, t. VIII, p. 66.)

Puisque nous citons ici M. Cuvier et son histoire
des thons, il ne sera pas hors de propos d'avertir
d'une erreur que l'on pourrait commettre en croyant
s'appuyer sur son témoignage. Colomb, dans le jour-

nal tenu pendant son premier voyage, a noté que le 17 septembre 1492 « on vit beaucoup de *toninas*, et que les gens de la *Niña* en tuèrent une. » L'auteur de la traduction française n'ayant pas trouvé *tonina* dans les dictionnaires espagnols, crut pouvoir le rapprocher du mot *tonno*, qui est le nom italien du thon, et le rapprochement était d'autant plus naturel que Colomb, même quand il écrit en espagnol, emploie souvent des mots italiens. M. Cuvier, consulté sur le sens du mot, répondit qu'on désigne en effet sous le nom de *tonine* une espèce particulière du genre thon, et il en donna les caractères. Il est probable cependant qu'il ne s'agissait point ici d'un poisson, mais d'un cétacé. Sur plusieurs parties du littoral de la péninsule ibérique, ce mot *tonina* a l'application que nous lui avons trouvée sur les bords de l'Orénoque : c'est un nom générique applicable au dauphin commun et au marsouin ; le thon en espagnol se nomme *atun*.

Je viens de prouver par les témoignages de MM. Cuvier et Valenciennes qu'aujourd'hui même, en certains points de l'Adriatique, l'homme persiste à voir dans les dauphins des auxiliaires qui lui viennent en aide pour la pêche ; j'ajouterai que, dans les mêmes parages, il profite encore, ou du moins croit profiter, du concours des oiseaux. Voici du moins ce que rapporte des habitudes des pêcheurs monténégrins le chevalier Bolizza, qui a vécu longtemps dans le pays en qualité de chargé d'affaires de la république de Venise.

« Les deux rivières de Schiniza et de Ricca Czernnich, qui se perdent toutes les deux dans le lac de Scutari, fournissent, avec quelques autres lacs du pays, une pêche très-abondante de *scoranzas,* petits poissons de la taille et à peu près de la forme de l'anchois.

« La manière dont on prend ce poisson est des plus singulières. A certaines époques de l'année, il arrive dans le pays des nuées d'une espèce particulière de corneilles, que les habitants, turcs et chrétiens, ménagent au point qu'il y a peine de mort pour quiconque en tuerait volontairement.

« Quand le temps de la pêche est venu, les habitants posent de grandes nasses dans les rivières et dans les lacs. Le prêtre arrive, les pêcheurs se mettent dans leurs canots; en même temps, les corneilles paraissent en quantités innombrables, et restent tranquilles sur le bord de l'eau et sur les arbres. Quand tout est rassemblé, le prêtre donne sa bénédiction, après quoi les pêcheurs jettent dans l'eau un appât qui consiste ordinairement en grains bénis. Dès que les poissons voient nager ces grains, ils montent à la surface de l'eau; aussitôt les corneilles s'élancent sur eux avec des cris perçants, ce qui effraye tellement les poissons, qu'ils se réfugient par milliers dans les nasses. On recommence la pêche et les corneilles retournent sur les arbres. A la fin du jour, on leur abandonne une certaine quantité de poissons; et, tant que dure la pêche, elles reviennent exactement.

« La même cérémonie s'observe sur le lac de Scutari, à la différence près que là c'est un iman qui donne la bénédiction.

« La pêche des scoranzas est une des grandes ressources du pays, car on sale ces poissons comme les anchois, et il s'en consomme dans l'année des quantités prodigieuses, surtout au temps des jeûnes, qui, chez les chrétiens grecs, sont longs et fréquents. »

Les corbeaux du Monténégro m'ont fait abandonner les dauphins, avant que j'eusse terminé ce que j'avais à en dire; j'y reviendrai donc, et je parlerai de ces cas singuliers d'attachement pour l'homme que nous ont transmis plusieurs auteurs anciens. Je ne considérerai ici que celui qui est rapporté par Pline le Jeune dans sa lettre à Caninius, livre IX, épître 33. Quoique cette lettre soit bien connue, et qu'elle contienne beaucoup de paroles inutiles, beaucoup de détails de pure imagination, je dois la reproduire presque entièrement, parce qu'elle me fournira matière à plusieurs remarques.

« La colonie d'Hippone, en Afrique, est située à peu de distance de la mer, et tout à côté d'un grand lac navigable. Ce lac communique avec la mer par un canal dans lequel la marée monte et descend alternativement comme dans les fleuves près de leur embouchure, de sorte que le courant se dirige pendant un temps vers le lac, et pendant un autre vers la mer.

« La pêche, la navigation, le bain, y sont des plaisirs de tous les âges, surtout des enfants, que leur inclination porte au divertissement et à l'oisiveté. Entre eux, ils mettent l'honneur et le mérite à s'éloigner le plus des rivages, et celui qui devance tous les autres en est le vainqueur. Dans cette sorte de combat, un enfant plus hardi que ses compagnons s'étant fort avancé, un dauphin se présente, et tantôt le précède, tantôt le suit, tantôt tourne autour de lui ; enfin le charge sur son dos, puis le remet à l'eau ; une autrefois il le reprend et l'emporte tremblant en pleine mer, mais peu après il revient à terre, et le rend au rivage et à ses compagnons. Le bruit s'en répand dans la colonie : chacun y court, chacun regarde cet enfant comme une merveille ; on ne peut se lasser de l'interroger, de l'entendre, de raconter ce qui s'est passé. Le lendemain, le peuple entier se rend sur le rivage, les enfants se mettent à nager, et parmi eux celui dont je parle. Le dauphin revient à la même heure, et s'adresse au même enfant ; celui-ci prend la fuite avec les autres ; le dauphin, comme s'il voulait le rappeler et l'inviter, saute, plonge, et fait cent tours différents. Le jour suivant, celui d'après, et plusieurs autres de suite, même chose arriva, jusqu'à ce que ces gens, nourris sur la mer, se font une honte de leur crainte ; ils approchent le dauphin, ils l'appellent, ils se jouent avec lui, ils le touchent ; il se laisse manier. Cette épreuve les encourage, surtout l'enfant qui le premier en avait couru le risque ; il nage auprès du dauphin et saute sur son dos, il est porté et rapporté ; il se croit reconnu et aimé, il aime aussi ; ni l'un ni l'autre n'a de peur, ni n'en donne ; la confiance de celui-là augmente, et en même temps la docilité de celui-ci. Les autres enfants même l'accompagnent en nageant, et l'animent par leurs cris et par leurs discours. Avec ce dauphin en était un autre, et (ce qui n'est pas moins merveilleux) celui-ci ne servait que de compagnon et de spectateur, il ne faisait, il ne souffrait rien de semblable; mais il menait et ramenait l'autre comme les enfants menaient et ramenaient leur camarade. Chose incroyable et pourtant non moins vraie que tout ce qui vient d'être dit, ce dauphin qui jouait avec l'enfant, et qui le portait, avait coutume de venir à terre, et ne retournait à l'eau qu'après s'être séché et chauffé sur le sable; lorsqu'il venait à sentir la chaleur, il se rejetait à la mer. Il est certain qu'Octavius Avitus, lieutenant du proconsul, mû par une vaine superstition, prit le temps que le dauphin était sur le rivage, pour faire répandre sur lui des parfums, et que la nouveauté de cette odeur le mit en fuite et le fit sauter dans la mer. Plusieurs jours s'écoulèrent depuis, sans qu'il parût. Enfin il revint d'abord languissant et triste, et peu après, ayant repris ses premières forces, il recommença ses jeux et ses tours ordinaires. Tous les magistrats des lieux circonvoisins s'empressaient d'accourir à ce spectacle; leur arrivée et leur séjour engageaient la ville, qui n'est pas déjà trop riche, à des dépenses ruineuses; ce concours de monde y troublait d'ailleurs et y dérangeait tout. On prit donc le parti de tuer secrètement le dauphin qu'on venait voir. »

L'auteur de la lettre propose cette histoire à Caninius comme un sujet propre à la poésie, et ne paraît pas d'ailleurs attacher grande importance à son authenticité, mais il n'est guère possible cependant de révoquer le fait en doute, puisque Pline l'Ancien, qui, dans son *Histoire naturelle,* le raconte également, quoique avec moins de détails, le présente comme un fait contemporain. Une autre différence dans les deux récits, c'est que le naturaliste ne parle pas de cet attachement de préférence pour un seul enfant, mais dit seulement que le dauphin était si familier, qu'il prenait sa nourriture de la main des hommes, se laissait toucher, jouait avec les nageurs et les portait sur son dos. Il ne dit pas non plus, en termes exprès, que le dauphin vînt se coucher sur la plage. Cette habitude, en effet, ne convient point au dauphin, qui, dans les gros temps, est bien quelquefois jeté par les flots sur le rivage, mais qui meurt toutes les fois qu'il échoue ainsi, attendu qu'il n'a point de membres à l'aide desquels il puisse regagner la mer. A la vérité, dans un paragraphe précédent, en parlant d'un fait tout semblable arrivé à Pouzzoles, il indique une circonstance qui ne s'applique pas mieux au dauphin, puisqu'il prétend que l'animal, quand il transportait à travers la mer son jeune ami, avait soin, de peur de le blesser, de retirer les piquants de sa nageoire. Du reste c'était, comme il le fait remarquer lui-même, une vieille histoire ; il cite ses garants et ne se rend pas lui-même responsable de l'exactitude des détails.

Toutes ces contradictions, cependant, peuvent être fort bien expliquées, si l'on prouve que les anciens ont donné le nom de dauphin à des animaux marins d'espèce et de famille très-différentes, et ont pu fort bien appliquer par mégarde à une espèce quelques-uns des caractères propres à l'autre. Or, c'est ce que M. Cuvier a mis hors de doute, à l'occasion d'un passage où Pline, racontant, à ce qu'il paraît sur la foi de Sénèque, les combats que livrent dans le Nil les dauphins aux crocodiles, dit que les premiers passent sous le ventre de leurs ennemis, et les blessent en cette partie, la seule qu'ils aient vulnérable, avec les piquants dont leur dos est armé.

« Pline, remarque M. Cuvier, parle en plusieurs endroits de ces prétendues épines des dauphins ; or, quoique, dans d'autres endroits, il désigne par ce nom le même cétacé que nous, le caractère qu'il lui donne ici, ne peut s'entendre du dauphin des naturalistes, qui, de même que tous les autres cétacés, n'a aucun piquant sur le dos.

« Je crois, ajoute notre grand naturaliste, que Sénèque et Pline, et même Aristote, ont quelquefois confondu un autre poisson avec le vrai dauphin, apparemment parce qu'il en recevait aussi le nom des pêcheurs, et voici ce qui m'y a conduit. Dans le livre IX, chapitre VII, Pline mêle à beaucoup de choses qui appartiennent au dauphin véritable un trait qui lui est étranger : « Il est si rapide, qu'aucun « poisson ne lui échapperait, s'il n'avait pas la bouche « au-dessous du museau, presque au milieu du ventre, « de sorte qu'il ne peut saisir qu'en nageant sur le « dos. » Et ce n'est point une de ces erreurs qu'on pourrait mettre sur le compte de Pline, qui en a beaucoup d'autres ; car Aristote, qui a si parfaitement connu et décrit le dauphin ordinaire, attribue (*Hist. des Anim.*, livre VI, chapitre XIII) une bouche inférieure au dauphin et au cartilagineux. Il est naturel de croire que cette circonstance, totalement fausse pour le dauphin ordinaire, est prise de cet autre dauphin dont le dos était armé d'épines. Or, je ne trouve ces trois caractères d'une bouche en-dessous, d'épines sur le dos, et d'assez de force pour combattre le crocodile, que dans certains squales, tels que le *squalus centrina* ou le *squalus spinax* de Linné.

« Voici un passage qui confirme singulièrement ma conjecture. Même livre IX, chapitre XI, Pline, après avoir dit : « Ceux qu'on nomme *tursio* ressemblent aux dauphins, » ajoute un peu plus bas : « *Maxime tamen rostris canicularum maleficentiæ assimilati.* » Cette phrase, assez obscure sans doute, ne me paraît pas faire porter la ressemblance sur la malfaisance seulement, mais sur le bec lui-même. Ainsi ce *tursio*, qui aurait ressemblé au dauphin, aurait aussi ressemblé au chien de mer. Enfin Athénée (livre VII), dit encore plus expressément : « Les Romains nomment *tursio* un morceau salé du poisson que les Grecs appellent *carcharias* (le requin). »

« En voilà plus qu'il n'en faut pour prouver que les anciens donnaient le nom de dauphin à deux animaux différents [1] ; ce qui doit d'autant moins nous

---

1. « *Les anciens*, dit M. Cuvier, *donnaient le nom de dauphin à deux animaux différents...* » Ceci demande explication. Que dans l'antiquité cette double application d'un même nom ait été faite

étonner que cela se fait encore de nos jours, car la grande dorade (*coryphæna hippurus*) s'appelle aussi dauphin chez beaucoup de navigateurs. Ainsi, je pense avoir découvert le moyen de terminer les longues querelles qui ont eu lieu sur le dauphin des anciens. »

Voilà donc déjà deux animaux que les anciens con-

par des *lettrés*, je l'accorde; qu'on en puisse même citer des exemples dans les écrits d'Aristote depuis qu'ils ont été à Rome arrangés par le grammairien Andronicus, je n'en puis disconvenir; mais ce que je soutiens, c'est que pour les *pêcheurs* d'un même pays, le même nom n'a pu désigner un squale et un cétacé : ces animaux auront eu chacun leur nom, mais ces deux noms auront pu être si voisins, soit par le son, soit par la forme, qu'il aura été difficile pour des gens étrangers aux choses de la mer de ne pas les confondre. Cette cause d'erreurs est non-seulement possible, elle devient très-probable, pour peu qu'on veuille éclairer la synonymie ancienne par la moderne.

Le mot français *marsouin*, appliqué généralement au plus petit des dauphins qui fréquentent nos côtes, est, comme on le sait, d'origine germanique, c'est une corruption de l'allemand *meerschwein,* qui signifie porc de mer. A côté de ce nom, cependant, l'allemand nous fournit encore celui de *seeschwein,* qui a le même sens étymologiquement, mais qui s'applique à un tout autre animal, au *squale centrine.* Il ne faut pas croire d'ailleurs que ce rapport étymologique soit un effet du hasard; pour l'un et l'autre nom, on a bien voulu indiquer un rapport avec le cochon. Le trait de ressemblance pour le cas du marsouin, c'est la présence de la couche de lard qni chez tous les deux sépare la peau des chairs; pour le squale, c'est l'habitude qu'il a de se vautrer dans la fange. Au lieu d'aller chercher sa proie, le vorace poisson l'attend, caché dans la vase, où il est comme enseveli, inhumé, do là lo nom d'*humantin* qu'on lui donne sur quelques parties de nos côtes. Les Espagnols l'appellent *mielgo,* du verbe *melgo* (en latin *mergo*); les Italiens l'appellent simplement *pesce porco.* Je ne doute point que les pêcheurs grecs n'aient eu aussi pour lui un nom très-voisin de *delphis,* et qui rappelait de même les rapports avec le porc, *delphax.*

fondaient sous le nom unique de dauphin. Il faut encore en trouver un troisième ou bien rejeter comme entièrement fausse l'histoire rapportée par les deux Pline ; car, à coup sûr, ce n'était pas un requin qui jouait si familièrement avec les enfants ; et, comme nous l'avons fait remarquer plus haut, ce n'était point un marsouin qui sortait de l'eau pour se chauffer au soleil sur le rivage. Mais ce dernier trait, justement parce qu'il exclut à la fois les cétacés et les poissons, nous indique clairement que, de tous les habitants des mers, les amphibies sont les seuls parmi lesquels nous devons chercher notre troisième dauphin [1]. Les phoques, dont plusieurs espèces habitent

1. Le phoque se nomme en grec *phokè*, tandis qu'une petite espèce de dauphin est appelée *phokainè;* il n'en faut pas davantage, on le sent bien, pour amener une confusion de l'histoire de ces animaux, histoire dans laquelle se trouve déjà un trait qui les rapproche en les distinguant des autres habitants des mers, celui de mettre au monde des petits vivants et de les nourrir de leur lait.

Quand, dans la précédente note, je signalais la similitude entre les noms de certains squales et ceux du dauphin, j'aurais pu, après avoir rapproché *delphis* de *delphax*, citer plusieurs autres noms appartenant à la même famille et montrer l'idée commune qui les unit tous ; je ne pourrais le faire relativement aux deux mots *phokè* et *phokainè :* ces deux noms sont isolés dans la langue grecque ; et, pour trouver le lien qui les rattache l'un à l'autre, il faut remonter jusqu'au sanscrit. Cette recherche a déjà été faite et a conduit à un résultat assez satisfaisant : Ainsi M. Benfei, qu'il est toujours bon de consulter pour l'origine des noms grecs, rapporte les deux noms qui nous occupent à une racine qui signifie *croître, grandir, devenir gros,* de sorte que le nom du phoque, comme celui du marsouin, pourrait signifier gros et dodu, ce qui convient assez bien aux formes arrondies et à l'embonpoint habituel de l'un et de l'autre animal.

les mers de l'Europe, et que l'on voit quelquefois
sur nos rivages dormant au soleil, ou allaitant leurs
petits, les phoques, dis-je, sont des animaux capables
de s'apprivoiser. Péron, dans le tome II de son *Voyage,*
p. 47, raconte comment à l'île de King (détroit de
Bass, Nouvelle-Hollande), un phoque à trompe con-
tracta avec un matelot anglais une liaison semblable
à celle du dauphin d'Hippone avec l'enfant. Je donnerai ici le passage tout entier.

« Dans les premiers temps de leur arrivée sur l'île,
un des pêcheurs anglais, ayant pris en affection un
de ces mammifères, obtint de ses camarades qu'on
ne ferait aucun mal à son protégé. Longtemps, au
milieu du carnage, ce phoque vécut paisible et res-
pecté. Tous les jours le pêcheur s'approchait de lui
pour le caresser, et dans peu de mois il était si bien
parvenu à l'apprivoiser, qu'il pouvait impunément lui
monter sur le dos, lui enfoncer le bras dans la gueule,
le faire venir en l'appelant. En un mot, cet animal
docile et bon faisait tout pour son protecteur, et souffrait tout de sa part sans jamais s'offenser de rien.
Malheureusement, ce pêcheur ayant eu quelque légère altercation avec un de ses camarades, celui-ci,
par une lâche et cruelle vengeance, tua le phoque
adoptif de son adversaire. »

« Tous ces animaux, dit un peu plus loin le même
auteur, en parlant des phoques en général, ont une
physionomie si douce, si bonne, que je ne doute
guère qu'il ne fût possible, en les apprivoisant, de
renouveler quelques-uns des prodiges que l'antiquité

nous a transmis au sujet des dauphins, prodiges qui me paraissent, pour la plupart, ne pouvoir convenir qu'à des phoques. »

Il me semble qu'après ce qu'on vient de lire, il ne reste plus, pour donner le dernier trait de vraisemblance à notre conjecture sur le dauphin d'Hippone, qu'à montrer que les phoques ou veaux marins ont pu se trouver sur le lieu de la scène. C'est ce qu'il est aisé de prouver par le témoignage de plusieurs observateurs modernes, et notamment de Poiret, qui, dans son *Voyage en Barbarie,* tome Ier, p. 160, assure que le phoque se rencontre tout le long de la côte de Barbarie. Des officiers de la marine anglaise l'ont vu jusque dans la profondeur du golfe de Bizerte ; or, Bizerte, c'est justement notre Hippone. Deux villes d'Afrique, à la vérité, portaient ce nom ; mais Pline nous apprend que celle où se passa l'aventure du dauphin était Hippo - Diarrhytum, ou, comme on disait plus communément, Hippo-Zariton, nom dans lequel on retrouve aisément le nom moderne de Bizerte.

POULE PRENANT LA VOIX ET LE PLUMAGE DU COQ.

On lit, au livre IX de l'*Histoire des animaux,* que la poule qui a vaincu un coq prend son chant et toutes ses allures : « Sa crête et sa queue, ajoute l'auteur, s'élèvent à la manière de celles des coqs, au point qu'il est difficile de la reconnaître pour femelle.

Quelquefois même il lui pousse de petits ergots. »

Que ce passage soit véritablement d'Aristote, ou qu'on doive y voir, comme je penche à le croire, une de ces intercalations dont fourmillent les livres VIII et IX, il n'en mérite pas moins de fixer l'attention, puisque le fait qu'il signale se trouve aujourd'hui confirmé, en ce qu'il a d'essentiel, par le témoignage de plusieurs bons observateurs. Le docteur Butter, de Plymouth, entre autres, a réuni un grand nombre d'exemples de ce genre. Nous nous bornerons à reproduire les suivants.

Un habitant de Compton près de Plymouth, M. Corham, a possédé longtemps une excellente race de coqs de combat, dont les mâles étaient d'un beau rouge foncé, et les femelles d'un brun obscur. Une de ces poules dont les fils s'étaient fait dans *cock-pit* (lieu où l'on fait battre les coqs) une réputation prodigieuse, fut conservée avec un soin tout particulier, et parvint ainsi à un âge avancé. Cependant, quand elle eut atteint quinze années, on remarqua, après la mue, qu'elle avait pris à la queue quelques plumes arquées semblables à celles des coqs de sa race, tandis que les autres plumes étaient restées brunes et droites. Dans la mue suivante, elle perdit tout le brun qu'elle avait dans son plumage, prit entièrement la belle robe rouge des mâles de sa famille, de sorte qu'il eût été impossible à toute personne non prévenue de ne pas la prendre pour un coq. La transformation dans une seule saison fut complète, car il lui poussa en même temps des éperons aux jambes, et une crête et des babines comme aux mâles. Depuis cette métamorphose, elle ne pondit plus jamais. Elle ne jouit pas d'ailleurs longtemps de sa nouvelle et brillante parure; elle mourut avant la fin de l'année.

M. Butter a vu plus tard la même métamorphose s'opérer sur des individus qu'il avait élevés lui-même. Deux poules de race commune et excellentes pondeuses, qu'il avait pour cette raison conservées fort longtemps, furent mises en expérience, et prirent toutes les deux le plumage des mâles, l'une à l'âge de treize et l'autre à celui de quinze ans. « Lorsque cette métamorphose s'opéra, j'étais, dit-il, resté cinq mois sans aller à Bowden où je les faisais garder. Quand j'entrai dans le lieu où elles étaient, je demandai à la fille de basse-cour d'où venaient les deux jeunes coqs que je voyais devant moi, et je ne fus pas peu surpris, tout prévenu que j'eusse dû être, d'apprendre que c'étaient mes vieilles poules qui avaient pris aussi le plumage et le chant des mâles. »

Ce n'est pas chez les poules seulement qu'on voit survenir l'étrange métamorphose dont nous venons de citer des exemples; on l'observe chez d'autres gallinacés et notamment chez les faisans. Les chasseurs désignent par le nom de *faisans-coquards* des individus dont le plumage ressemble à celui des mâles, quoiqu'un peu plus terne, et qu'ils considèrent en effet comme des mâles malades; cependant on s'est assuré depuis un demi-siècle environ que ces faisans-coquards sont des femelles ; c'est ce que l'inspection anatomique prouva à Mauduit, qui en disséqua un en 1770, et à Vicq d'Azyr, qui peu après en disséqua aussi plusieurs. Mauduit a consigné ce fait dans la partie ornithologique de l'Encyclopédie méthodique. Il ajoute qu'un inspecteur des chasses de la forêt de Saint-Germain avait aussi reconnu que les poules faisanes qui ne pondent plus ou ne pondent que très-peu, prennent un plumage approchant de celui du mâle. « Cela a pu, dit-il en terminant, échapper à l'observation dans les faisanderies, parce qu'on n'y conserve que de jeunes femelles ; mais depuis on l'a vérifié par rapport à la femelle du faisan doré de la Chine, parce que l'on conserve ces animaux rares tout le temps de leur vie. »

M. Isidore Geoffroy Saint-Hilaire a suivi à la ménagerie du Muséum cette transformation dans ses diverses périodes chez des femelles de faisan doré de la Chine, de faisan argenté et de faisan commun.

Chez une femelle de la dernière espèce, la ponte avait cessé à l'âge de cinq ans, et le changement de plumage commença dès lors à devenir apparent. Il se manifesta d'abord sur le ventre qui prit une teinte plus jaune, et sur le col, qui se colora plus vivement. Bientôt tout le corps eut changé de couleur. L'année suivante, les teintes de ses plumes prirent encore beaucoup plus de l'éclat et de la vivacité de celles du mâle. La troisième année, cet éclat augmenta encore, et tout faisait présumer que la ressemblance serait complète la quatrième année, et la faisane semblait devoir vivre bien au delà de ce terme, lorsqu'un accident la fit périr. On avait remarqué que depuis son changement de plumage·elle était devenue pour les mâles un objet fort indifférent.

Chez une femelle de faisan argenté, qui avait été élevée dans la maison de campagne d'un ami de M. Geoffroy, puis donnée au Muséum dans sa vieillesse, le changement ne commença à se manifester que vers l'âge de huit ou dix ans, et trois ans au moins après qu'elle avait cessé de pondre ; ce changement fut progressif trois années durant ; il était complet à la fin de la quatrième. Le mâle vivait encore à l'époque où ce changement avait commencé à paraître chez cette faisane, et cela ne paraissait pas l'avoir rendu indifférent pour elle, peut-être parce que c'était son unique compagne ; celle-ci au contraire le fuyait et paraissait quelquefois importunée de sa présence.

La femelle du faisan à collier avait été, comme la précédente, élevée près de Paris, chez un particulier ; elle fut de même donnée au Muséum dans sa vieillesse. Les renseignements fournis par le donateur apprirent qu'elle avait plusieurs fois pondu chez lui. Néanmoins, comme ce changement de plumage se trouvait déjà fort avancé, et qu'elle présentait dès lors plutôt les caractères extérieurs d'un mâle que ceux d'une femelle, on crut devoir, lors de sa mort arrivée peu de temps après, constater par l'examen anatomique son véritable sexe. Cet examen leva tous les doutes qu'on pouvait avoir. Quoique la robe rappelât beaucoup celle du mâle, cependant on y remarquait encore d'assez notables différences. Nous avons donc déjà, dans le seul genre *phasianus,* qui comprend aussi notre coq commun , quatre espèces chez lesquelles la transformation singulière dont nous venons de parler se montre très-fréquemment. L'analogie pourrait porter à croire qu'elle n'est pas moins commune dans les autres genres de la famille des gallinacés; mais les faits ne confirment pas cette conjecture. Chez les paons, par exemple, la transformation est infiniment plus rare que chez les coqs et les faisans proprement dits; on ne l'a jamais observée au Muséum chez les paonnes, quoiqu'on les y laisse presque toujours mourir de vieillesse. M. I. Geoffroy ne paraît pas non plus en connaître d'exemples relativement aux femelles des dindons. Cependant il en existe pour ces deux espèces et même pour d'autres bien plus éloignées du genre *phasianus*. Latham dit positivement que les paonnes qui ont cessé de pondre prennent quelquefois le plumage du mâle, et Hunter fait une observation à peu près semblable; enfin une femelle ainsi métamorphosée existe dans le muséum d'Édimbourg. La transformation de la dinde est attestée par Bechstein, celle de la perdrix par Montagu , celle de la femelle du pigeon domestique par Tiedemann. Le même observateur la signale aussi chez une espèce qui, quoique placée parmi les échassiers, offre avec les gallinacés plusieurs traits de ressemblance, chez l'outarde; il en cite également un exemple pour les palmipèdes dans l'espèce du canard domestique, et Catesby dans celle du pélican d'Amérique.

Pour les passereaux, je prendrai mes exemples dans

le mémoire déjà cité de M. Isidore Geoffroy. « J'ai,
dit-il, appris de M. Dufresne, chef du laboratoire de
zoologie du Muséum, que les femelles de cotingas deviennent, dans la vieillesse, semblables à leurs mâles.
M. Florent Prevost a vu le changement de plumage
commencé chez plusieurs femelles de pinçons, et la
même observation a été faite aussi à l'égard de la femelle du rouge-queue et de celle de notre étourneau. »

Nous n'avons point de cas semblables à citer pour
les deux derniers ordres d'oiseaux, les Rapaces et les
Grimpeurs, mais peut-être en découvrira-t-on plus
tard. Remarquons d'ailleurs que dans chacun de ces
deux ordres les espèces qu'on a eu le plus d'occasions
d'observer, parce qu'on en a élevé de nombreux individus en captivité, sont précisément les moins favorables à la manifestation du phénomène : ce sont
pour l'ordre des Grimpeurs les perroquets, et pour
celui des Rapaces les faucons et autours. Or, pour les
premiers, il n'y a, pour ainsi dire, point de différence
de plumage entre les mâles et les femelles ; tandis que,
pour les autres, chaque individu prend d'année en
année une robe nouvelle, de sorte que cette incon-
stance rend difficile même la distinction des espèces ;
quant à la différence des sexes, elle se manifeste surtout par la taille, qui est moindre d'un tiers chez les
mâles, désignés fréquemment pour cette raison sous
le nom de *tiercelets*. On comprend bien que l'âge,
n'ayant point pour effet de rapetisser les femelles, ne
tend nullement à effacer le caractère qui les distingue
surtout des mâles.

C'est dans la vieillesse, en effet, ainsi qu'on l'a vu par tout ce que nous avons dit, que se manifeste cette transformation qui donne à une femelle l'aspect extérieur et les allures du mâle. Eh bien ! cette condition se trouve tacitement exprimée dans le passage que nous avons cité en tête de cet article. Certes nous n'admettrons pas avec l'auteur, quel qu'il puisse être, que ce soit la vanité, l'orgueil de la victoire remportée sur un coq, qui fasse prendre à la poule un habit plus brillant que ne le comporte sa condition; mais, si nous prenons le fait indépendamment de toute interprétation, le combat de la poule contre le coq nous semblera décisif; car quel est le coq qui ait jamais maltraité une poulette ? quelle est la poule, encore en âge de pondre, qui ait fait à un coq mauvaise mine? La chose est évidente, les poules querelleuses du naturaliste grec n'étaient que de vieilles poules !

FIN.

TABLE

PARIS. — J. CLAYE, IMPRIMEUR, 7, RUE SAINT-BENOÎT.